普通高等教育"十一五"国家级规划教材

传感器原理及工程应用

（第五版）

郁有文　常　健　程继红　编著

全国优秀畅销书
江苏省精品教材

西安电子科技大学出版社

内 容 简 介

本书介绍工程检测中使用的各种传感器的原理、特性及其应用技术。全书共 16 章，第 1 章介绍了传感器与检测技术的理论基础；第 2 章介绍了有关传感器的基本分类和特性；第 3～14 章根据传感器的工作原理分类，分别介绍了应变式、电感式、电容式、压电式、磁电式、光电式、半导体、超声波、微波、辐射式、数字式及智能式传感器的工作原理、性能、测量电路及应用；第 15 章介绍了温度、压力、流量、物位、气体成分、振动等工程参数的测量；第 16 章为传感器实验。本书内容全面，具有较高的实用性。除第 16 章外，每章都附有思考题和习题。

本书可作为工业自动化、测控技术与仪器、电气工程及其自动化、电子信息工程、机械电子工程等本科专业的教材，也可供检测技术和传感器应用相关工程技术人员及相关专业研究生参考。

图书在版编目(CIP)数据

传感器原理及工程应用/郁有文，常健，程继红编著．—5 版．—西安：西安电子科技大学出版社，2021.7(2024.10 重印)

ISBN 978 - 7 - 5606 - 6096 - 7

Ⅰ.①传… Ⅱ.①郁… ②常… ③程… Ⅲ.①传感器 Ⅳ.①TP212

中国版本图书馆 CIP 数据核字(2021)第 144399 号

责任编辑 马晓娟 黄薇谚
出版发行 西安电子科技大学出版社(西安市太白南路 2 号)
电　　话 (029)88202421 88201467　　邮　编　710071
网　　址 www.xduph.com　　电子邮箱 xdupfxb001@163.com
经　　销 新华书店
印刷单位 陕西天意印务有限责任公司
版　　次 2021 年 7 月第 5 版　2024 年 10 月第 56 次印刷
开　　本 787 毫米×1092 毫米　1/16　印张 19.5
字　　数 461 千字
定　　价 48.00 元

ISBN 978 - 7 - 5606 - 6096 - 7

XDUP 6398005 - 56

＊＊＊如有印装问题可调换＊＊＊

前　言

在信息技术领域中，传感器技术、通信技术、计算机技术是构成现代信息技术的三大支柱。人们在利用信息时首先要获取信息，传感器就是感知和获取信息的主要途径和手段，它在现代信息技术中无疑占有十分重要的地位。

本书自出版以来，受到了广大读者的欢迎和支持，并提出了许多宝贵的意见和建议。随着传感器技术的不断发展，其应用领域更为广泛，根据技术的发展和教学的需求以及使用中发现的问题，对教材不断进行修订和完善是十分必要的。

在历次修订过程中，作者从教学规律出发，力求内容系统、全面、新颖，叙述由浅入深；重点叙述各类传感器的原理特性，详细介绍传感器的实际和工程应用。

此次修订保留了原顺序结构，对部分章节内容进行修改、删减与补充，丰富了传感器的应用实例。

本书分为四大板块：传感器和检测技术的基本理论和概念；各类传感器的原理、基本特性和应用；温度、压力、流量、物位、气体成分和振动等参数的检测技术；以YL型传感器实验仪为平台的一些典型的传感器实验。本书中每一个板块和章节都有独立性，可根据专业特点和要求选择讲解。

本书可作为工业自动化、测控技术与仪器、电气工程及其自动化、机械电子工程等本科专业的教材，也可作为相关领域工程技术人员及相关专业研究生的参考书。

在编写本书的过程中，作者参考并引用了有关文献和资料，谨在此对参考文献的作者表示衷心的感谢！

传感器种类多，传感器及检测技术发展快、应用领域广，限于作者的学识水平，教材中难免存在不足之处，恳请读者多提宝贵意见，批评指正，使本书不断改进和完善。

编　者
2021年4月

目 录

第1章 传感器与检测技术概论 1
1.1 检测技术概论 1
1.2 测量数据的估计和处理 8
思考题和习题 25

第2章 传感器概述 27
2.1 传感器的组成和分类 27
2.2 传感器的基本特性 28
思考题和习题 37

第3章 应变式传感器 39
3.1 电阻应变片的工作原理 39
3.2 电阻应变片的结构、材料及粘贴 41
3.3 电阻应变片的特性 44
3.4 电阻应变片的测量电路 49
3.5 应变式传感器的应用 54
思考题和习题 59

第4章 电感式传感器 61
4.1 自感式传感器 61
4.2 差动变压器式传感器 70
4.3 电涡流式传感器 75
思考题和习题 82

第5章 电容式传感器 84
5.1 电容式传感器的工作原理和结构 84
5.2 电容式传感器的灵敏度及非线性 88
5.3 电容式传感器的等效电路 89
5.4 电容式传感器的测量电路 90
5.5 电容式传感器的应用 95
思考题和习题 97

第6章 压电式传感器 99
6.1 压电效应及压电材料 99
6.2 压电式传感器的测量电路 103
6.3 压电式传感器的应用 106
思考题和习题 109

第7章 磁电式传感器 110
7.1 磁电感应式传感器 110
7.2 霍尔式传感器 114

思考题和习题 121
第8章　光电式传感器 122
　8.1　光电器件 122
　8.2　光纤传感器 140
　　思考题和习题 146
第9章　半导体传感器 148
　9.1　半导体气敏传感器 148
　9.2　湿敏传感器 153
　9.3　色敏传感器 157
　9.4　半导体传感器的应用 161
　　思考题和习题 163
第10章　超声波传感器 164
　10.1　超声波及其物理性质 164
　10.2　超声波传感器概述 166
　10.3　超声波传感器的应用 167
　　思考题和习题 170
第11章　微波传感器 171
　11.1　微波概述 171
　11.2　微波传感器概述 172
　11.3　微波传感器的应用 174
　　思考题和习题 178
第12章　辐射式传感器 179
　12.1　红外传感器 179
　12.2　核辐射传感器 184
　　思考题和习题 193
第13章　数字式传感器 194
　13.1　光栅传感器 194
　13.2　编码器 200
　13.3　感应同步器 204
　　思考题和习题 207
第14章　智能式传感器 209
　14.1　概述 209
　14.2　传感器的智能化 210
　14.3　集成智能传感器 212
　　思考题和习题 216
第15章　传感器在工程检测中的应用 217
　15.1　温度测量 217
　15.2　压力测量 241
　15.3　流量测量 247
　15.4　物位测量 257
　15.5　气体成分测量 261
　15.6　振动测量 271

思考题和习题 ··· 276

第16章 传感器实验 ··· 279
16.1 实验须知 ··· 279
16.2 实验仪器 ··· 280
16.3 电阻应变式传感器实验 ··· 283
16.4 差动变压器式传感器实验 ··· 287
16.5 电涡流式传感器实验 ··· 290
16.6 电容式传感器实验 ··· 292
16.7 霍尔式传感器实验 ··· 294
16.8 光纤位移传感器实验 ··· 297
16.9 光电传感器实验 ··· 298

参考文献 ··· 302

第1章 传感器与检测技术概论

1.1 检测技术概论

在信息时代，人们在从事工业生产和科学实验等活动时，主要依靠的是对信息的开发、获取、传输和处理。检测技术就是研究自动检测系统中信息提取、信息转换及信息处理的一门技术学科。在自动检测系统中传感器处于研究对象与检测系统的接口位置，是感知、获取与检测信息的窗口。一切科学实验和生产过程中的信息，特别是在自动检测和自动控制系统中获取的原始信息，都要通过传感器转换为容易传输和处理的电信号。

在各个领域的工程实践和科学实验中，通常提出的检测任务是正确、及时地获得被测对象的各种信息，寻求最佳的信息采集方法，对一些参量进行定性或定量的检测。在某些情况下，要获取被测对象信息的大小，即被测量的大小，这种信息采集的含义就是测量。

"检测系统"这一概念是传感技术发展到一定阶段的产物。在工程中，需要由传感器与多台仪表或多个功能模块组合在一起，才能完成信号的检测，这样便形成了检测系统。计算机技术及信息处理技术的发展，使得检测系统所涉及的内容不断得以充实。

为了更好地掌握传感器的应用方法，更有效地完成检测任务，需要掌握检测的基本概念、检测系统的特性、测量误差的基本概念及数据处理的方法等。

1.1.1 测量

检测技术的主要任务之一是测量，检测是广义上的测量。人们要获取研究对象在数量上的信息，要通过测量才能得到定量的结果。测量要达到准确度高、误差小、速度快、可靠性强等，则要求测量方法精益求精。

测量是以确定被测量的值或获取测量结果为目的的一系列操作，也就是将被测量与同种性质的标准量进行比较，确定被测量对标准量的倍数的活动。它可由下式表示：

$$x = nu \qquad (1-1)$$

或

$$n = \frac{x}{u} \qquad (1-2)$$

式中：x——被测量值；

u——标准量，即测量单位；

n——比值（纯数），含有测量误差。

由测量所获得的被测量的量值叫测量结果，测量结果可用一定的数值表示，也可以用一条曲线或某种图形表示，但无论其表现形式如何，测量结果应包括比值和测量单位。测量结果仅仅是被测量的最佳估计值，并非真值，所以还应给出测量结果的质量，即测量结果的可信程度。这个可信程度用测量不确定度表示，测量不确定度表征测量值的分散程度。因此测量结果的完整表述应包括估计值、测量单位及测量不确定度。

被测量值和比值等都是测量过程的信息，这些信息依托于物质才能在空间和时间上进行传递。被测量作用到实际物体上，使其某些参数发生变化，参数承载了信息而成为信号。选择其中适当的参数作为测量信号，例如热电偶温度传感器的工作参数是热电偶的电势，差压流量传感器中的孔板工作参数是差压 Δp。测量过程就是传感器从被测对象获取被测量的信息，建立起测量信号，经过变换、传输、处理，从而获得被测量量值的过程。

1.1.2 测量方法

实现被测量与标准量比较得出比值的方法，称为测量方法。针对不同测量任务，进行具体分析，找出切实可行的测量方法，对测量工作是十分重要的。

对于测量方法，从不同角度有不同的分类方法。根据获得测量值的方法可分为直接测量、间接测量与组合测量；根据测量方式可分为偏差式测量、零位式测量与微差式测量；根据测量条件可分为等精度测量与不等精度测量；根据被测量变化快慢可分为静态测量与动态测量；根据测量敏感元件是否与被测介质接触可分为接触式测量与非接触式测量；根据测量系统是否向被测对象施加能量可分为主动式测量与被动式测量等。

1. 直接测量、间接测量与组合测量

在使用仪表或传感器进行测量时，测得值直接与标准量进行比较，不需要经过任何运算，直接得到被测量的数值，这种测量方法称为直接测量。被测量与测得值之间的关系可用下式表示：

$$y = x \tag{1-3}$$

式中：y——被测量的值；

x——直接测得的值。

例如，用磁电式电流表测量电路的某一支路电流，用弹簧管压力表测量压力等，都属于直接测量。直接测量的优点是测量过程简单而又迅速，缺点是测量精度不容易达到很高。

在使用仪表或传感器进行测量时，首先对与被测量有确定函数关系的几个量进行直接测量，将直接测得值代入函数关系式，经过计算得到所需要的结果，这种测量称为间接测量。间接测量与直接测量不同，被测量 y 是一个测得值 x 或几个测得值 $x_1, x_2, \cdots, x_n$ 的函数，即

$$y = f(x) \tag{1-4}$$

或

$$y = f(x_1, x_2, \cdots, x_n) \tag{1-5}$$

被测量 y 不能直接测量求得，必须由测得值 x 或 $x_i (i=1, 2, \cdots, n)$ 及其与被测量 y 的函数关系确定。如直接测量电压值 U 和电阻值 R，根据式 $P = U^2/R$ 求电功率 P 即为间接测量的实例。间接测量手续较多，花费时间较长，一般用在直接测量不方便，或者缺乏直接测量手段的场合。

若被测量必须经过求解联立方程组求得，这种测量方法称为组合测量。如有若干个被测量 $y_1, y_2, \cdots, y_m$，直接测得值为 $x_1, x_2, \cdots, x_n$，把被测量与测得值之间的函数关系列成方程组，即

$$\left.\begin{array}{l}x_1 = f_1(y_1, y_2, \cdots, y_m)\\ x_2 = f_2(y_1, y_2, \cdots, y_m)\\ \vdots \\ x_n = f_n(y_1, y_2, \cdots, y_m)\end{array}\right\} \quad (1-6)$$

其中，方程组中方程的个数 n 要大于被测量 y 的个数 m，用最小二乘法可求出被测量的数值。组合测量是一种特殊的精密测量方法，操作手续复杂，花费时间长，多适用于科学实验或特殊场合。

2. 偏差式测量、零位式测量与微差式测量

用仪表指针的位移（即偏差）决定被测量的量值，这种测量方法称为偏差式测量。应用这种方法测量时，仪表刻度事先用标准器具分度。在测量时，输入被测量按照仪表指针在标尺上的示值，决定被测量的数值。偏差式测量的测量过程简单、迅速，但测量结果的精度较低。

用指零仪表的零位反映测量系统的平衡状态，在测量系统平衡时，用已知的标准量决定被测量的量值，这种测量方法称为零位式测量。在零位测量时，已知标准量直接与被测量相比较，已知标准量应连续可调，指零仪表指零时，被测量与已知标准量相等。例如天平测量物体的质量、电位差计测量电压等都属于零位式测量。零位式测量的优点是可以获得比较高的测量精度，但测量过程比较复杂，费时较长，不适用于测量变化迅速的信号。

微差式测量是综合了偏差式测量与零位式测量的优点而提出的一种测量方法。它将被测量与已知的标准量相比较，取得差值后，再用偏差法测得此差值。应用这种方法测量时，不需要调整标准量，只需测量两者的差值。设：N 为标准量，x 为被测量，Δ 为二者之差，则 $x = N + \Delta$。由于 N 是标准量，其误差很小，且 $\Delta \ll N$，因此可选用高灵敏度的偏差式仪表测量 Δ，即使测量 Δ 的精度不高，但因 $\Delta \ll x$，故总的测量精度仍很高。微差式测量的优点是反应快，而且测量精度高，特别适用于在线控制参数的测量。

3. 等精度测量与不等精度测量

在整个测量过程中，若影响和决定误差大小的全部因素（条件）始终保持不变，如由同一个测量者，用同一台仪器，用同样的方法，在同样的环境条件下，对同一被测量进行多次重复测量，则称为等精度测量。在实际中，极难做到影响和决定误差大小的全部因素（条件）始终保持不变，所以一般情况下只是近似认为是等精度测量。

有时在科学研究或高精度测量中，往往在不同的测量条件下，用不同精度的仪表，不同的测量方法，不同的测量次数以及不同的测量者进行测量和对比，这种测量称为不等精度测量。

4. 静态测量与动态测量

被测量在测量过程中是固定不变的，对这种被测量进行的测量称为静态测量。静态测量不需要考虑时间因素对测量的影响。

被测量在测量过程中是随时间不断变化的，对这种被测量进行的测量称为动态测量。

1.1.3 检测系统

1. 检测系统构成

检测系统规模的大小与被测量的性质、被测量的多少及被测对象的性质有关。检测系统应具有对被测对象的特征量进行采集、变换、处理、传输及显示等功能。检测系统的基本构成如图1-1所示。

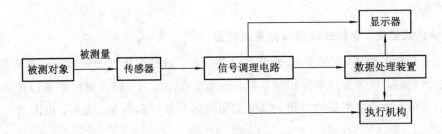

图1-1 自动检测系统的基本构成框图

传感器是感受被测量(物理量、化学量、生物量等)的大小,并输出相对应的输出信号(一般多为电量)的器件或装置。它是连接被测对象和检测系统的接口,提供给检测系统进行处理和决策的原始信息。

信号调理电路对传感器的输出电信号进行处理,包括对信号进行转换、放大、线性化等。通过信号的调理把传感器输出的电量变成具有一定驱动和传输能力的电压、电流或频率信号等,以推动后级的显示、数据处理及执行机构。

显示器将所测得的信号变成人的感官能接受的信号,以完成监视、控制和分析的目的。常用的显示器有模拟显示器、数字显示器、图像显示器及记录仪等。模拟显示器利用指针对标尺的相对位置进行读数。数字显示器采用发光二极管(LED)和液晶(LCD)等,以数字的形式显示读数。图像显示器用CRT或点阵方式来显示读数或被测参数的变化曲线,还可以用图表或彩色图等形式来反映整个生产线上的多组数据。记录仪用来记录被测量的动态变化过程,常用的记录仪有笔式记录仪、高速打印机、绘图仪、数字存储示波器、磁带记录仪、无纸记录仪等。

数据处理装置对测得的数据进行处理、运算、分析以及对动态测试结果进行频谱分析等,完成这些任务必须采用计算机技术。数据处理的结果通常送到显示器或执行机构,以显示各种数据或控制各种被控对象。在不带数据处理装置的检测系统中,显示器和执行机构由信号调理电路直接驱动。

执行机构通常是指各种继电器、电磁铁、电磁阀门、电磁调节阀、伺服电动机等,它们起通断、控制、调节、保护等作用。在自动检测系统中输出与被测量有关的电压或电流信号,作为自动控制系统的控制信号,去驱动这些执行机构。

2. 开环测量系统与闭环测量系统

(1) 开环测量系统 开环测量系统全部信息变换只沿着一个方向进行,如图1-2所示。其中x为输入量,y为输出量,k_1、k_2、k_3为各个环节的传递系数。输入输出关系表示如下:

$$y = k_1 k_2 k_3 x \tag{1-7}$$

因为开环测量系统是由多个环节串联而成的，所以系统的相对误差等于各环节相对误差之和，即

$$\delta = \delta_1 + \delta_2 + \cdots + \delta_n = \sum_{i=1}^{n} \delta_i \tag{1-8}$$

式中：δ——系统的相对误差；

　　　δ_i——各环节的相对误差。

采用开环方式构成的测量系统，结构较简单，但各环节特性的变化都会造成测量误差。

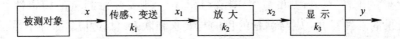

图 1-2　开环测量系统框图

(2) 闭环测量系统　闭环测量系统有两个通道，一为正向通道，一为反馈通道，其结构如图 1-3 所示。其中 Δx 为正向通道的输入量，β 为反馈环节的传递系数，正向通道的总传递系数 $k = k_2 k_3$。由图 1-3 可知：

$$\Delta x = x_1 - x_f$$
$$x_f = \beta y$$
$$y = k \Delta x = k(x_1 - x_f) = kx_1 - k\beta y$$
$$y = \frac{k}{1+k\beta} x_1 = \frac{1}{\frac{1}{k}+\beta} x_1$$

当 $k \gg 1$ 时，有

$$y \approx \frac{1}{\beta} x_1 \tag{1-9}$$

系统的输入输出关系为

$$y = \frac{kk_1}{1+k\beta} x \approx \frac{k_1}{\beta} x \tag{1-10}$$

显然，这时整个系统的输入输出关系由反馈环节的特性决定，放大器等环节特性的变化不会造成测量误差，或者说造成的误差很小。

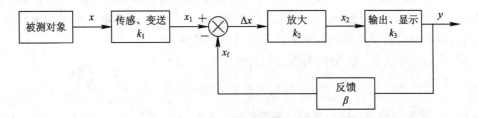

图 1-3　闭环测量系统框图

根据以上分析可知，在构成测量系统时，应将开环系统与闭环系统巧妙地组合在一起加以应用，才能达到所期望的目的。

1.1.4 测量误差

测量的目的是希望通过测量获取被测量的真实值。但由于种种原因，例如，传感器本身性能不十分优良，测量方法不十分完善，外界干扰的影响等，造成被测量的测得值与真实值(真值)不一致，因而测量中总是存在误差。测量误差是测得值减去被测量的真值。由于真值未知，所以在实际中，有时用约定真值代替真值，常用某量的多次测量结果来确定约定真值；或用精度高的仪器示值代替约定真值。

在工程技术及科学研究中，对被测量进行测量时，测量的可靠性至关重要，不同场合对测量结果可靠性的要求也不同。例如，在量值传递、经济核算、产品检验场合应保证测量结果有足够的准确度。当测量值用作控制信号时，则要注意测量的稳定性和可靠性。因此，测量结果的准确程度，应与测量的目的与要求相联系、相适应，那种不惜工本，不顾场合，一味追求越准越好的做法是不可取的，要有技术与经济兼顾的意识。

1. 测量误差的表示方法

测量误差的表示方法有多种，含义各异。

(1) 绝对误差　绝对误差可用下式定义：

$$\Delta = x - L \tag{1-11}$$

式中：Δ——绝对误差；
$\quad x$——测量值；
$\quad L$——真值。

绝对误差是有正、负之分并有量纲的。

在实际测量中，有时要用到修正值，修正值是与绝对误差大小相等、符号相反的值，即

$$c = -\Delta \tag{1-12}$$

式中，c 为修正值，通常用高一等级的测量标准或标准仪器获得修正值。

利用修正值可对测量值进行修正，从而得到准确的实际测量值，修正后的实际测量值 x' 为

$$x' = x + c \tag{1-13}$$

修正值给出的方式，可以是具体的数值，也可以是一条曲线或公式。

采用绝对误差表示测量误差，不能很好说明测量质量的好坏。例如，在温度测量时，绝对误差 $\Delta = 1 ℃$，对体温测量来说是不允许的，而对钢水温度测量来说是极好的测量结果，所以用相对误差可以比较客观地反映测量的准确性。

(2) 实际相对误差　实际相对误差的定义由下式给出：

$$\delta = \frac{\Delta}{L} \times 100\% \tag{1-14}$$

式中：δ——实际相对误差，一般用百分数给出；
$\quad \Delta$——绝对误差；
$\quad L$——真值。

由于被测量的真值 L 无法知道，实际测量时用测量值 x 代替真值 L 进行计算，这个相对误差称为标称相对误差，即

$$\delta = \frac{\Delta}{x} \times 100\% \qquad (1-15)$$

(3) 引用误差 引用误差是仪表中通用的一种误差表示方法。它是相对于仪表满量程的一种误差，又称满量程相对误差，一般也用百分数表示，即

$$\gamma = \frac{\Delta}{测量范围上限 - 测量范围下限} \times 100\% \qquad (1-16)$$

式中：γ——引用误差；

Δ——绝对误差。

我国模拟仪表有七种等级：0.1、0.2、0.5、1.0、1.5、2.5、5.0。仪表精度等级是根据最大引用误差来确定的。例如，0.5级表的引用误差的最大值不超过±0.5%；1.0级表的引用误差的最大值不超过±1%。等级数值越小，仪表的精确度就越高。

在使用仪表和传感器时，经常会遇到基本误差和附加误差两个概念。

(4) 基本误差 基本误差是指传感器或仪表在规定的标准条件下所具有的误差。例如，某传感器是在电源电压(220±5) V、电网频率(50±2) Hz、环境温度(20±5)℃、湿度65%±5%的条件下标定的。如果传感器在这个条件下工作，则传感器所具有的误差为基本误差。仪表的精度等级就是由基本误差决定的。

(5) 附加误差 附加误差是指传感器或仪表的使用条件偏离额定条件的情况下出现的误差，如温度附加误差、频率附加误差、电源电压波动附加误差等。

2. 测量误差的性质

根据测量数据中的误差所呈现的规律及产生的原因可将其分为随机误差、系统误差和粗大误差。

(1) 随机误差 在同一测量条件下，多次测量被测量时，其绝对值和符号以不可预定方式变化的误差称为随机误差。

国家计量技术规范中对随机误差的定义：随机误差是将测量结果与在重复性条件下，对同一被测量进行无限多次测量所得结果的平均值之差。重复性条件包括：相同的测量程序，相同的观测者，在相同的条件下使用相同的测量仪器，相同的地点，在短时间内重复测量。随机误差可用下式表示：

$$随机误差 = x_i - \bar{x}_\infty \qquad (1-17)$$

式中：x_i——被测量的某一个测量值；

$\bar{x}_\infty$——重复性条件下无限多次的测量值的平均值，即

$$\bar{x}_\infty = \frac{x_1 + x_2 + \cdots + x_n}{n} \quad (n \to \infty)$$

由于重复测量实际上只能测量有限次，因此实用中的随机误差只是一个近似估计值。

对于随机误差，不能用简单的修正值来修正，当测量次数足够多时，随机误差就整体而言，服从一定的统计规律，通过对测量数据的统计处理可以计算随机误差出现的可能性的大小。

随机误差是由很多不便掌握或暂时未能掌握的微小因素，如电磁场的微变，零件的摩擦、间隙，热起伏，空气扰动，气压及湿度的变化，测量人员感觉器官的生理变化等，对测量值的综合影响所造成的。

(2) 系统误差 在同一测量条件下，多次测量被测量时，绝对值和符号保持不变，或在条件改变时，按一定规律（如线性、多项式、周期性等函数规律）变化的误差称为系统误差。前者为恒值系统误差，后者为变值系统误差。

国家计量技术规范中对系统误差的定义：系统误差是在重复性条件下对同一被测量进行无限多次测量所得结果的平均值与被测量的真值之差。它可用下式表示：

$$系统误差 = \bar{x}_\infty - L \tag{1-18}$$

式中，L 为被测量的真值。

因为真值不能通过测量获知，所以通过有限次测量的平均值 $\bar{x}$ 与 L 的约定真值近似地得出系统误差，称之为系统误差的估计，得出的系统误差可对测量结果进行修正，但由于系统误差不能完全获知，因此通过修正值对系统误差只能有限程度地补偿。

引起系统误差的原因复杂，如测量方法不完善，零点未调整，采用近似的计算公式，测量者的经验不足等。对于系统误差，首先要查找误差根源，并设法减小和消除，而对于无法消除的恒值系统误差，可以在测量结果中加以修正。

(3) 粗大误差 超出在规定条件下预期的误差称为粗大误差，粗大误差又称疏忽误差。

粗大误差的发生是由于测量者疏忽大意，测错、读错或环境条件的突然变化等引起的。含有粗大误差的测量值明显地歪曲了客观现象，故含有粗大误差的测量值称为坏值或异常值。

在数据处理时，要采用的测量值不应该包含有粗大误差，即所有的坏值都应当剔除。所以进行误差分析时，要估计的误差只有系统误差和随机误差两类。

1.2 测量数据的估计和处理

从工程测量实践可知，测量数据中含有系统误差和随机误差，有时还含有粗大误差。它们的性质不同，对测量结果的影响及处理方法也不同。对于不同情况的测量数据，首先要加以分析研究，判断情况，分别处理，再经综合整理，得出合乎科学性的测量结果。

1.2.1 随机误差的统计处理

1. 正态分布

多次等精度地重复测量同一量值时，得到一系列不同的测量值，即使剔除了坏值，并采取措施消除了系统误差，然而每个测量值数据各异，可以肯定每个测量值还会含有误差。这些误差的出现没有确定的规律，具有随机性，所以称为随机误差。

随机误差的分布规律，可以在大量测量数据的基础上总结出来，就误差的总体来说是服从统计规律的。由于大多数随机误差服从正态分布，因而正态分布理论就成为研究随机误差的基础。

随机误差一般具有以下几个性质：

① 绝对值相等的正误差与负误差出现的次数大致相等，误差所具有的这个特性称为对称性。

② 在一定测量条件下的有限测量值中，其随机误差的绝对值不会超过一定的界限，这一特性称为有界性。

③ 绝对值小的误差出现的次数比绝对值大的误差出现的次数多，这一特性称为单峰性。

④ 对同一量值进行多次测量，其误差的算术平均值随着测量次数 n 的增加趋向于零，这一特性称为误差的抵偿性。

抵偿性是由对称性推导出来的，因为绝对值相等的正误差与负误差之和可以互相抵消。对于有限次测量，随机误差的平均值是一个有限小的量，而当测量次数无限增多时，它趋向于零。抵偿性是随机误差的一个重要特征，凡是具有抵偿性的，原则上都可以按随机误差来处理。

设对某一被测量进行多次重复测量，得到一系列的测量值 x_i，设被测量的真值为 L，则测量列中的随机误差 δ_i 为

$$\delta_i = x_i - L \quad i = 1, 2, \cdots, n \tag{1-19}$$

正态分布的概率分布密度 $f(\delta)$ 为

$$f(\delta) = \frac{1}{\sigma\sqrt{2\pi}} e^{-\frac{\delta^2}{2\sigma^2}} \tag{1-20}$$

正态分布的分布密度曲线如图 1-4 所示，为一条钟形的曲线，称为正态分布曲线，其中 L、$\sigma(\sigma>0)$ 是正态分布的两个参数。从图中还可以看到，曲线在 $L\pm\sigma$(或 $\pm\sigma$) 处有两个拐点。

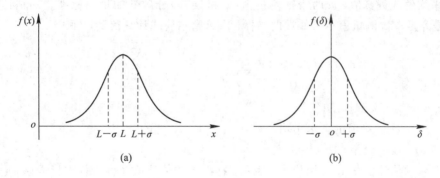

图 1-4 正态分布曲线

2. 随机误差的数字特征

(1) 算术平均值 $\bar{x}$　正态分布以 $x=L$ 为对称轴，它是正态总体的平均值。由于在测量过程中，不可避免地存在随机误差，因此我们无法求得被测量的真值。但如果随机误差服从正态分布，则算术平均值处随机误差的概率密度最大，即算术平均值与被测量的真值最为接近，测量次数越多，算术平均值越趋近于真值。如果对某一量进行无限多次测量，就可以得到不受随机误差影响的值，或其影响甚微，可以忽略。由于实际上是有限次测量，因而有限次直接测量中算术平均值是诸测量值中最可信赖的，可把它作为等精度多次测量的结果，即被测量的最佳估计值。

对被测量进行等精度的 n 次测量，得 n 个测量值 $x_1, x_2, \cdots, x_n$，它们的算术平均值为

$$\bar{x} = \frac{1}{n}(x_1 + x_2 + \cdots + x_n) = \frac{1}{n}\sum_{i=1}^{n} x_i \qquad (1-21)$$

由于被测量的真值为未知,不能按式(1-19)求得随机误差,这时可用算术平均值代替被测量的真值进行计算,则有

$$v_i = x_i - \bar{x} \qquad (1-22)$$

式中,v_i 为 x_i 的残余误差(简称残差)。

(2)标准偏差 σ 标准偏差简称为标准差,又称均方根误差。标准差 σ 刻画总体的分散程度,图 1-5 给出了 L 相同、σ 不同($\sigma=0.5$,$\sigma=1$,$\sigma=1.5$)的正态分布曲线,σ 值愈大,曲线愈平坦,即随机变量的分散性愈大;反之,σ 愈小,曲线愈尖锐(集中),随机变量的分散性愈小。

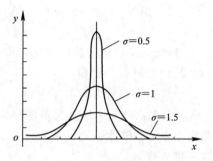

图 1-5 不同 σ 的正态分布曲线

标准差 σ 由下式求得:

$$\sigma = \lim_{n\to\infty}\sqrt{\frac{\sum_{i=1}^{n}(x_i-L)^2}{n}} = \lim_{n\to\infty}\sqrt{\frac{\sum_{i=1}^{n}\delta_i^2}{n}} \qquad (1-23)$$

σ 是在测量次数趋于无穷大时得到的,它是正态总体的平均值,称为理论标准差或总体标准差。但在实际测量中不可能得到,因为被测量是在重复性条件下进行有限次测量,用算术平均值代替真值,此时表征测量值(随机误差)分散性的量用标准差的估计值 σ_s 表示,它是评定单次测量值不可靠性的指标,由贝塞尔公式计算得到,即

$$\sigma_s = \sqrt{\frac{1}{n-1}\sum_{i=1}^{n}(x_i-\bar{x})^2} = \sqrt{\frac{\sum_{i=1}^{n}v_i^2}{n-1}} \qquad (1-24)$$

式中:x_i——第 i 次测量值;

$\bar{x}$——n 次测量值的算术平均值;

v_i——残余误差,即 $v_i = x_i - \bar{x}$。

标准差的估计值 σ_s 也可用代号 s 表示。标准差的估计值又称为样本标准差,它是总体标准差 σ 的估计值,但并不是 σ 的无偏估计,而样本方差 σ_s^2 才是总体方差 σ^2 的无偏估计。标准差的估计值是方差的正平方根,具有与 x_i 相同的量纲。

若对被测量进行 m 组的"多次重复测量",且这些测量值已消除了系统误差,只存在随机误差,各组所得的算术平均值 $\bar{x}_1, \bar{x}_2, \cdots, \bar{x}_m$ 各不相同,也是随机变量,则它们分布在期望值附近,但比测量值接近于期望值,随着测量次数的增多,平均值将收敛于期望值。算术平均值的可靠性指标用算术平均值的标准差 $\sigma_{\bar{x}}$ 来评定,它与标准差的估计值 σ_s 的关系如下:

$$\sigma_{\bar{x}} = \frac{\sigma_s}{\sqrt{n}} \qquad (1-25)$$

由上式可见,在测量条件一定的情况下,算术平均值的标准差 $\sigma_{\bar{x}}$ 随着测量次数 n 的增加而减小,算术平均值也愈接近期望值。图 1-6 所示为 $\sigma_{\bar{x}}/\sigma_s$ 比值与 n 的关系曲线。从图

中可见,当 n 增加到一定次数(例如 10 次)以后,$\sigma_{\bar{x}}$ 的减小就变得缓慢,所以不能单靠无限地增加测量次数来提高测量精度。实际上测量次数愈多,愈难保证测量条件的稳定,从而带来新的误差。所以在一般精密测量中,重复性条件下测量的次数大多少于 10 次,此时如要进一步提高测量精度,则应采取其它措施(如提高仪器精度,改进测量方法,改善环境条件等)来解决。

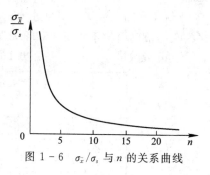

图 1-6 $\sigma_{\bar{x}}/\sigma_s$ 与 n 的关系曲线

3. 正态分布随机误差的概率计算

如果随机变量符合正态分布,那么它出现的概率就是正态分布曲线下所包围的面积。因为全部随机变量出现的总的概率为 1,所以曲线所包围的面积应等于 1,即

$$\int_{-\infty}^{+\infty} f(x)\,\mathrm{d}x = \frac{1}{\sigma\sqrt{2\pi}}\int_{-\infty}^{+\infty} \mathrm{e}^{-\frac{x^2}{2\sigma^2}}\,\mathrm{d}x = 1$$

随机变量落在任意区间 (a,b) 内的概率为

$$P_a = P(a \leqslant x < b) = \frac{1}{\sigma\sqrt{2\pi}}\int_a^b \mathrm{e}^{-\frac{(x-\bar{x})^2}{2\sigma^2}}\,\mathrm{d}x$$

式中,P_a 为置信概率。

σ 是正态分布的特征参数,区间通常表示成 σ 的倍数,如 $k\sigma$。由于随机变量分布对称性的特点,常取对称的区间,即在 $\pm k\sigma$ 区间的概率为

$$P_a = P(-k\sigma \leqslant v < +k\sigma) = \frac{1}{\sigma\sqrt{2\pi}}\int_{-k\sigma}^{+k\sigma} \mathrm{e}^{-\frac{v^2}{2\sigma^2}}\,\mathrm{d}v \qquad (1-26)$$

式中:k——置信系数;

$\pm k\sigma$——置信区间(误差限)。

表 1-1 给出了几个典型的 k 值及其相应的概率。

表 1-1 正态分布的 k 值及其相应的概率

k	0.6745	1	1.96	2	2.58	3	4
P_a	0.5	0.6827	0.95	0.9545	0.99	0.9973	0.999 94

随机变量落在 $\pm k\sigma$ 范围内出现的概率为 P_a,则超出的概率称为置信度,又称为显著性水平,用 α 表示:

$$\alpha = 1 - P_a \qquad (1-27)$$

P_a 与 α 的关系见图 1-7。

从表 1-1 可知,当 $k=1$ 时,$P_a=0.6827$,即测量结果中随机误差出现在 $-\sigma \sim +\sigma$ 范围内的概率为 68.27%,而 $|v|>\sigma$ 的概率为 31.73%。出现在 $-3\sigma \sim +3\sigma$ 范围内的概率为 99.73%,因此可以认为绝对值大于 3σ 的误差是不可能出现的,通常把这个误差称为极限误差 δ_{lim},即极限误差 $\delta_{\text{lim}} = \pm 3\sigma$。

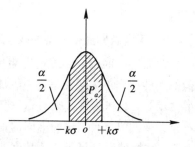

图 1-7 P_a 与 α 的关系

【例 1-1】 对某一轴径进行 10 次等精度测量,测得值及计算数据如表 1-2 所示,设这些测得值已消除系统误差和粗大误差,计算该轴径的大小。

表 1-2 测得值及计算数据

测量次序	测得值/mm	v_i/mm	$v_i^2 \times 10^{-4}$/mm²
1	85.71	0.03	9
2	85.63	−0.05	25
3	85.65	−0.03	9
4	85.71	0.03	9
5	85.69	0.01	1
6	85.69	0.01	1
7	85.70	0.02	4
8	85.68	0	0
9	85.66	−0.02	4
10	85.68	0	0
—	$\bar{x}=85.68$	$\sum_{i=1}^{10} v_i = 0$	$\sum_{i=1}^{10} v_i^2 = 62$

解:算术平均值为

$$\bar{x} = \frac{1}{10} \sum_{i=1}^{10} x_i = 85.68 \text{ mm}$$

标准差的估计值为

$$\sigma_s = \sqrt{\frac{1}{10-1} \sum_{i=1}^{10} (x_i - \bar{x})^2} = \sqrt{\frac{0.0062}{10-1}} = 0.026 \text{ mm}$$

算术平均值的标准差为

$$\sigma_{\bar{x}} = \frac{\sigma_s}{\sqrt{n}} = \frac{0.026}{\sqrt{10}} = 0.008 \approx 0.01 \text{ mm}$$

测量结果可表示为

$$x = \bar{x} \pm \sigma_{\bar{x}} = (85.68 \pm 0.01) \text{ mm} \qquad P_a = 68.27\%$$

或

$$x = \bar{x} \pm 3\sigma_{\bar{x}} = (85.68 \pm 0.03) \text{ mm} \qquad P_a = 99.73\%$$

按照上面分析,测量结果可用算术平均值表示,因为算术平均值是被测量的最佳估计值。

4. 不等精度直接测量的权与误差

前面讲述的内容是等精度测量的问题。严格地说,绝对的等精度测量是很难保证的,但对条件差别不大的测量,一般都当作等精度测量对待,某些条件的变化,如测量时温度的波动等,只作为误差来考虑。但有时在科学研究或高精度测量中,为了获得足够的信息,有意改变测量条件,比如不同的地点,用不同精度的仪表,或是用不同的测量方法等进行测量,这样的测量属于不等精度测量。

对于不等精度的测量,测量数据的分析和综合不能套用前面等精度测量的数据处理的计算公式,需推导出新的计算公式。

(1) "权"的概念 在等精度测量中,即多次重复测量得到的各个测得值具有相同的精度,可用同一个标准偏差 σ 值来表征,或者说各个测得值具有相同的可信程度,并取所有测量值的算术平均值作为测量结果。

在不等精度测量时,对同一被测量进行 m 组独立无系统误差及无粗大误差的测量,得到 m 组测量列(进行多次测量的一组数据称为一测量列)的测量结果及其误差,由于各组测量条件不同,各组的测量结果及误差不能同等看待,即各组测量结果的可靠程度不一样。测量精度高(即标准差小)的测量列具有较高的可靠性。为了衡量这种可靠性和可信赖程度,引进"权"的概念。

"权"可理解为各组测量结果相对的可信赖程度。测量次数多,测量方法完善,测量仪表精度高,测量的环境条件好,测量人员的水平高,则测量结果可靠,其权也大。权是相比较而存在的。权用符号 p 表示,有两种计算方法:

① 用各组测量列的测量次数 n 的比值表示。

$$p_1 : p_2 : \cdots : p_m = n_1 : n_2 : \cdots : n_m \tag{1-28}$$

② 用各组测量列的标准差平方的倒数的比值表示。

$$p_1 : p_2 : \cdots : p_m = \frac{1}{\sigma_1^2} : \frac{1}{\sigma_2^2} : \cdots : \frac{1}{\sigma_m^2} \tag{1-29}$$

从式(1-29)可看出:每组测量结果的权与其相应的标准差平方成反比。如果已知各组算术平均值的标准差,即可确定相应权的大小。测量结果权的数值只表示各组间的相对可靠程度,它是一个无量纲的数。通常在计算各组权时,令最小的权数为"1",以便用简单的数值来表示各组的权。

(2) 加权算术平均值 $\bar{x}_p$ 在等精度测量时,测量结果的最佳估计值用算术平均值表示;而在不等精度测量时,测量结果的最佳估计值用加权算术平均值表示。加权算术平均值不同于一般的算术平均值,它是各组测量列的全体平均值,不仅要考虑各测得值,而且还要考虑各组权。

若对同一被测量进行 m 组不等精度测量,得到 m 个测量列的算术平均值 $\bar{x}_1, \bar{x}_2, \cdots, \bar{x}_m$,相应各组的权分别为 $p_1, p_2, \cdots, p_m$,则加权平均值可用下式表示:

$$\bar{x}_p = \frac{\bar{x}_1 p_1 + \bar{x}_2 p_2 + \cdots + \bar{x}_m p_m}{p_1 + p_2 + \cdots + p_m} = \frac{\sum_{i=1}^{m} \bar{x}_i p_i}{\sum_{i=1}^{m} p_i} \tag{1-30}$$

由式(1-30)可知,如果 $p_1 = p_2 = \cdots = p_m = 1$,这就变成了等精度测量,加权算术平均值也就变成了简单的算术平均值。

(3) 加权算术平均值 $\bar{x}_p$ 的标准差 $\sigma_{\bar{x}_p}$ 用加权算术平均值作为不等精度测量结果的最佳估计值时,其精度由加权算术平均值的标准差来表示。

对同一个被测量进行 m 组不等精度测量,得到 m 个测量结果 $\bar{x}_1, \bar{x}_2, \cdots, \bar{x}_m$,则加权算术平均值 $\bar{x}_p$ 的标准差可由下式计算:

$$\sigma_{\bar{x}_p} = \sqrt{\frac{\sum_{i=1}^{m} p_i v_i^2}{(m-1) \sum_{i=1}^{m} p_i}} \tag{1-31}$$

式中，v_i 为各测量列的算术平均值 $\bar{x}_i$ 与加权算术平均值 $\bar{x}_p$ 之差值。

【例 1-2】 用三种不同的方法测量某电感量，三种方法测得的各平均值与标准差为

$$\bar{L}_1 = 1.25 \text{ mH}, \quad \sigma_{\bar{L}_1} = 0.040 \text{ mH}$$

$$\bar{L}_2 = 1.24 \text{ mH}, \quad \sigma_{\bar{L}_2} = 0.030 \text{ mH}$$

$$\bar{L}_3 = 1.22 \text{ mH}, \quad \sigma_{\bar{L}_3} = 0.050 \text{ mH}$$

求电感的加权算术平均值及其加权算术平均值的标准差。

解：令 $p_3 = 1$，则

$$p_1 : p_2 : p_3 = \frac{\sigma_{\bar{L}_3}^2}{\sigma_{\bar{L}_1}^2} : \frac{\sigma_{\bar{L}_3}^2}{\sigma_{\bar{L}_2}^2} : \frac{\sigma_{\bar{L}_3}^2}{\sigma_{\bar{L}_3}^2} = \left[\frac{0.050}{0.040}\right]^2 : \left[\frac{0.050}{0.030}\right]^2 : \left[\frac{0.050}{0.050}\right]^2$$

$$= 1.563 : 2.778 : 1$$

加权算术平均值为

$$\bar{L}_p = \frac{\sum_{i=1}^{m} \bar{L}_i p_i}{\sum_{i=1}^{m} p_i} = \frac{1.25 \times 1.563 + 1.24 \times 2.778 + 1.22 \times 1}{1.563 + 2.778 + 1} = 1.239 \text{ mH}$$

加权算术平均值的标准差为

$$\sigma_{\bar{L}_p} = \sqrt{\frac{\sum_{i=1}^{m} p_i v_i^2}{(m-1)\sum_{i=1}^{m} p_i}}$$

$$= \sqrt{\frac{1.563 \times (1.25 - 1.239)^2 + 2.778 \times (1.24 - 1.239)^2 + 1 \times (1.22 - 1.239)^2}{(3-1)(1.563 + 2.778 + 1)}}$$

$$= 0.007 \text{ mH}$$

1.2.2 系统误差的通用处理方法

在测量过程中，不仅有随机误差，往往还存在系统误差。系统误差是在对同一被测量进行无限多次重复测量时，测量值中含有固定不变或按一定规律变化的误差，前者为恒值系统误差，后者为变值系统误差。系统误差不具有抵偿性，用重复测量也难以发现。系统误差比随机误差对测量精度的影响更大，在工程测量中应特别注意。

1. 从误差根源上消除系统误差

由于系统误差的特殊性，在处理方法上与随机误差完全不同。主要是如何有效地找出系统误差的根源，并减小或消除。查找误差根源的关键，就是要对测量设备、测量对象和测量系统做全面分析，明确其中有无产生明显系统误差的因素，并采取相应措施予以修正或消除。由于具体条件不同，在分析查找误差根源时，并没有一成不变的方法，这与测量者的经验、水平以及测量技术的发展密切相关。通常，我们可以从以下几个方面进行分析考虑。

① 所用传感器、测量仪表或组成元件是否准确可靠。比如传感器或仪表灵敏度不足，仪表刻度不准确，变换器、放大器等性能不太优良等都会引起误差，而且是常见的误差。

② 测量方法是否完善。如用电压表测量电压，电压表的内阻对测量结果有影响。

③ 传感器仪表安装、调整或放置是否正确合理。例如，未调好仪表水平位置，安装时仪表指针偏心等都会引起误差。

④ 传感器或仪表工作场所的环境条件是否符合规定条件。例如，环境、温度、湿度、气压等的变化也会引起误差。

⑤ 测量者操作是否正确。例如，读数时视差、视力疲劳等都会引起系统误差。

2. 系统误差的发现与判别

发现系统误差一般比较困难，下面只介绍几种发现系统误差的一般方法。

(1) 实验对比法　这种方法是通过改变产生系统误差的条件从而进行不同条件的测量，来发现系统误差的。这种方法适用于发现固定的系统误差。例如，一台测量仪表本身存在固定的系统误差，即使进行多次测量也不能发现，只有用更高一级精度的测量仪表测量时，才能发现这台测量仪表的系统误差。

(2) 残余误差观察法　这种方法是根据测量值的残余误差的大小和符号的变化规律，直接由误差数据或误差曲线图形来判断有无变化的系统误差。把残余误差按照测量值先后顺序作图，如图1-8所示。图(a)中残余误差有规律地递增(或递减)，表明存在线性变化的系统误差；图(b)中残余误差大小和符号大体呈周期性，可以认为有周期性系统误差；图(c)中残余误差变化规律较复杂，怀疑同时存在线性系统误差和周期性系统误差。

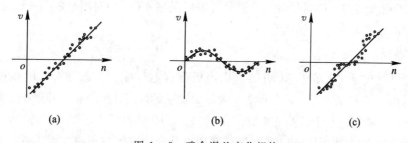

图1-8　残余误差变化规律

(3) 准则检查法　目前已有多种准则供人们检验测量数据中是否含有系统误差。不过这些准则都有一定的适用范围。

如马利科夫判据将残余误差前后各半分为两组，若"$\sum v_i$ 前"与"$\sum v_i$ 后"之差明显不为零，则可能含有线性系统误差。

阿贝检验法是检查残余误差是否偏离正态分布，若偏离，则可能存在变化的系统误差。将测量值的残余误差按测量顺序排列，且设

$$A = v_1^2 + v_2^2 + \cdots + v_n^2$$
$$B = (v_1 - v_2)^2 + (v_2 - v_3)^2 + \cdots + (v_{n-1} - v_n)^2 + (v_n - v_1)^2$$

若

$$\left| \frac{B}{2A} - 1 \right| > \frac{1}{\sqrt{n}}$$

则可能含有变化的系统误差，但类型不能判定。

3. 系统误差的消除

(1) 在测量结果中进行修正　对于已知的恒值系统误差，可以用修正值对测量结果进

行修正;对于变值系统误差,设法找出误差的变化规律,用修正公式或修正曲线对测量结果进行修正;对未知系统误差,则按随机误差进行处理。

(2) 消除系统误差的根源　在测量之前,仔细检查仪表,正确调整和安装;防止外界干扰影响;选好观测位置消除视差;选择环境条件比较稳定时进行读数等。

(3) 在测量系统中采用补偿措施　找出系统误差规律,在测量过程中自动消除系统误差。如用热电偶测量温度时,热电偶参考端温度变化会引起系统误差,消除此误差的办法之一是在热电偶回路中加一个冷端补偿器,从而实现自动补偿。

(4) 实时反馈修正　由于自动化测量技术及微机的应用,可用实时反馈修正的办法来消除复杂的变化系统误差。当查明某种误差因素的变化对测量结果有明显的复杂影响时,应尽可能找出其影响测量结果的函数关系或近似的函数关系。在测量过程中,用传感器将这些误差因素的变化转换成某种物理量形式(一般为电量),及时按照其函数关系,通过计算机算出影响测量结果的误差值,并对测量结果做实时的自动修正。

1.2.3　粗大误差

如前所述,在对重复测量所得的一组测量值进行数据处理之前,首先应将具有粗大误差的可疑数据找出来加以剔除。人们绝对不能凭主观意愿对数据任意进行取舍,而是要有一定的根据。判断粗大误差的原则是看测量值是否满足正态分布,要对测量数据进行必要的检验。

下面就常用的几种准则加以介绍。

1. 3σ 准则

前面已讲到,通常把等于 3σ 的误差称为极限误差,对于正态分布的随机误差,落在 $\pm 3\sigma$ 以外的概率只有 0.27%,它在有限次测量中发生的可能性很小。3σ 准则就是如果一组测量数据中某个测量值的残余误差的绝对值 $|v_i|>3\sigma$,则该测量值为可疑值(坏值),应剔除。

3σ 准则又称拉依达准则。3σ 准则是最常用也是最简单的判别粗大误差的准则,它应用于测量次数充分多的情况。

2. 肖维勒准则

肖维勒准则是以正态分布为前提的,假设多次重复测量所得的 n 个测量值中,某个测量值的残余误差 $|v_i|>Z_c\sigma$,则剔除此数据。实用中 $Z_c<3$,所以在一定程度上弥补了 3σ 准则的不足。肖维勒准则中的 Z_c 值见表1-3。

表1-3　肖维勒准则中的 Z_c 值

n	3	4	5	6	7	8	9	10	11	12	13
Z_c	1.38	1.54	1.65	1.73	1.80	1.86	1.92	1.96	2.00	2.03	2.07
n	14	15	16	18	20	25	30	40	50		
Z_c	2.10	2.13	2.15	2.20	2.24	2.33	2.39	2.49	2.58		

3. 格拉布斯准则

格拉布斯准则也是以正态分布为前提的,理论上较严谨,使用也较方便。某个测量值的残余误差的绝对值 $|v_i|>G\sigma$,则判断此值中含有粗大误差,应予剔除,此即格拉布斯准则。G 值与重复测量次数 n 和置信概率 P_a 有关,见表1-4。

表 1-4 格拉布斯准则中的 G 值

测量次数 n	置信概率 P_a		测量次数 n	置信概率 P_a	
	0.99	0.95		0.99	0.95
3	1.16	1.15	11	2.48	2.23
4	1.49	1.46	12	2.55	2.28
5	1.75	1.67	13	2.61	2.33
6	1.94	1.82	14	2.66	2.37
7	2.10	1.94	15	2.70	2.41
8	2.22	2.03	16	2.74	2.44
9	2.32	2.11	18	2.82	2.50
10	2.41	2.18	20	2.88	2.56

以上准则是以数据按正态分布为前提的，当偏离正态分布，特别是测量次数很少时，判断的可靠性就差。因此，对待粗大误差，除用剔除准则外，更重要的是要提高工作人员的技术水平和工作责任心。另外，要保证测量条件的稳定，以防止因环境条件剧烈变化而产生的突变影响。

【例 1-3】 对某一电压进行 12 次等精度测量，测量值及计算数据如表 1-5 所示，若这些测量值已消除系统误差，试判断有无粗大误差，并写出测量结果。

表 1-5 测量值及计算数据

序号	测量值 U_i/mV	v_{i1}/mV	$v_{i1}^2 \times 10^{-4}$/mV²	v_{i2}/mV	$v_{i2}^2 \times 10^{-4}$/mV²
1	20.42	0.019	3.61	0.011	1.21
2	20.43	0.029	8.41	0.021	4.41
3	20.40	−0.001	0.01	−0.009	0.81
4	20.39	−0.011	1.21	−0.019	3.61
5	20.41	0.009	0.81	0.001	0.01
6	20.31	−0.091	82.81	—	—
7	20.42	0.019	3.61	0.011	1.21
8	20.39	−0.011	1.21	−0.019	3.61
9	20.41	0.019	3.61	0.001	0.01
10	20.40	−0.001	0.01	−0.009	0.81
11	20.40	−0.001	0.01	−0.009	0.81
12	20.43	0.029	8.41	0.021	4.41
—	$\overline{U}_1 = \frac{1}{12}\sum_{i=1}^{12}U_i$ $= 20.401$ $\overline{U}_2 = \frac{1}{11}\sum_{i=1}^{11}U_i$ $= 20.409$	$\sum_{i=1}^{12}v_{i1} = 0.008$	$\sum_{i=1}^{12}v_{i1}^2 = 113.72$ $\times 10^{-4}$	$\sum_{i=1}^{11}v_{i2} = 0.001$	$\sum_{i=1}^{11}v_{i2}^2 = 20.91$ $\times 10^{-4}$

解：① 求算术平均值及标准差。

$$\overline{U}_1 = \frac{1}{12}\sum_{i=1}^{12} U_i = 20.401 \text{ mV}$$

$$\sigma_{s1} = \sqrt{\frac{1}{12-1}\sum_{i=1}^{12} v_i^2} = \sqrt{\frac{0.011\,372}{12-1}} = 0.032 \text{ mV}$$

② 判断有无粗大误差。由于本例中测量次数比较少，不采用 3σ 准则判断粗大误差。这里采用格拉布斯准则，已知测量次数 $n=12$，取置信概率 $P_a=0.95$，查表 1-4，得格拉布斯系数 $G=2.28$。

$$G\sigma_{s1} = 2.28 \times 0.032 = 0.073 < |v_6|$$

故 U_6 应剔除，剔除后重新计算算术平均值和标准差。

$$\overline{U}_2 = \frac{1}{11}\sum_{i=1}^{11} U_i = 20.409 \text{ mV}$$

$$\sigma_{s2} = \sqrt{\frac{1}{11-1}\sum_{i=1}^{11} v_i^2} = 0.0145 \text{ mV}$$

再次判断粗大误差，查表 1-4 得格拉布斯系数 $G=2.23$。

$$G\sigma_{s2} = 2.23 \times 0.0145 = 0.032$$

所有 v_{i2} 均小于 $G\sigma_{s2}$，故其它 11 个测量值中无坏值。

③ 计算算术平均值的标准差：

$$\sigma_{\overline{x}} = \frac{\sigma_{s2}}{\sqrt{n}} = \frac{0.0145}{\sqrt{11}} \approx 0.004 \text{ mV}$$

④ 最后测量结果可表示为

$$x = \overline{x} \pm 3\sigma_{\overline{x}} = 20.41 \pm 0.012 \text{ mV}$$

$$P_a = 99.73\%$$

1.2.4 测量数据处理中的几个问题

1. 间接测量中的测量数据处理

前面主要是针对直接测量的误差分析，在直接测量中，测量误差就是直接测得值的误差。而间接测量，是通过直接测得值与被测量之间的函数关系，经过计算得到被测量的，所以间接测量的误差是各个直接测得值误差的函数。

一个测量系统或一个传感器都是由若干部分组成的，设各环节分别为 $x_1, x_2, \cdots, x_n$，系统总的输入与输出之间的函数关系为 $y=f(x_1,x_2,\cdots,x_n)$，而各部分又都存在误差，也会影响测量系统或传感器总的误差，这类误差的分析也可归纳到间接测量的误差分析。

在间接测量中，已知各直接测得值的误差（或局部误差），求总的误差，即误差的合成（也称误差的综合）；反之，确定了总的误差后，各环节（或各部分）具有多大误差才能保证总的误差值不超过规定值，这叫作误差的分配。在传感器和测量系统的设计时经常用到误差的分配。下面介绍误差的合成。

（1）绝对误差和相对误差的合成　如被测量为 y，设各直接测得值 $x_1, x_2, \cdots, x_n$ 之间相互独立，则与被测量 y 之间的函数关系为

$$y = f(x_1, x_2, \cdots, x_n)$$

各测得值的绝对误差分别为 $\Delta x_1, \Delta x_2, \cdots, \Delta x_n$，因为误差一般均很小，其误差可用微分来表示，则被测量 y 的误差可表示为

$$\mathrm{d}y = \frac{\partial y}{\partial x_1}\mathrm{d}x_1 + \frac{\partial y}{\partial x_2}\mathrm{d}x_2 + \cdots + \frac{\partial y}{\partial x_n}\mathrm{d}x_n \tag{1-32}$$

实际计算误差时，以各环节的绝对误差 $\Delta x_1, \Delta x_2, \cdots, \Delta x_n$ 来代替上式中的 $\mathrm{d}x_1, \mathrm{d}x_2, \cdots, \mathrm{d}x_n$，即

$$\Delta y = \frac{\partial y}{\partial x_1}\Delta x_1 + \frac{\partial y}{\partial x_2}\Delta x_2 + \cdots + \frac{\partial y}{\partial x_n}\Delta x_n = \sum_{i=1}^{n}\frac{\partial y}{\partial x_i}\Delta x_i \tag{1-33}$$

式中，Δy 为综合后总的绝对误差。

如测得值与被测量的函数关系为 $y = x_1 + x_2 + \cdots + x_n$，则综合绝对误差为

$$\Delta y = \Delta x_1 + \Delta x_2 + \cdots + \Delta x_n$$

如被测量 y 的综合误差用相对误差表示，则

$$\delta_y = \frac{\Delta y}{y} = \frac{1}{y}\sum_{i=1}^{n}\frac{\partial y}{\partial x_i}\Delta x_i$$

但当误差项数较多时，相对误差的合成在一般情况下按方和根合成比较符合统计值，即

$$\delta_y = \sqrt{\delta_1^2 + \delta_2^2 + \cdots + \delta_n^2}$$

(2) 标准差的合成　设被测量 y 与各直接测得值 $x_1, x_2, \cdots, x_n$ 之间的函数关系为 $y = f(x_1, x_2, \cdots, x_n)$，各测得值的标准差分别为 $\sigma_1, \sigma_2, \cdots, \sigma_n$，当各测得值相互独立时，被测量 y 的标准差为

$$\sigma^2(y) = \left(\frac{\partial y}{\partial x_1}\right)^2\sigma_1^2 + \left(\frac{\partial y}{\partial x_2}\right)^2\sigma_2^2 + \cdots + \left(\frac{\partial y}{\partial x_n}\right)^2\sigma_n^2 = \sum_{i=1}^{n}\left(\frac{\partial y}{\partial x_i}\right)^2\sigma_i^2 \tag{1-34}$$

【例 1-4】 用手动平衡电桥测量电阻 R_x（如图 1-9 所示）。已知 $R_1 = 100\ \Omega, R_2 = 1000\ \Omega, R_N = 100\ \Omega$，各桥臂电阻的恒值系统误差分别为 $\Delta R_1 = 0.1\ \Omega, \Delta R_2 = 0.5\ \Omega, \Delta R_N = 0.1\ \Omega$。求消除恒值系统误差后的 R_x 值。

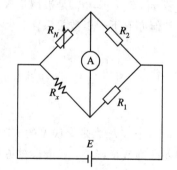

图 1-9　测量电阻 R_x 的平衡电桥原理线路图

解：被测电阻 R_x 变化时，调节可变电阻 R_N 的大小，使检流计指零，电桥平衡，此时有

$$R_1 \cdot R_N = R_2 \cdot R_x$$

即

$$R_x = \frac{R_1}{R_2}R_N$$

不考虑 $R_1、R_2、R_N$ 的系统误差时，有

$$R_{x0} = \frac{R_1}{R_2}R_N = \frac{100}{1000} \times 100 = 10\ \Omega$$

由于 $R_1、R_2、R_N$ 存在误差，因此测量电阻 R_x 也将产生系统误差，利用式(1-33)可得

$$\Delta R_x = \frac{R_2 R_N \Delta R_1 + R_1 R_2 \Delta R_N - R_1 R_N \Delta R_2}{R_2^2} = \frac{R_N}{R_2}\Delta R_1 + \frac{R_1}{R_2}\Delta R_N - \frac{R_1 R_N}{R_2^2}\Delta R_2$$

$$= \frac{100}{1000} \times 0.1 + \frac{100}{1000} \times 0.1 - \frac{100 \times 100}{1000^2} \times 0.5 = 0.015\ \Omega$$

消除 ΔR_1、ΔR_2、ΔR_N 的影响，即修正后的电阻 R_x 应为

$$R_x = R_{x0} - \Delta R_x = 10 - 0.015 = 9.985 \ \Omega$$

2. 最小二乘法的应用

最小二乘法原理是一数学原理，要获得最可信赖的测量结果，应使各测量值的残余误差平方和为最小，这就是最小二乘法原理。用算术平均值作为多次测量的结果，因为它们符合最小二乘法原理。最小二乘法作为一种数据处理手段，在组合测量的数据处理、实验曲线的拟合及其它多种学科方面，均获得了广泛的应用。

下面以组合测量为例说明最小二乘法的原理及基本运算。

设有线性函数方程组为

$$\left.\begin{aligned} Y_1 &= a_{11}X_1 + a_{12}X_2 + \cdots + a_{1m}X_m \\ Y_2 &= a_{21}X_1 + a_{22}X_2 + \cdots + a_{2m}X_m \\ &\vdots \\ Y_n &= a_{n1}X_1 + a_{n2}X_2 + \cdots + a_{nm}X_m \end{aligned}\right\} \quad (1-35)$$

式中：$X_1, X_2, \cdots, X_m$ ——被测量；

$Y_1, Y_2, \cdots, Y_n$ ——直接测得值。

由于在测量中不可避免会引入误差，所求得的结果必然会带有一定的误差，为了减小随机误差的影响，测量次数 n 应大于所求未知数个数 $m(n>m)$。显然，用一般的代数方法无法求解，而只有采用最小二乘法来求解。根据最小二乘法原理，在直接测得值有误差的情况下，欲求被测量最可信赖的值，应使残余误差的平方之和为最小，即

$$\sum_{i=1}^{n} v_i^2 = 最小$$

若 $x_1, x_2, \cdots, x_m$ 是被测量 $X_1, X_2, \cdots, X_m$ 最可信赖的值，又称最佳估计值，则相应的估计值亦有下列函数关系：

$$\left.\begin{aligned} y_1 &= a_{11}x_1 + a_{12}x_2 + \cdots + a_{1m}x_m \\ y_2 &= a_{21}x_2 + a_{22}x_2 + \cdots + a_{2m}x_m \\ &\vdots \\ y_n &= a_{n1}x_1 + a_{n2}x_2 + \cdots + a_{nm}x_m \end{aligned}\right\} \quad (1-36)$$

设 $l_1, l_2, \cdots, l_n$ 为带有误差的实际直接测得值，它们与相应的估计值 $y_1, y_2, \cdots, y_n$ 之间的偏差即为残余误差，残余误差方程组为

$$\left.\begin{aligned} l_1 - y_1 &= l_1 - (a_{11}x_1 + a_{12}x_2 + \cdots + a_{1m}x_m) = v_1 \\ l_2 - y_2 &= l_2 - (a_{21}x_1 + a_{22}x_2 + \cdots + a_{2m}x_m) = v_2 \\ &\vdots \\ l_n - y_n &= l_n - (a_{n1}x_1 + a_{n2}x_2 + \cdots + a_{nm}x_m) = v_n \end{aligned}\right\} \quad (1-37)$$

按最小二乘法原理，要得到可信赖的结果 $x_1, x_2, \cdots, x_m$，上述方程组的残余误差平方和应为最小。根据求极值条件，应使

$$\left.\begin{aligned} \frac{\partial[v^2]}{\partial x_1} &= 0 \\ \frac{\partial[v^2]}{\partial x_2} &= 0 \\ &\vdots \\ \frac{\partial[v^2]}{\partial x_m} &= 0 \end{aligned}\right\} \quad (1-38)$$

将上述偏微分方程式整理，最后可写成

$$\left.\begin{aligned} [a_1a_1]x_1 + [a_1a_2]x_2 + \cdots + [a_1a_m]x_m &= [a_1l] \\ [a_2a_1]x_1 + [a_2a_2]x_2 + \cdots + [a_2a_m]x_m &= [a_2l] \\ &\vdots \\ [a_ma_1]x_1 + [a_ma_2]x_2 + \cdots + [a_ma_m]x_m &= [a_ml] \end{aligned}\right\} \quad (1-39)$$

式(1-39)即为重复性测量的线性函数最小二乘法估计的正规方程。式中，

$$[a_1a_1] = a_{11}a_{11} + a_{21}a_{21} + \cdots + a_{n1}a_{n1}$$

$$[a_1a_2] = a_{11}a_{12} + a_{21}a_{22} + \cdots + a_{n1}a_{n2}$$

$$\vdots$$

$$[a_1a_m] = a_{11}a_{1m} + a_{21}a_{2m} + \cdots + a_{n1}a_{nm}$$

$$[a_1l] = a_{11}l_1 + a_{21}l_2 + \cdots + a_{n1}l_n$$

正规方程是一个 m 元线性方程组，当其系数行列式不为零时，有唯一确定的解，由此可解得欲求被测量的估计值 $x_1, x_2, \cdots, x_m$，即为符合最小二乘法原理的最佳解。

线性函数的最小二乘法处理应用矩阵这一工具进行讨论有许多便利之处。将误差方程式(1-37)用下列的矩阵表示：

$$\boldsymbol{L} - \boldsymbol{A}\hat{\boldsymbol{X}} = \boldsymbol{V} \quad (1-40)$$

式中，系数矩阵为

$$\boldsymbol{A} = \begin{bmatrix} a_{11} & a_{12} & \cdots & a_{1m} \\ a_{21} & a_{22} & \cdots & a_{2m} \\ \vdots & \vdots & & \vdots \\ a_{n1} & a_{n2} & \cdots & a_{nm} \end{bmatrix}$$

被测量估计值矩阵为

$$\hat{\boldsymbol{X}} = \begin{bmatrix} x_1 \\ x_2 \\ \vdots \\ x_m \end{bmatrix}$$

直接测得值矩阵为

$$\boldsymbol{L} = \begin{bmatrix} l_1 \\ l_2 \\ \vdots \\ l_n \end{bmatrix}$$

残余误差矩阵为

$$V = \begin{bmatrix} v_1 \\ v_2 \\ \vdots \\ v_n \end{bmatrix}$$

残余误差平方和最小这一条件的矩阵形式为

$$(v_1, v_2, \cdots, v_n) \begin{bmatrix} v_1 \\ v_2 \\ \vdots \\ v_n \end{bmatrix} = 最小$$

即

$$V'V = 最小$$

或

$$(L - A\hat{X})'(L - A\hat{X}) = 最小$$

将上述线性函数的正规方程式(1-39)用残余误差表示,可改写成

$$\left. \begin{array}{l} a_{11}v_1 + a_{21}v_2 + \cdots + a_{n1}v_n = 0 \\ a_{12}v_1 + a_{22}v_2 + \cdots + a_{n2}v_n = 0 \\ \vdots \\ a_{1m}v_1 + a_{2m}v_2 + \cdots + a_{nm}v_n = 0 \end{array} \right\} \quad (1-41)$$

写成矩阵形式为

$$\begin{bmatrix} a_{11} & a_{21} & \cdots & a_{n1} \\ a_{12} & a_{22} & \cdots & a_{n2} \\ \vdots & \vdots & & \vdots \\ a_{1m} & a_{2m} & \cdots & a_{nm} \end{bmatrix} \begin{bmatrix} v_1 \\ v_2 \\ \vdots \\ v_n \end{bmatrix} = \mathbf{0}$$

即

$$A'V = 0 \quad (1-42)$$

由式(1-40)有

$$A'(L - A\hat{X}) = 0$$

$$(A'A)\hat{X} = A'L$$

$$\hat{X} = (A'A)^{-1}A'L \quad (1-43)$$

式(1-43)即为最小二乘估计的矩阵解。

【例1-5】 铜电阻的电阻值 R 与温度 t 之间的关系为 $R_t = R_0(1+\alpha t)$,在不同温度下,测得铜电阻的电阻值如表1-6所示。试估计0℃时的铜电阻的电阻值 R_0 和铜电阻的电阻温度系数 α。

表1-6 不同温度下铜电阻的电阻值

$t_i/℃$	19.1	25.0	30.1	36.0	40.0	45.1	50.0
r_{ti}/Ω	76.3	77.8	79.75	80.80	82.35	83.90	85.10

解:列出误差方程为

$$r_{ti} - r_0(1+\alpha t_i) = v_i \quad i = 1, 2, \cdots, 7$$

式中，r_{ti} 为在温度 t_i 下测得的铜电阻的电阻值。

令 $x = r_0$，$y = \alpha r_0$，则误差方程可写为

$$\left.\begin{aligned} 76.3 - (x + 19.1y) &= v_1 \\ 77.8 - (x + 25.0y) &= v_2 \\ 79.75 - (x + 30.1y) &= v_3 \\ 80.80 - (x + 36.0y) &= v_4 \\ 82.35 - (x + 40.0y) &= v_5 \\ 83.90 - (x + 45.1y) &= v_6 \\ 85.10 - (x + 50.0y) &= v_7 \end{aligned}\right\}$$

按式(1-39)，其正规方程为

$$\left.\begin{aligned} [a_1 a_1]x + [a_1 a_2]y &= [a_1 l] \\ [a_2 a_1]x + [a_2 a_2]y &= [a_2 l] \end{aligned}\right\}$$

于是有

$$\left.\begin{aligned} nx + \sum_{i=1}^{7} t_i y &= \sum_{i=1}^{7} r_{ti} \\ \sum_{i=1}^{7} t_i x + \sum_{i=1}^{7} t_i^2 y &= \sum_{i=1}^{7} r_{ti} t_i \end{aligned}\right\}$$

将各值代入上式，得到

$$\left.\begin{aligned} 7x + 245.3y &= 566 \\ 245.3x + 9325.38y &= 20\,044.5 \end{aligned}\right\}$$

解得

$$x = 70.8\ \Omega,\quad y = 0.288\ \Omega/℃$$

即

$$r_0 = 70.8\ \Omega$$
$$\alpha = \frac{y}{r_0} = \frac{0.288}{70.8} = 4.07 \times 10^{-3}/℃$$

用矩阵求解，则有

$$\mathbf{A'A} = \begin{bmatrix} 1 & 1 & 1 & 1 & 1 & 1 & 1 \\ 19.1 & 25.0 & 30.1 & 36.0 & 40.0 & 45.1 & 50.0 \end{bmatrix} \begin{bmatrix} 1 & 19.1 \\ 1 & 25.0 \\ 1 & 30.1 \\ 1 & 36.0 \\ 1 & 40.0 \\ 1 & 45.1 \\ 1 & 50.0 \end{bmatrix}$$

$$= \begin{bmatrix} 7 & 245.3 \\ 245.3 & 9325.38 \end{bmatrix}$$

$$|\mathbf{A'A}| = \begin{bmatrix} 7 & 245.3 \\ 245.3 & 9325.38 \end{bmatrix} = 5108.7 \neq 0 \quad (\text{有解})$$

$$(A'A)^{-1} = \frac{1}{|A'A|}\begin{bmatrix} A_{11} & A_{12} \\ A_{21} & A_{22} \end{bmatrix} = \frac{1}{5108.7}\begin{bmatrix} 9325.38 & -245.3 \\ -245.3 & 7 \end{bmatrix}$$

$$A'L = \begin{bmatrix} 1 & 1 & 1 & 1 & 1 & 1 & 1 \\ 19.1 & 25.0 & 30.1 & 36.0 & 40.0 & 45.1 & 50.0 \end{bmatrix}\begin{bmatrix} 76.3 \\ 77.8 \\ 79.75 \\ 80.80 \\ 82.35 \\ 83.9 \\ 85.10 \end{bmatrix}$$

$$= \begin{bmatrix} 566 \\ 20\ 044.5 \end{bmatrix}$$

$$\hat{X} = \begin{bmatrix} x \\ y \end{bmatrix} = (A'A)^{-1}A'L$$

$$= \frac{1}{5108.7}\begin{bmatrix} 9325.38 & -245.3 \\ -245.3 & 7 \end{bmatrix}\begin{bmatrix} 566 \\ 20\ 044.5 \end{bmatrix} = \begin{bmatrix} 70.8 \\ 0.288 \end{bmatrix}$$

所以 $r_0 = x = 70.8\ \Omega$

$$\alpha = \frac{y}{r_0} = \frac{0.288}{70.8} = 4.07 \times 10^{-3}/℃$$

3. 用经验公式拟合实验数据——回归分析

在工程实践和科学实验中，经常遇到对于一批实验数据，需要把它们进一步整理成曲线图或经验公式的情况。用经验公式拟合实验数据，工程上把这种方法称为回归分析。回归分析就是应用数理统计的方法，对实验数据进行分析和处理，从而得出反映变量间相互关系的经验公式，也称回归方程。

当经验公式为线性函数时，例如：

$$y = b_0 + b_1 x_1 + b_2 x_2 + \cdots + b_n x_n \tag{1-44}$$

称这种回归分析为线性回归分析，它在工程中应用价值较高。

在线性回归分析中，当独立变量只有一个时，即函数关系为

$$y = b_0 + bx \tag{1-45}$$

这种回归称为一元线性回归，这就是工程上和科研中常遇到的直线拟合问题。

设有 n 对测量数据 (x_i, y_i)，用一元线性回归方程 $\hat{y} = b_0 + bx$ 拟合，则根据测量数据值，实际上只要求出方程中系数 b_0、b 的最佳估计值，一元线性回归方程也就确定了。

求取一元线性回归方程中系数 b_0、b 的值，最常用的方法是利用最小二乘法，即应使各测量数据点与回归直线的偏差平方和为最小，见图 1-10。

误差方程组为

$$\left.\begin{array}{l} y_1 - \hat{y}_1 = y_1 - (b_0 + bx_1) = v_1 \\ y_2 - \hat{y}_2 = y_2 - (b_0 + bx_2) = v_2 \\ \vdots \\ y_n - \hat{y}_n = y_n - (b_0 + bx_n) = v_n \end{array}\right\} \tag{1-46}$$

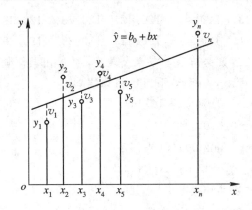

图 1-10 用最小二乘法求回归直线

式中，$\hat{y}_1$，$\hat{y}_2$，…，$\hat{y}_n$ 分别为在 x_1，x_2，…，x_n 点上 y 的估计值。

用最小二乘法求系数 b_0、b 同上，这里不再叙述。

在求经验公式时，有时用图解法分析显得更方便、直观，将测量数据值(x_i，y_i)绘制在坐标纸上(称之为散点图)，把这些测量点直接连接起来，根据曲线(包括直线)的形状、特征以及变化趋势，可以设法给出它们的数学模型(即经验公式)。这不仅可把一条形象化的曲线与各种分析方法联系起来，而且还在相当程度上扩展了原有曲线的应用范围。

思考题和习题

1-1 什么是测量值的绝对误差、相对误差、引用误差？

1-2 什么是测量误差？测量误差有几种表示方法？它们通常应用在什么场合？

1-3 用测量范围为 $-50\sim150$ kPa 的压力传感器测量 140 kPa 压力时，传感器测得示值为 142 kPa，求该示值的绝对误差、实际相对误差、标称相对误差和引用误差。

1-4 欲测 240 V 左右的电压，要求测量示值的相对误差的绝对值不大于 0.6%。问：选用量程为 250 V 的电压表，其精度应选择哪一级？若选用量程为 500 V 的电压表，则精度应选择哪一级？

1-5 已知待测力为 70 N，现有两只测力仪表，一只测量范围为 $0\sim500$ N，精度为 0.5 级，另一只测量范围为 $0\sim100$ N，精度为 1.0 级。问选用哪一只测力仪表好？为什么？

1-6 什么是随机误差？随机误差产生的原因是什么？如何减小随机误差对测量结果的影响？

1-7 什么是系统误差？系统误差可分哪几类？系统误差有哪些检验方法？如何减小和消除系统误差？

1-8 什么是粗大误差？如何判断测量数据中存在粗大误差？

1-9 什么是直接测量、间接测量和组合测量？

1-10 标准差有几种表示形式？如何计算？分别说明它们的含义。

1-11 对某节流元件(孔板)开孔直径 d_{20} 的尺寸进行了 15 次测量，测量数据如下(单位：mm)：

120.42	120.43	120.40	120.42	120.43	120.39	120.30	120.40
120.43	120.41	120.43	120.42	120.39	120.39	120.40	

试用格拉布斯准则判断上述数据是否含有粗大误差,并写出其测量结果。

1-12 对光速进行测量,得到如下四组测量结果:

$c_1 = (2.98000 \pm 0.01000) \times 10^8$ m/s

$c_2 = (2.98500 \pm 0.01000) \times 10^8$ m/s

$c_3 = (2.99990 \pm 0.00200) \times 10^8$ m/s

$c_4 = (2.99930 \pm 0.00100) \times 10^8$ m/s

求光速的加权算术平均值及其标准差。

1-13 用电位差计测量电势 E_x(如题 1-13 图所示)。

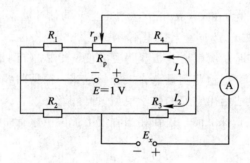

题 1-13 图 测量电势 E_x 的电位差计原理线路图

已知:$I_1 = 4$ mA,$I_2 = 2$ mA,$R_1 = 5$ Ω,$R_2 = 10$ Ω,$R_p = 10$ Ω,$r_p = 5$ Ω,电路中电阻 R_1、R_2、R_p 的定值系统误差分别为 $\Delta R_1 = +0.01$ Ω,$\Delta R_2 = +0.01$ Ω,$\Delta R_p = +0.005$ Ω。设检流计 A、上支路电流 I_1 和下支路电流 I_2 的误差忽略不计。求消除系统误差后的 E_x 的大小。

1-14 测得某电路的电流 $I = 22.5$ mA,电压 $U = 12.6$ V,标准差分别为 $\sigma_I = 0.5$ mA,$\sigma_U = 0.1$ V,求所耗功率 $P = UI$ 及其标准差。

1-15 交流电路的电抗数值方程为

$$X = \omega L - \frac{1}{\omega C}$$

当角频率 $\omega_1 = 5$ Hz 时,测得电抗 X_1 为 0.8 Ω;$\omega_2 = 2$ Hz 时,测得电抗 X_2 为 0.2 Ω;$\omega_3 = 1$ Hz 时,测得电抗 X_3 为 −0.3 Ω。试用最小二乘法求电感 L、电容 C 的值。

1-16 用 X 光机检查镁合金铸件内部缺陷时,为了获得最佳的灵敏度,透视电压 y 应随透视件的厚度 x 而改变,经实验获得下表所示的一组数据,假设透视件的厚度 x 无误差,试求透视电压 y 随着厚度 x 变化的经验公式。

x/mm	12	13	14	15	16	18	20	22	24	26
y/kV	52.0	55.0	58.0	61.0	65.0	70.0	75.0	80.0	85.0	91.0

第 2 章 传感器概述

2.1 传感器的组成和分类

传感器是能感受(或响应)规定的被测量并按照一定的规律将之转换成可用输出信号的器件或装置,通常由敏感元件和转换元件组成。在有些学科领域,传感器又称为敏感元件、检测器、转换器等。这些不同提法反映了在不同的技术领域中,只是根据器件用途对同一类型的器件使用着不同的技术术语而已。如在电子技术领域,常把能感受信号的电子元件称为敏感元件,如热敏元件、磁敏元件、光敏元件及气敏元件等,在超声波技术中则强调的是能量的转换,如压电式换能器等,这些提法在含义上都有些狭窄。"传感器"一词是使用最为广泛、最具概括性的用语。

传感器输出信号通常是电量,它便于传输、转换、处理、显示等。电量有很多形式,如电压、电流、电容、电阻等,输出信号的形式由传感器的原理确定。

通常,传感器由敏感元件和转换元件组成(如图 2-1 所示)。其中,敏感元件是指传感器中能直接感受或响应被测量的部分;转换元件是指传感器中能将敏感元件感受或响应的被测量转换成适于传输或测量的电信号部分。由于传感器输出信号一般都很微弱,因此需要有信号调理转换电路进行放大、运算调制等。此外,信号调理转换电路以及传感器的工作必须有辅助的电源,因此信号调理转换电路以及所需的电源都应作为传感器组成的一部分。随着半导体器件与集成技术在传感器中的应用,传感器的信号调理转换电路与敏感元件一起集成在同一芯片上,安装在传感器的壳体里。

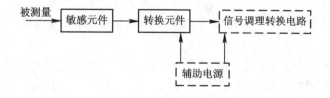

图 2-1 传感器组成框图

传感器技术是一种知识密集型技术。传感器的原理有多种,它与许多学科有关,其种类十分繁多,分类方法也很多,但目前一般采用两种分类方法:一种是按被测参数分类,如温度传感器、压力传感器、位移传感器、速度传感器等;另一种是按传感器的工作原理分类,如应变式传感器、电容式传感器、压电式传感器、磁电式传感器等。本书是按后一种分类方法来介绍各种传感器的,而对传感器的工程应用则是根据工程参数进行叙述的。对于初学者和应用传感器的工程技术人员来说,应先从工作原理出发,了解各种各样的传感器。对工程上的被测参数,则应着重于如何合理选择和使用传感器。

2.2 传感器的基本特性

在生产过程和科学实验中,要对各种各样的参数进行检测和控制,就要求传感器能感受被测非电量的变化并不失真地变换成相应的电量,这取决于传感器的基本特性,即输出输入特性。如果把传感器看作二端口网络,即有两个输入端和两个输出端,那么传感器的输出输入特性是与其内部结构参数有关的外部特性。传感器的基本特性通常可以分为静态特性和动态特性。下面对传感器特性的分析也同样适用于测量系统。

2.2.1 传感器的静态特性

传感器的静态特性是指被测量的值处于稳定状态时的输出与输入的关系。如果被测量是一个不随时间变化,或随时间变化缓慢的量,可以只考虑其静态特性,这时传感器的输入量与输出量之间在数值上一般具有一定的对应关系,关系式中不含有时间变量。对静态特性而言,在不考虑迟滞蠕变及其它不确定因素的情况下,传感器的输入量 x 与输出量 y 之间的关系通常可用一个如下的多项式表示:

$$y = a_0 + a_1 x + a_2 x^2 + \cdots + a_n x^n \qquad (2-1)$$

式中:a_0——输入量 x 为零时的输出量;

$a_1, a_2, \cdots, a_n$——非线性项系数,各项系数决定了特性曲线的具体形式。

传感器的静态特性可以用一组性能指标来描述,如灵敏度、线性度、迟滞、重复性和漂移等。

1. 灵敏度

灵敏度是传感器静态特性的一个重要指标,其定义是输出量增量 Δy 与引起输出量增量 Δy 的相应输入量增量 Δx 之比。用 S 表示灵敏度,即

$$S = \frac{\Delta y}{\Delta x} \qquad (2-2)$$

它表示单位输入量的变化所引起的传感器输出量的变化程度。很显然,灵敏度 S 值越大,表示传感器越灵敏。

线性传感器的灵敏度就是它的静态特性的斜率,其灵敏度 S 在整个测量范围内为常量,如图 2-2(a)所示;而非线性传感器的灵敏度为一变量,而用 $S=\mathrm{d}y/\mathrm{d}x$ 表示,实际上就是输入输出特性曲线上某点的斜率,且灵敏度随输入量的变化而变化,如图 2-2(b)所示。

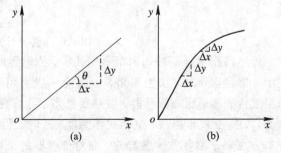

图 2-2 传感器的灵敏度
(a) 线性;(b) 非线性

从灵敏度的定义可知,传感器的灵敏度通常是一个有因次的量,因此表述某一传感器灵敏度时,必须说明它的因次。

2. 线性度

传感器的线性度是指传感器的输出与输入之间数量关系的线性程度。输出与输入关系可分为线性特性和非线性特性。从传感器的性能看,希望具有线性关系,即理想输入输出关系。但实际遇到的传感器大多为非线性。

在实际使用中,为了标定和数据处理的方便,希望得到线性关系,因此引入各种非线性补偿环节,如采用非线性补偿电路或计算机软件进行线性化处理,从而使传感器的输出与输入关系为线性或接近线性,但如果传感器非线性的方次不高,输入量变化范围较小,则可用一条直线(切线或割线)近似地代表实际曲线的一段,使传感器输入输出特性线性化,所采用的直线称为拟合直线。

选取拟合直线的方法很多,图 2-3 为几种直线的拟合方法。即使是同类传感器,拟合直线不同,其线性度也是不同的。通常用最小二乘法求取拟合直线,应用此方法拟合的直线与实际曲线的所有点的平方和为最小,其非线性误差较小。

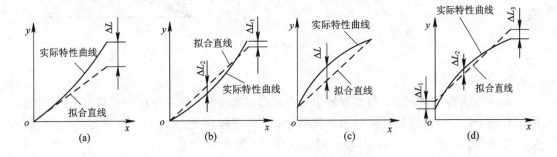

图 2-3 几种直线拟合方法

(a) 理论拟合;(b) 过零旋转拟合;(c) 端点连线拟合;(d) 端点平移拟合

传感器的线性度是指在全量程范围内实际特性曲线与拟合直线之间的最大偏差值 $\Delta L_{\max}$ 与满量程输出值 Y_{FS} 之比(如图 2-4 所示)。线性度也称为非线性误差,用 γ_L 表示,即

$$\gamma_L = \pm \frac{\Delta L_{\max}}{Y_{FS}} \times 100\% \qquad (2-3)$$

式中:$\Delta L_{\max}$——最大非线性绝对误差;

Y_{FS}——传感器满量程输出值。

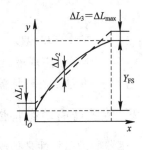

图 2-4 线性度

3. 迟滞

传感器在相同工作条件下,输入量由小到大(正行程)及输入量由大到小(反行程)变化期间其输入输出特性曲线不重合的现象称为迟滞(如图 2-5 所示)。也就是说,对于同一大小的输入信号,传感器的正反行程输出信号大小不相等,这个差值称为迟滞差值。传感器在全量程范围内最大的迟滞差值 $\Delta H_{\max}$ 与满量程输出值 Y_{FS} 之比称为迟滞误差,用 γ_H 表示,即

$$\gamma_H = \frac{\Delta H_{max}}{Y_{FS}} \times 100\% \qquad (2-4)$$

这种现象主要是由于传感器敏感元件材料的物理性质和机械零部件的缺陷所造成的,例如弹性敏感元件弹性滞后、运动部件摩擦、传动机构的间隙、紧固件松动等。

迟滞误差又称为回差或变差。

4. 重复性

重复性是指传感器在相同工作条件下,输入量按同一方向做全量程连续多次变化时,所得特性曲线不一致的程度(见图2-6)。重复性误差属于随机误差,常用标准差σ计算,也可用正反行程中最大重复差值ΔR_{max}计算,即

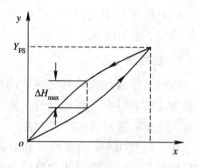

图 2-5 迟滞特性

$$\gamma_R = \pm \frac{(2 \sim 3)\sigma}{Y_{FS}} \times 100\% \qquad (2-5)$$

或

$$\gamma_R = \pm \frac{\Delta R_{max}}{Y_{FS}} \times 100\% \qquad (2-6)$$

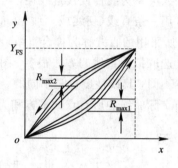

图 2-6 重复性

5. 漂移

输入量不变的情况下,传感器输出量会随着时间变化,此现象称为漂移。产生漂移的原因有两个:一是传感器自身结构参数变化;二是周围环境(如温度、湿度等)变化。最常见的漂移是温度漂移,即周围环境温度变化而引起输出的变化。

温度漂移通常用传感器工作环境温度偏离标准环境温度(一般为20℃)时,温度变化1℃输出值的变化量与满量程Y_{FS}的百分比表示,即

$$温漂 = \frac{y_t - y_{20}}{Y_{FS} \cdot \Delta t} \times 100\% \qquad (2-7)$$

式中:Δt——工作环境温度t与标准环境温度t_{20}之差,即$\Delta t = t - t_{20}$;

y_t——传感器在环境温度t时的输出;

y_{20}——传感器在环境温度t_{20}时的输出。

2.2.2 传感器的动态特性

传感器的动态特性是指输入量随时间变化时传感器的响应特性。由于传感器的惯性和滞后,当被测量随时间变化时,传感器的输出往往来不及达到平衡状态,处于动态过渡过程之中,所以传感器的输出量也是时间的函数,其间的关系要用动态特性来表示。一个动态特性好的传感器,其输出将再现输入量的变化规律,即具有相同的时间函数。实际的传感器的输出信号不会与输入信号具有相同的时间函数,这种输出与输入间的差异就是所谓的动态误差。

为了说明传感器的动态特性,下面简要介绍动态测温的问题。当被测温度随时间变化或传感器突然插入被测介质中,以及传感器以扫描方式测量某温度场的温度分布等情况

时，都存在动态测温问题。如把一支热电偶从温度为 t_0℃环境中迅速插入一个温度为 t_1℃的恒温水槽中(插入时间忽略不计)，这时热电偶测量的介质温度从 t_0 突然上升到 t_1，而热电偶反映出来的温度从 t_0℃变化到 t_1℃需要经历一段时间，即有一段过渡过程，如图 2-7 所示。热电偶反映出来的温度与其介质温度的差值就称为动态误差。

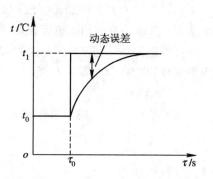

图 2-7 动态测温

造成热电偶输出波形失真和产生动态误差的原因，是温度传感器有热惯性(由传感器的比热容和质量大小决定)和传热热阻，使得在动态测温时传感器输出总是滞后于被测介质的温度变化。如带有套管热电偶的热惯性要比裸热电偶大得多。这种热惯性是热电偶固有的，它决定了热电偶测量快速变化的温度时会产生动态误差。影响动态特性的"固有因素"任何传感器都有，只不过它们的表现形式和作用程度不同而已。

传感器的动态特性不仅取决于传感器的固有因素，即传感器的结构参数，而且与输入信号也有关系。所以研究传感器的动态特性就是建立输入信号、输出信号和传感器结构参数三者之间的关系。通常把传感器抽象成一个数学模型，分析输入信号与输出信号的关系，从而描述其动态特性。实际应用中，输入信号随时间变化的形式多种多样，这里只研究在阶跃输入信号和正弦输入信号这样的特定信号作用下传感器的动态特性。

1. 传感器的基本动态特性方程

传感器的种类和形式很多，但它们的动态特性一般都可以用下述的微分方程来描述：

$$a_n \frac{d^n y}{dt^n} + a_{n-1} \frac{d^{n-1} y}{dt^{n-1}} + \cdots + a_1 \frac{dy}{dt} + a_0 y$$
$$= b_m \frac{d^m x}{dt^m} + b_{m-1} \frac{d^{m-1} x}{dt^{m-1}} + \cdots + b_1 \frac{dx}{dt} + b_0 x \tag{2-8}$$

式中：x——输入量；

y——输出量；

$a_0, a_1, \cdots, a_n, b_0, b_1, \cdots, b_m$——与传感器的结构特性有关的常系数。

大多数传感器的动态特性都可归属于零阶、一阶和二阶系统，尽管实际上存在更高阶的复杂系统，但在一定的条件下，都可以用上述这三种系统的组合来进行分析。

1) 零阶系统

方程式(2-8)中的系数除了 a_0、b_0 之外，其它的系数均为零，因此微分方程就变成简单的代数方程，即

$$a_0 y(t) = b_0 x(t)$$

通常将该代数方程写成

$$y(t) = kx(t) \tag{2-9}$$

式中，$k = b_0/a_0$ 为传感器的静态灵敏度或放大系数。传感器的动态特性用方程式(2-9)来描述的就称为零阶系统。

零阶系统具有理想的动态特性,无论被测量 $x(t)$ 如何随时间变化,零阶系统的输出都不会失真,其输出在时间上也无任何滞后,所以零阶系统又称为比例系统。

在工程应用中,电位器式的电阻传感器、变面积式的电容传感器及利用静压式压力传感器测量液位均可看作零阶系统。

2) 一阶系统

若方程式(2-8)中的系数除了 a_0、a_1 与 b_0 之外,其它的系数均为零,则微分方程为

$$a_1 \frac{dy(t)}{dt} + a_0 y(t) = b_0 x(t)$$

上式通常改写成为

$$\tau \frac{dy(t)}{dt} + y(t) = kx(t) \tag{2-10}$$

式中:τ——传感器的时间常数,$\tau = a_1/a_0$;

k——传感器的静态灵敏度或放大系数,$k = b_0/a_0$。

时间常数 τ 具有时间的量纲,它反映传感器惯性的大小,静态灵敏度则说明其静态特性。用方程式(2-10)描述其动态特性的传感器就称为一阶系统,一阶系统又称为惯性系统。

如前面提到的不带保护套管的热电偶测温系统、电路中常用的阻容滤波器等均可看作一阶系统。

3) 二阶系统

二阶系统的微分方程为

$$a_2 \frac{d^2 y(t)}{dt^2} + a_1 \frac{dy(t)}{dt} + a_0 y(t) = b_0 x(t)$$

二阶系统的微分方程通常改写为

$$\frac{d^2 y(t)}{dt^2} + 2\xi\omega_n \frac{dy(t)}{dt} + \omega_n^2 y(t) = \omega_n^2 kx(t) \tag{2-11}$$

式中:k——传感器的静态灵敏度或放大系数,$k = b_0/a_0$;

ξ——传感器的阻尼系数,$\xi = a_1/(2\sqrt{a_0 a_2})$;

ω_n——传感器的固有频率,$\omega_n = \sqrt{a_0/a_2}$。

根据二阶微分方程特征方程根的性质不同,二阶系统又可分为:

① 二阶惯性系统:其特点是特征方程的根为两个负实根,它相当于两个一阶系统串联。

② 二阶振荡系统:其特点是特征方程的根为一对带负实部的共轭复根。

带有保护套管的热电偶、电磁式的动圈仪表及 RLC 振荡电路等均可看作为二阶系统。

2. 传感器的动态响应特性

传感器的动态特性不仅与传感器的"固有因素"有关,还与传感器输入量的变化形式有关。也就是说,同一个传感器在不同形式的输入信号作用下,输出量的变化是不同的,通常选用几种典型的输入信号作为标准输入信号,研究传感器的响应特性。

1) 瞬态响应特性

传感器的瞬态响应是时间响应。在研究传感器的动态特性时,有时需要从时域中对传

感器的响应和过渡过程进行分析,这种分析方法称为时域分析法。在对传感器进行时域分析时,用得比较多的标准输入信号有阶跃信号和脉冲信号,传感器的输出瞬态响应分别称为阶跃响应和脉冲响应。

(1) 一阶传感器的单位阶跃响应　一阶传感器的微分方程为

$$\tau \frac{\mathrm{d}y(t)}{\mathrm{d}t} + y(t) = kx(t)$$

设传感器的静态灵敏度 $k=1$,写出它的传递函数为

$$H(s) = \frac{Y(s)}{X(s)} = \frac{1}{\tau s + 1} \tag{2-12}$$

对初始状态为零的传感器,若输入一个单位阶跃信号,即

$$x(t) = \begin{cases} 0 & t \leqslant 0 \\ 1 & t > 0 \end{cases}$$

输入信号 $x(t)$ 的拉氏变换为

$$X(s) = \frac{1}{s}$$

一阶传感器的单位阶跃响应拉氏变换式为

$$Y(s) = H(s)X(s) = \frac{1}{\tau s + 1} \cdot \frac{1}{s} \tag{2-13}$$

对式(2-13)进行拉氏反变换,可得一阶传感器的单位阶跃响应信号为

$$y(t) = 1 - \mathrm{e}^{-\frac{t}{\tau}} \tag{2-14}$$

相应的响应曲线如图2-8所示。由图可见,传感器存在惯性,它的输出不能立即复现输入信号,而是从零开始,按指数规律上升,最终达到稳态值。理论上传感器的响应只在 t 趋于无穷大时才达到稳态值,但通常认为 $t=(3\sim4)\tau$ 时,如当 $t=4\tau$ 时其输出就可达到稳态值的98.2%,可以认为已达到稳态。所以,一阶传感器的时间常数 τ 越小,响应越快,响应曲线越接近于输入阶跃曲线,即动态误差小。因此,τ 值是一阶传感器重要的性能参数。

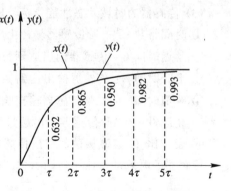

图2-8　一阶传感器单位阶跃响应

(2) 二阶传感器的单位阶跃响应　二阶传感器的微分方程为

$$\frac{\mathrm{d}^2 y(t)}{\mathrm{d}t^2} + 2\xi\omega_\mathrm{n}\frac{\mathrm{d}y(t)}{\mathrm{d}t} + \omega_\mathrm{n}^2 y(t) = \omega_\mathrm{n}^2 kx(t)$$

设传感器的静态灵敏度 $k=1$,其二阶传感器的传递函数为

$$H(s) = \frac{\omega_\mathrm{n}^2}{s^2 + 2\xi\omega_\mathrm{n} s + \omega_\mathrm{n}^2} \tag{2-15}$$

传感器输出的拉氏变换为

$$Y(s) = H(s)X(s) = \frac{\omega_\mathrm{n}^2}{s(s^2 + 2\xi\omega_\mathrm{n} s + \omega_\mathrm{n}^2)} \tag{2-16}$$

对式(2-16)进行拉氏反变换,即可求得二阶传感器的阶跃响应。

由于阻尼比 ξ 的不同,其微分方程的特征方程根有不同的形式,从而使阶跃响应也不相同。

图 2-9 所示为二阶传感器的单位阶跃响应曲线,二阶传感器对阶跃信号的响应在很大程度上取决于阻尼比 ξ 和固有角频率 ω_n。$\xi=0$ 时,特征根为一对虚根,阶跃响应是一个等幅振荡过程,这种等幅振荡状态又称为无阻尼状态;$\xi>1$ 时,特征根为两个不同的负实根,阶跃响应是一个不振荡的衰减过程,这种状态又称为过阻尼状态;$\xi=1$ 时,特征根为两个相同的负实根,阶跃响应也是一个不振荡的衰减过程,但是它是一个由不振荡衰减到振荡衰减的临界过程,故又称为临界阻尼状态;$0<\xi<1$ 时,特征根为一对共轭

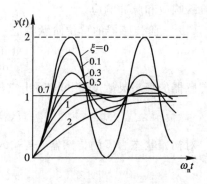

图 2-9 二阶传感器单位阶跃响应

复根,阶跃响应是一个衰减振荡过程,在这一过程中 ξ 值不同,衰减快慢也不同,这种衰减振荡状态又称为欠阻尼状态。

阻尼比 ξ 直接影响超调量和振荡次数,为了获得满意的瞬态响应特性,实际使用中常按稍欠阻尼调整,对于二阶传感器取 $\xi=0.6\sim0.7$ 时,最大超调量不超过 10%,趋于稳态的调整时间也最短,约为 $(3\sim4)/(\xi\omega)$。固有频率 ω_n 由传感器的结构参数决定,固有频率 ω_n 也即等幅振荡的频率,ω_n 越高,传感器的响应越快。

(3) 传感器的时域动态性能指标 时域动态性能指标叙述如下:

① 时间常数 τ:一阶传感器输出上升到稳态值的 63.2% 所需的时间。
② 延迟时间 t_d:传感器输出达到稳态值的 50% 所需的时间。
③ 上升时间 t_r:传感器输出达到稳态值的 90% 所需的时间。
④ 峰值时间 t_p:二阶传感器输出响应曲线达到第一个峰值所需的时间。
⑤ 超调量 σ:二阶传感器输出超过稳态值的最大值。
⑥ 衰减比 d:衰减振荡的二阶传感器输出响应曲线第一个峰值与第二个峰值之比。

传感器的时域动态性能指标示意图如图 2-10 和图 2-11 所示。

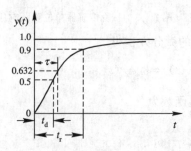

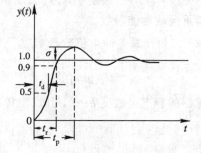

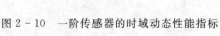

图 2-10 一阶传感器的时域动态性能指标   图 2-11 二阶传感器的时域动态性能指标

2) 频率响应特性

传感器对不同频率成分的正弦输入信号的响应特性,称为频率响应特性。一个传感器

输入端有正弦信号作用时,其输出响应仍然是同频率的正弦信号,只是与输入端正弦信号的幅值和相位不同。频率响应法是从传感器的频率特性出发研究传感器的输出与输入的幅值比和两者相位差的变化。

(1) 一阶传感器的频率响应　将一阶传感器传递函数式(2-12)中的 s 用 $j\omega$ 代替后,即可得到如下的频率特性表达式:

$$H(j\omega) = \frac{1}{j\omega\tau + 1} = \frac{1}{1+(\omega\tau)^2} - j\frac{\omega\tau}{1+(\omega\tau)^2} \quad (2-17)$$

幅频特性:

$$A(\omega) = \frac{1}{\sqrt{1+(\omega\tau)^2}} \quad (2-18)$$

相频特性:

$$\Phi(\omega) = -\arctan(\omega\tau) \quad (2-19)$$

从式(2-18)、式(2-19)和图 2-12 可看出,时间常数 τ 越小,频率响应特性越好。当 $\omega\tau \ll 1$ 时,$A(\omega) \approx 1$,$\Phi(\omega) \approx 0$,表明传感器输出与输入成线性关系,且相位差也很小,输出 $y(t)$ 比较真实地反映了输入 $x(t)$ 的变化规律。因此减小 τ 可改善传感器的频率特性。除了用时间常数 τ 表示一阶传感器的动态特性外,在频率响应中也用截止频率来描述传感器的动态特性。所谓截止频率,是指幅值比下降到零频率幅值比的 $1/\sqrt{2}$ 时所对应的频率。截止频率反映传感器的响应速度。截止频率越高,传感器的响应越快。对一阶传感器,其截止频率为 $1/\tau$。图 2-12 为一阶传感器的频率响应特性曲线。

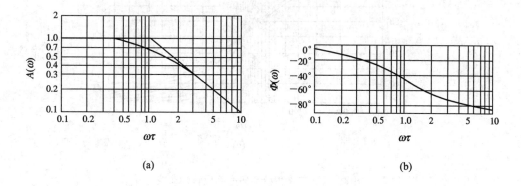

图 2-12　一阶传感器频率响应特性曲线
(a) 幅频特性; (b) 相频特性

(2) 二阶传感器的频率响应　由二阶传感器的传递函数式(2-15)可写出二阶传感器的频率特性表达式,即

$$H(j\omega) = \frac{\omega_n^2}{(j\omega)^2 + 2\xi\omega_n(j\omega) + \omega_n^2} = \frac{1}{1-\left(\frac{\omega}{\omega_n}\right)^2 + j2\xi\frac{\omega}{\omega_n}} \quad (2-20)$$

其幅频特性、相频特性分别为

$$A(\omega) = |H(j\omega)| = \frac{1}{\sqrt{\left[1-\left(\frac{\omega}{\omega_n}\right)^2\right]^2 + \left(2\xi\frac{\omega}{\omega_n}\right)^2}} \quad (2-21)$$

$$\Phi(\omega) = \angle H(j\omega) = -\arctan\frac{2\xi\dfrac{\omega}{\omega_n}}{1-\left(\dfrac{\omega}{\omega_n}\right)^2} \qquad (2-22)$$

相位角负值表示相位滞后。由式(2-21)及式(2-22)可画出二阶传感器的幅频特性曲线和相频特性曲线,如图2-13所示。

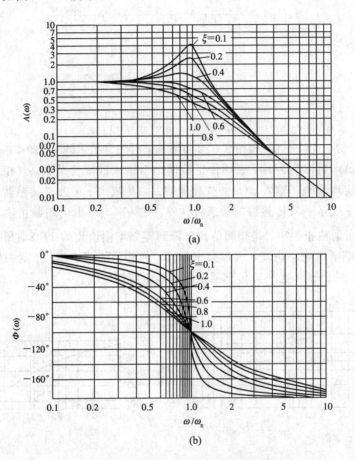

图 2-13 二阶传感器频率响应特性曲线
(a) 幅频特性;(b) 相频特性

从式(2-21)、式(2-22)和图2-13可见,传感器的频率响应特性好坏主要取决于传感器的固有频率 ω_n 和阻尼比 ξ。当 $\xi<1$,$\omega_n\gg\omega$ 时,$A(\omega)\approx 1$,$\Phi(\omega)$ 很小,此时,传感器的输出 $y(t)$ 再现了输入 $x(t)$ 的波形。通常固有频率 ω_n 至少应为被测信号频率 ω 的3~5倍,即 $\omega_n\geqslant(3\sim 5)\omega$。

为了减小动态误差和扩大频率响应范围,一般是提高传感器固有频率 ω_n,而固有频率 ω_n 与传感器运动部件质量 m 和弹性敏感元件的刚度 k 有关,即 $\omega_n=(k/m)^{1/2}$。增大刚度 k 和减小质量 m 都可提高固有频率,但增加刚度 k 会使传感器灵敏度降低。所以在实际中,应综合各种因素来确定传感器的各个特征参数。

(3) 频率响应特性指标 频率响应的特性指标叙述如下:

① 通频带 $\omega_{0.707}$：传感器在对数幅频特性曲线上幅值衰减 3 dB 时所对应的频率范围，如图 2-14 所示。

② 工作频带 $\omega_{0.95}$（或 $\omega_{0.90}$）：当传感器的幅值误差为 $\pm 5\%$（或 $\pm 10\%$）时，其增益保持在一定值内的频率范围。

③ 时间常数 τ：用时间常数 τ 来表征一阶传感器的动态特性。τ 越小，频带越宽。

④ 固有频率 ω_n：二阶传感器的固有频率 ω_n 表征其动态特性。

⑤ 相位误差：在工作频带范围内，传感器的实际输出与所希望的无失真输出间的相位差值，即为相位误差。

⑥ 跟随角 $\Phi_{0.707}$：当 $\omega = \omega_{0.707}$ 时，对应于相频特性上的相角，即为跟随角。

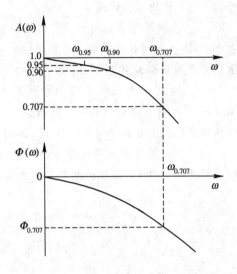

图 2-14 传感器的频域动态性能指标

思考题和习题

2-1 什么叫传感器？它由哪几部分组成？它们的作用及相互关系如何？

2-2 什么是传感器的静态特性？它有哪些性能指标？分别说明这些性能指标的含义。

2-3 什么是传感器的动态特性？它有哪几种分析方法？它们各有哪些性能指标？

2-4 某压力传感器测试数据如下表所示，试计算非线性误差、迟滞和重复性误差。

压力/MPa	输出值/mV					
	第一循环		第二循环		第三循环	
	正行程	反行程	正行程	反行程	正行程	反行程
0	-2.73	-2.71	-2.71	-2.68	-2.68	-2.69
0.02	0.56	0.66	0.61	0.68	0.64	0.69
0.04	3.96	4.06	3.99	4.09	4.03	4.11
0.06	7.40	7.49	7.43	7.53	7.45	7.52
0.08	10.88	10.95	10.89	10.93	10.94	10.99
0.10	14.42	14.42	14.47	14.47	14.46	14.46

2-5 当被测介质温度为 t_1，测温传感器示值温度为 t_2 时，有下列方程式成立：

$$t_1 = t_2 + \tau_0 \frac{dt_2}{d\tau}$$

当被测介质温度从 25℃ 突然变化到 300℃ 时，测温传感器的时间常数 $\tau_0 = 120$ s，试确定经过 350 s 后的动态误差。

2-6 已知某传感器属于一阶环节,现用于测量 100 Hz 的正弦信号,若幅值误差限制在 ±5% 以内,则时间常数 τ 应取多少?若用该传感器测量 50 Hz 的正弦信号,问此时的幅值误差和相位误差各为多少?

2-7 设有一个二阶系统的力传感器。已知传感器的固有频率为 800 Hz,阻尼比 $\xi=0.14$,问使用该传感器测试 400 Hz 的正弦力时,其幅值 $A(\omega)$ 和相位角 $\Phi(\omega)$ 各为多少?若该传感器的阻尼比改为 $\xi=0.7$,问 $A(\omega)$ 和 $\Phi(\omega)$ 又将如何变化?

2-8 已知某二阶系统传感器的固有频率为 10 kHz,阻尼比 $\xi=0.5$,若要求传感器输出幅值误差小于 3%,则该传感器的工作范围应为多少?

第3章 应变式传感器

应变式传感器一般指电阻应变式传感器。电阻应变式传感器是以电阻应变片为转换元件的传感器。电阻应变片简称应变片,它是一种将应变转换为电阻变化的器件。电阻应变片粘贴在被测试件表面上,由于被测试件的变形使其表面产生应变,从而引起电阻应变片的阻值变化,阻值的变化即反映了应变(或应力)的大小。电阻应变片不仅能够测量应变,而且对其它的物理量,只要能变为应变的相应变化,都可进行测量,如可以测量力、压力、位移、力矩、重量、温度和加速度等物理量。电阻应变式传感器具有结构简单、体积小、测量范围广、频率响应特性好、适合动态和静态测量、使用寿命长、性能稳定可靠等特点,是目前应用最成熟、最广泛的传感器之一。

3.1 电阻应变片的工作原理

3.1.1 金属电阻应变片的工作原理

金属电阻应变片的工作原理基于电阻应变效应。导体在外界作用下产生机械变形(拉伸或压缩)时,其电阻值相应发生变化,这种现象称为电阻应变效应。

如图3-1所示,一根金属电阻丝,在其未受力时,原始电阻值为

$$R = \frac{\rho l}{A} \tag{3-1}$$

式中:ρ——电阻丝的电阻率;
l——电阻丝的长度;
A——电阻丝的截面积。

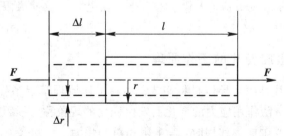

图3-1 金属电阻丝应变效应

当电阻丝受到拉力F作用时,将伸长Δl,横截面积相应减小ΔA,电阻率因材料晶格发生变形等因素影响而变化$\Delta \rho$,从而引起电阻变化ΔR,通过对式(3-1)全微分,得电阻的相对变化量为

$$\frac{dR}{R} = \frac{dl}{l} - \frac{dA}{A} + \frac{d\rho}{\rho} \tag{3-2}$$

式中：dl/l——长度相对变化量，用应变 ε 表示为

$$\varepsilon = \frac{dl}{l} \tag{3-3}$$

dA/A——圆形电阻丝的截面积相对变化量，设 r 为电阻丝的半径，微分后可得 $dA = 2\pi r\, dr$，则

$$\frac{dA}{A} = 2\frac{dr}{r} \tag{3-4}$$

由材料力学可知，在弹性范围内，金属丝受拉力时，沿轴向伸长，沿径向缩短，令 $dl/l = \varepsilon$ 为金属电阻丝的轴向应变，$\frac{dr}{r}$ 为径向应变，那么轴向应变和径向应变的关系可表示为

$$\frac{dr}{r} = -\mu \frac{dl}{l} = -\mu\varepsilon \tag{3-5}$$

式中，μ 为电阻丝材料的泊松比，负号表示应变方向相反。

将式(3-3)、式(3-5)代入式(3-2)，可得

$$\frac{dR}{R} = (1+2\mu)\varepsilon + \frac{d\rho}{\rho} \tag{3-6}$$

或

$$\frac{\dfrac{dR}{R}}{\varepsilon} = 1 + 2\mu + \frac{\dfrac{d\rho}{\rho}}{\varepsilon} \tag{3-7}$$

通常把单位应变引起的电阻值变化称为电阻丝的灵敏系数。其物理意义是单位应变所引起的电阻相对变化量，其表达式为

$$K = \frac{\dfrac{dR}{R}}{\varepsilon} = 1 + 2\mu + \frac{\dfrac{d\rho}{\rho}}{\varepsilon} \tag{3-8}$$

灵敏系数 K 受两个因素影响：一个是应变片受力后材料几何尺寸的变化，即 $1+2\mu$；另一个是应变片受力后材料的电阻率发生的变化，即 $(d\rho/\rho)/\varepsilon$。对金属材料来说，电阻丝灵敏系数表达式中 $1+2\mu$ 的值要比 $(d\rho/\rho)/\varepsilon$ 大得多，所以金属电阻丝 $\dfrac{d\rho}{\rho}$ 的影响可忽略不计，即起主要作用的是应变效应。大量实验证明，在电阻丝拉伸极限内，电阻的相对变化与应变成正比，即 K 为常数。

3.1.2 半导体电阻应变片的工作原理

半导体电阻应变片是用半导体材料制成的，其工作原理基于半导体材料的压阻效应。半导体材料的电阻率 ρ 随作用应力的变化而发生变化的现象称为压阻效应。

当半导体应变片受轴向力作用时，其电阻相对变化为

$$\frac{dR}{R} = (1+2\mu)\varepsilon + \frac{d\rho}{\rho} \tag{3-9}$$

式中，$d\rho/\rho$ 为半导体应变片的电阻率相对变化量，其值与半导体敏感元件在轴向所受的应变力有关，其关系为

$$\frac{d\rho}{\rho} = \pi \cdot \sigma = \pi \cdot E \cdot \varepsilon \tag{3-10}$$

式中：π——半导体材料的压阻系数；

σ——半导体材料所受的应变力；

E——半导体材料的弹性模量；

ε——半导体材料的应变。

将式(3-10)代入式(3-9)中得

$$\frac{\mathrm{d}R}{R} = (\pi E + 1 + 2\mu)\varepsilon \tag{3-11}$$

实验证明，πE 比 $1+2\mu$ 大上百倍，所以 $1+2\mu$ 可以忽略，因而引起半导体应变片电阻变化的主要因素是压阻效应。式(3-11)可以近似写成

$$\frac{\mathrm{d}R}{R} = \pi E \varepsilon \tag{3-12}$$

半导体电阻应变片的灵敏系数比金属丝式的高，但半导体材料的温度系数大，应变时非线性比较严重，使它的应用范围受到一定的限制。

用应变片测量应变或应力时，根据上述特点，在外力作用下，被测对象产生应变(或应力)时，应变片随之发生相同的变化，同时应变片电阻值也发生相应变化。当测得的应变片电阻值变化量为 ΔR 时，便可得到被测对象的应变值，根据应力与应变的关系，得到应力值 σ 为

$$\sigma = E \cdot \varepsilon \tag{3-13}$$

由此可知，应力值 σ 正比于应变 ε，而应变 ε 正比于电阻值的变化，所以应力 σ 正比于电阻值的变化，这就是利用应变片测量应变的基本原理。

3.2 电阻应变片的结构、材料及粘贴

3.2.1 金属电阻应变片的结构

金属电阻应变片品种繁多，形式多样，常见的有丝式电阻应变片和箔式电阻应变片。

金属电阻应变片的大体结构基本相同，图 3-2 所示是丝式金属电阻应变片的基本结构，由敏感栅、基片、覆盖层和引线等部分组成。敏感栅是应变片的核心部分，它粘贴在绝缘的基片上，其上再粘贴起保护作用的覆盖层，两端焊接引出导线。

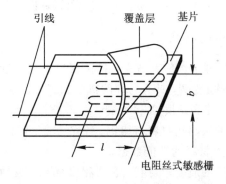

图 3-2 丝式金属电阻应变片的结构

图 3-3 是丝式电阻应变片和箔式电阻应变片的几种常用形状。丝式电阻应变片有回线式和短线式两种形式。回线式应变片是将电阻丝绕制成敏感栅粘贴在绝缘基层上,图 3-3(a)为常用回线式应变片的基本形状;短线式应变片如图 3-3(b)所示,敏感栅由电阻丝平行排列,两端用比栅丝直径大 5~10 倍的镀银丝短接构成。箔式电阻应变片是利用光刻、腐蚀等工艺制成的一种很薄的金属箔栅,其厚度一般在 0.003~0.01 mm 之间,可制成各种形状的敏感栅(即应变花),其优点是表面积和截面积之比大,散热条件好,允许通过的电流较大,可制成各种所需的形状,便于批量生产。图 3-3 中的(c)、(d)、(e)及(f)为常见的箔式应变片形状。

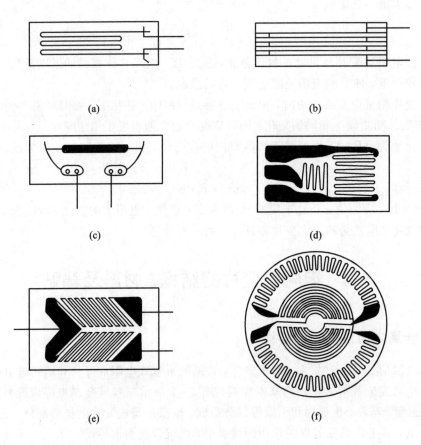

图 3-3 常用电阻应变片的形状

3.2.2 金属电阻应变片的材料

应变片电阻丝材料的要求:灵敏系数大,且在相当大的应变范围内保持常数,电阻率大、电阻温度系数小、机械强度高,具有良好的机械加工性能,与铜丝的焊接性好,与其他金属的接触热电势小,抗氧化和耐腐蚀。

金属电阻应变片常用的敏感栅材料有康铜、镍铬合金、镍铬铝合金、铂、铂钨合金。表 3-1 给出了常用金属电阻丝材料的性能数据。

康铜是目前应用最广泛的应变丝材料,它有很多优点:灵敏系数稳定性好,不但在弹性变形范围内能保持为常数,进入塑性变形范围内也基本上能保持为常数;电阻温度系数较小且稳定,当采用合适的热处理工艺时,可使电阻温度系数在 $\pm 50\times 10^{-6}/℃$ 的范围内;加工性能好,易于焊接。因而国内外多以康铜作为应变丝材料。

表 3-1 常用金属电阻丝材料的性能

材料	成分 元素	成分 %	灵敏系数 K_0	电阻率/ $(\mu\Omega\cdot mm)$ (20℃)	电阻温度系数 $\times 10^{-6}$ /℃ (0~100℃)	最高使用温度/℃	对铜的热电势 /(μV/℃)	线膨胀系数 $\times 10^{-6}$/℃
康铜	Ni Cu	45 55	1.9~ 2.1	0.45~ 0.25	±20	300(静态) 400(动态)	43	15
镍铬合金	Ni Cr	80 20	2.1~ 2.3	0.9~1.1	110~130	450(静态) 800(动态)	3.8	14
镍铬铝合金 (6J22, 卡马合金)	Ni Cr Al Fe	74 20 3 3	2.4~ 2.6	1.24~ 1.42	±20	450(静态) 800(动态)	3	13.3
镍铬铝合金 (6J23)	Ni Cr Al Cu	75 20 3 2	2.4~ 2.6	1.24~ 1.42	±20	450(静态) 800(动态)	3	13.3
铁镍铝合金	Fe Cr Al	70 25 5	2.8	1.3~1.5	30~40	700(静态) 1000(动态)	2~3	14
铂	Pt	100	4~6	0.09~ 0.11	3900	800(静态)	7.6	8.9
铂钨合金	Pt W	92 8	3.5	0.68	227	100(动态)	6.1	8.3~9.2

3.2.3 金属电阻应变片的粘贴

应变片是用黏结剂粘贴到被测件上的。黏结剂形成的胶层必须准确迅速地将被测件应变传递到敏感栅上。选择黏结剂时必须考虑应变片材料和被测件材料的性能,不仅要求黏结力强,黏结后机械性能可靠,而且黏合层要有足够大的剪切弹性模量,良好的电绝缘性,蠕变和滞后小,耐湿、耐油、耐老化,动态应力测量时耐疲劳等。还要考虑到应变片的工作条件,如温度、相对湿度、稳定性要求以及贴片固化时加热加压的可能性等。

常用的黏结剂类型有硝化纤维素型、氰基丙烯酸型、聚酯树脂型、环氧树脂型和酚醛树脂型等。

粘贴工艺包括被测件粘贴表面处理、贴片位置确定、涂底胶、贴片、干燥固化、贴片质量检查、引线的焊接与固定以及防护与屏蔽等。黏结剂的性能及应变片的粘贴质量直接影响着应变片的工作特性,如零漂、蠕变、滞后、灵敏系数、线性以及它们受温度变化影响的程度等。可见，选择黏结剂和正确的黏结工艺与应变片的测量精度有着极重要的关系。

3.3 电阻应变片的特性

3.3.1 弹性敏感元件及其基本特性

物体在外力作用下而改变原来尺寸或形状的现象称为变形，而当外力去掉后物体又能完全恢复其原来的尺寸和形状，这种变形称为弹性变形。具有弹性变形特性的物体称为弹性元件。

弹性元件在应变片测量技术中占有极其重要的地位。它首先把力、力矩或压力变换成相应的应变或位移，然后传递给粘贴在弹性元件上的应变片，通过应变片将力、力矩或压力转换成相应的电阻值。下面介绍弹性元件的基本特性。

1. 刚度

刚度是弹性元件受外力作用下变形大小的量度，其定义是弹性元件单位变形下所需要的力，用 C 表示，其数学表达式为

$$C = \lim_{\Delta x \to 0} \frac{\Delta F}{\Delta x} = \frac{dF}{dx} \quad (3-14)$$

式中：F——作用在弹性元件上的外力，单位为牛顿(N)；

x——弹性元件所产生的变形，单位为毫米(mm)。

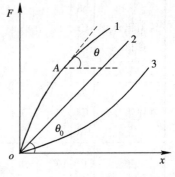

图 3-4 弹性特性曲线

刚度也可以从弹性特性曲线上求得。图 3-4 中弹性特性曲线 1 上 A 点的刚度，可通过在 A 点作曲线 1 的切线，求该切线与水平夹角的正切来得出，即 $\tan\theta = dF/dx$。若弹性元件的特性是线性的，则其刚度是一个常数，即 $\tan\theta = F/x =$ 常数，如图 3-4 中的直线 2 所示。

2. 灵敏度

通常用刚度的倒数来表示弹性元件的特性，称为弹性元件的灵敏度，一般用 S 表示，其表达式为

$$S = \frac{1}{C} = \frac{dx}{dF} \quad (3-15)$$

从式(3-15)可以看出，灵敏度就是单位力作用下弹性元件产生变形的大小，灵敏度大，表明弹性元件软，变形大。与刚度相似，若弹性特性是线性的，则灵敏度为一常数；若弹性特性是非线性的，则灵敏度为一变数，即表示此弹性元件在弹性变形范围内，各处由单位力产生的变形大小是不同的。

通常使用的弹性元件的材料为合金钢(40Cr，35CrMnSiA 等)、铍青铜(Qbe2，QBr2.5 等)、不锈钢(1Cr18Ni9Ti 等)。

传感器中弹性元件的输入量是力或压力，输出量是应变或位移。在力的变换中，弹性敏感元件通常有实心或空心圆柱体、等截面圆环、等截面或等强度悬臂梁等。变换压力的弹性敏感元件有弹簧管、膜片、膜盒、薄壁圆桶等。

3.3.2 电阻应变片的静态特性

应变片的电阻值是指应变片没有粘贴且未产生应变时，在室温下测定的电阻值，即初始电阻值。金属电阻应变片的电阻值已标准化，有一定的系列，如 60 Ω、120 Ω、250 Ω、350 Ω 和 1000 Ω，其中以 120 Ω 最为常用。

1. 灵敏系数

当具有初始电阻值 R 的应变片粘贴于试件表面时，试件受力引起的表面应变，将传递给应变片的敏感栅，使其产生电阻相对变化 $\Delta R/R$。理论和实验表明，在一定应变范围内 $\Delta R/R$ 与轴向应变 ε 的关系满足下式：

$$\frac{\Delta R}{R} = K\varepsilon \qquad (3-16)$$

定义 $K=(\Delta R/R)/\varepsilon$ 为应变片的灵敏系数。它表示安装在被测试件上的应变片在其轴向受到单向应力时，引起的电阻相对变化 $(\Delta R/R)$ 与其单向应力引起的试件表面轴向应变 (ε) 之比。

必须指出：应变片的灵敏系数 K 并不等于其敏感栅整长应变丝的灵敏系数 K_0，一般情况下，$K<K_0$，这是因为，在单向应力产生应变时，K 除受到敏感栅结构形状、成型工艺、黏结剂和基底性能的影响外，尤其受到栅端圆弧部分横向效应的影响。应变片的灵敏系数直接关系到应变测量的精度。因此，K 值通常采用从批量产品中每批抽样，在规定条件下实测的方法来确定，称为标称灵敏系数。上述规定条件是：

① 试件材料取泊松比 $\mu_0=0.285$ 的钢材；
② 试件单向受力；
③ 应变片轴向与主应力方向一致。

2. 横向效应

当将图 3-5 所示的应变片粘贴在被测试件上时，由于其敏感栅是由 n 条长度为 l_1 的直线段和直线段端部的 $n-1$ 个半径为 r 的半圆圆弧或直线组成的，若该应变片承受轴向应力而产生纵向拉应变 ε_x，则各直线段的电阻将增加，但在半圆弧段则受到从 $+\varepsilon_x$ 到 $-\mu\varepsilon_x$ 之间变化的应变，其电阻的变化将小于沿轴向安放的同样长度电阻丝电阻的变化。

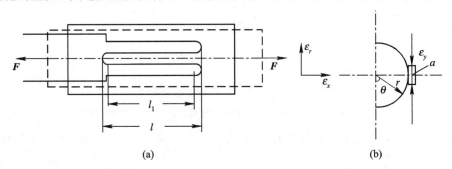

图 3-5 应变片轴向受力及横向效应
(a) 应变片及轴向受力图；(b) 应变片的横向效应图

综上所述，将直的电阻丝绕成敏感栅后，虽然长度不变，但应变状态不同，应变片敏感栅的电阻变化减小,因而其灵敏系数 K 较整长电阻丝的灵敏系数 K_0 小,这种现象称为应变片的横向效应。

为了减小横向效应产生的测量误差,现在一般多采用箔式应变片。

3. 绝缘电阻和最大工作电流

应变片绝缘电阻是指已粘贴的应变片的引线与被测试件之间的电阻值 R_m。通常要求 R_m 在 50～100 MΩ 以上。绝缘电阻下降将使测量系统的灵敏度降低,使应变片的指示应变产生误差。R_m 取决于黏结剂及基底材料的种类及固化工艺。在常温使用条件下要采取必要的防潮措施,而在中温或高温条件下,要注意选取电绝缘性能良好的黏结剂和基底材料。

最大工作电流是指已安装的应变片允许通过敏感栅而不影响其工作特性的最大电流 I_{max}。工作电流大,输出信号也大,灵敏度就高。但工作电流过大会使应变片过热,灵敏系数产生变化,零漂及蠕变增加,甚至烧毁应变片。工作电流的选取要根据试件的导热性能及敏感栅形状和尺寸来决定。通常静态测量时取 25 mA 左右,动态测量时可取 75～100 mA。箔式应变片散热条件好,电流可取得更大一些。在测量塑料、玻璃、陶瓷等导热性差的材料时,电流可取得小一些。

3.3.3 电阻应变片的动态响应特性

电阻应变片在测量频率较高的动态应变时,应变是以应变波的形式在材料中传播的,它的传播速度与声波相同,对于钢材 $v \approx 5000$ m/s。应变波由试件材料表面,经黏合层、基片传播到敏感栅,所需的时间是非常短暂的,如应变波在黏合层和基片中的传播速度为 1000 m/s,黏合层和基片的总厚度为 0.05 mm,则所需时间约为 5×10^{-8} s,因此可以忽略不计。但是由于应变片的敏感栅相对较长,当应变波在纵栅长度方向上传播时,只有在应变波通过敏感栅全部长度后,应变片所反映的波形经过一定时间的延迟,才能达到最大值。图 3-6 所示为应变片对阶跃应变的响应特性。

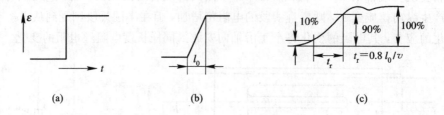

图 3-6 应变片对阶跃应变的响应特性
(a) 应变波为阶跃波;(b) 理论响应特性;(c) 实际响应特性

由图 3-6 可以看出,上升时间 t_r(应变输出从 10% 上升到 90% 的最大值所需时间)可表示为

$$t_r = 0.8 \cdot \frac{l_0}{v} \tag{3-17}$$

式中:l_0——应变片基长;

v——应变波速。

若取 $l_0=20$ mm，$v=5000$ m/s，则 $t_r=3.2\times 10^{-6}$ s。

当测量按正弦规律变化的应变波时，由于应变片反映出来的应变波是应变片纵栅长度内所感受应变量的平均值，因此应变片所反映的波幅将低于真实应变波，从而带来一定的测量误差。显然这种误差将随应变片基长的增加而加大。图 3－7 表示应变片正处于应变波达到最大幅值时的瞬时情况，此时，

$$x_1=\frac{\lambda}{4}-\frac{l_0}{2}, \qquad x_2=\frac{\lambda}{4}+\frac{l_0}{2}$$

式中，λ 为应变波波长。应变片基长为 l_0，测得基长 l_0 内的平均应变 ε_p 达到最大值，其值为

$$\varepsilon_p=\frac{\int_{x_1}^{x_2}\varepsilon_0\sin\frac{2\pi}{\lambda}x\,\mathrm{d}x}{x_2-x_1}=\frac{\lambda\varepsilon_0}{\pi l_0}\sin\frac{\pi l_0}{\lambda} \qquad (3-18)$$

因而应变波幅测量的相对误差 e 为

$$e=\left|\frac{\varepsilon_p-\varepsilon_0}{\varepsilon_0}\right|=\left|\frac{\lambda}{\pi l_0}\sin\frac{\pi l_0}{\lambda}-1\right| \qquad (3-19)$$

由上式可以看出，测量误差 e 与比值 $n=\lambda/l_0$ 有关。n 值愈大，误差 e 愈小。一般可取 $n=10\sim 20$，其误差小于 $1.6\%\sim 0.4\%$。

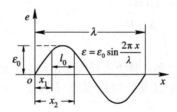

图 3－7　应变片对正弦应变波的响应特性

3.3.4　电阻应变片的温度误差及补偿

1. 电阻应变片的温度误差

由于测量现场环境温度的改变而给测量带来的附加误差，称为应变片的温度误差。产生应变片温度误差的主要因素有下述两个方面。

1）电阻温度系数的影响

敏感栅的电阻丝阻值随温度变化的关系可用下式表示：

$$R_t=R_0(1+\alpha_0\Delta t) \qquad (3-20)$$

式中：R_t——温度为 t 时的电阻值；

R_0——温度为 t_0 时的电阻值；

α_0——温度为 t_0 时电阻丝的电阻温度系数；

Δt——温度变化值，$\Delta t=t-t_0$。

当温度变化 Δt 时，金属丝电阻的变化值为

$$\Delta R_a=R_t-R_0=R_0\alpha_0\Delta t \qquad (3-21)$$

2）试件材料和电阻丝材料的线膨胀系数的影响

当试件与电阻丝材料的线膨胀系数不同时，由于环境温度的变化，电阻丝会产生附加

变形，从而产生附加电阻变化。

设电阻丝和试件在温度为 0℃ 时的长度均为 l_0，它们的线膨胀系数分别为 β_s 和 β_g，若两者不粘贴，则它们的长度分别为

$$l_s = l_0(1 + \beta_s \Delta t) \quad (3-22)$$

$$l_g = l_0(1 + \beta_g \Delta t) \quad (3-23)$$

当两者粘贴在一起时，电阻丝产生的附加变形 Δl、附加应变 ε_β 和附加电阻变化 ΔR_β 分别为

$$\Delta l = l_g - l_s = (\beta_g - \beta_s) l_0 \Delta t \quad (3-24)$$

$$\varepsilon_\beta = \frac{\Delta l}{l_0} = (\beta_g - \beta_s) \Delta t \quad (3-25)$$

$$\Delta R_\beta = K_0 R_0 \varepsilon_\beta = K_0 R_0 (\beta_g - \beta_s) \Delta t \quad (3-26)$$

由式(3-21)和式(3-26)可得由于温度变化而引起的应变片总电阻相对变化量为

$$\frac{\Delta R_t}{R_0} = \frac{\Delta R_\alpha + \Delta R_\beta}{R_0} = \alpha_0 \Delta t + K_0 (\beta_g - \beta_s) \Delta t$$

$$= [\alpha_0 + K_0 (\beta_g - \beta_s)] \Delta t \quad (3-27)$$

折合成附加应变量或虚假的应变 ε_t，有

$$\varepsilon_t = \frac{\Delta R_0 / R_0}{K_0} = \left[\frac{\alpha_0}{K_0} + (\beta_g - \beta_s)\right] \Delta t \quad (3-28)$$

由式(3-27)和式(3-28)可知，因环境温度变化而引起的附加电阻的相对变化量，除了与环境温度有关外，还与应变片自身的性能参数 (K_0，α_0，β_s) 以及被测试件线膨胀系数 β_g 有关。

2. 电阻应变片的温度补偿方法

电阻应变片的温度补偿方法通常有线路补偿和应变片自补偿两大类。

1) 线路补偿法

电桥补偿是最常用且效果较好的线路补偿法。图 3-8(a) 是电桥补偿法的原理图。电桥输出电压 U_o 与桥臂参数的关系为

$$U_o = A(R_1 R_4 - R_B R_3) \quad (3-29)$$

式中，A 为由桥臂电阻和电源电压决定的常数。由上式可知，当 R_3 和 R_4 为常数时，R_1 和 R_B 对电桥输出电压 U_o 的作用方向相反。利用这一基本关系可实现对温度的补偿。

测量应变时，工作应变片 R_1 粘贴在被测试件表面上，补偿应变片 R_B 粘贴在与被测试件材料完全相同的补偿块上，且仅工作应变片承受应变，如图 3-8(b) 所示。

当被测试件不承受应变时，R_1 和 R_B 又处于同一环境温度为 t 的温度场中，调整电桥参数使之达到平衡，此时有

$$U_o = A(R_1 R_4 - R_B R_3) = 0 \quad (3-30)$$

工程上，一般按 $R_1 = R_B = R_3 = R_4$ 选取桥臂电阻。

当温度升高或降低 $\Delta t = t - t_0$ 时，两个应变片因温度相同而引起的电阻变化量相等，电桥仍处于平衡状态，即

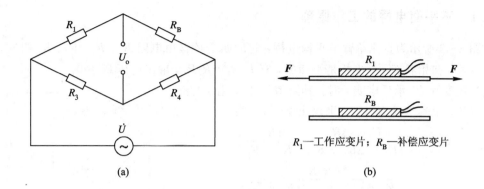

图 3-8 电桥补偿法

$$U_o = A[(R_1 + \Delta R_{1t})R_4 - (R_B + \Delta R_{Bt})R_3] = 0 \tag{3-31}$$

若此时被测试件有应变 ε 的作用,则工作应变片电阻 R_1 有新的增量 $\Delta R_1 = R_1 K \varepsilon$,而补偿应变片因不承受应变,故不产生新的增量,此时电桥输出电压为

$$U_o = AR_1 R_4 K \varepsilon \tag{3-32}$$

由上式可知,电桥的输出电压 U_o 仅与被测试件的应变 ε 有关,而与环境温度无关。

应当指出,若要实现完全补偿,上述分析过程必须满足以下四个条件:

① 在应变片工作过程中,保证 $R_3 = R_4$。

② R_1 和 R_B 两个应变片应具有相同的电阻温度系数 α、线膨胀系数 β、应变灵敏系数 K 和初始电阻值 R_0。

③ 粘贴补偿应变片的补偿块材料和粘贴工作应变片的被测试件材料必须一样,两者线膨胀系数相同。

④ 两应变片应处于同一温度场。

2) 应变片的自补偿法

应变片的自补偿法是利用自身具有温度补偿作用的应变片(称之为温度自补偿应变片)来补偿的。温度自补偿应变片的工作原理可由式(3-27)得出。要实现温度自补偿,必须有

$$\alpha_0 = -K_0(\beta_g - \beta_s) \tag{3-33}$$

上式表明,当被测试件的线膨胀系数 β_g 已知时,如果合理选择敏感栅材料,即其电阻温度系数 α_0、灵敏系数 K_0 以及线膨胀系数 β_s 满足式(3-33),则不论温度如何变化,均有 $\Delta R_t / R_0 = 0$,从而达到温度自补偿的目的。

3.4 电阻应变片的测量电路

应变片将试件的应变 ε 转换成电阻的相对变化量 $\Delta R/R$,要把微小应变引起的微小电阻变化测量出来,同时要把电阻相对变化 $\Delta R/R$ 转换为电压或电流的变化,通常采用各种电桥电路。电桥有平衡电桥(零位法)和不平衡电桥(偏差法),电阻应变片的测量电路一般采用不平衡电桥。根据电源的不同,电桥分为直流电桥和交流电桥。

交流电桥与直流电桥在原理上相似,下面对直流不平衡电桥进行分析。

3.4.1 不平衡电桥的工作原理

图 3-9 所示为直流单臂不平衡电桥，它的四个桥臂由电阻 R_1、R_2、R_3、R_4 组成，R_1 是应变片。初始状态下，电桥是平衡的，有 $R_1R_4=R_2R_3$，输出电压 $U_o=0$。

当应变片 R_1 承受应变 ε 时，其阻值发生变化，电桥失去平衡，设其增量为 ΔR_1，则输出电压 U_o 为

$$U_o = E\left(\frac{R_1+\Delta R_1}{R_1+\Delta R_1+R_2} - \frac{R_3}{R_3+R_4}\right)$$

$$= E\frac{\Delta R_1 R_4}{(R_1+\Delta R_1+R_2)(R_3+R_4)}$$

$$= E\frac{\frac{R_4}{R_3}\frac{\Delta R_1}{R_1}}{\left(1+\frac{\Delta R_1}{R_1}+\frac{R_2}{R_1}\right)\left(1+\frac{R_4}{R_3}\right)} \quad (3-34)$$

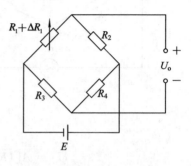

图 3-9　直流单臂不平衡电桥

设桥臂比 $n=R_2/R_1$，由于 $\Delta R_1 \ll R_1$，分母中 $\Delta R_1/R_1$ 可忽略，并考虑到平衡条件 $R_2/R_1=R_4/R_3$，则式(3-34)可写为

$$U_o = \frac{n}{(1+n)^2}\frac{\Delta R_1}{R_1}E \quad (3-35)$$

电桥电压灵敏度定义为

$$K_U = \frac{U_o}{\frac{\Delta R_1}{R_1}} = \frac{n}{(1+n)^2}E \quad (3-36)$$

分析式(3-36)发现：

① 电桥电压灵敏度正比于电桥供电电压，供电电压越高，电桥电压灵敏度越高，但供电电压的提高受到应变片允许功耗的限制，所以要选择适当；

② 电桥电压灵敏度是桥臂电阻比值 n 的函数，恰当地选择桥臂比 n 的值，可保证电桥具有较高的电桥电压灵敏度。

当 E 值确定后，n 取何值时才能使 K_U 最高？

由 $\dfrac{\mathrm{d}K_U}{\mathrm{d}n}=0$ 求 K_U 的最大值，得

$$\frac{\mathrm{d}K_U}{\mathrm{d}n} = \frac{1-n^2}{(1+n)^4} = 0 \quad (3-37)$$

求得 $n=1$ 时，K_U 为最大值。这就是说，在供桥电压确定后，当 $R_1=R_2=R_3=R_4$ 时，电桥电压灵敏度最高，此时有

$$U_o = \frac{E}{4}\frac{\Delta R_1}{R_1} \quad (3-38)$$

$$K_U = \frac{E}{4} \quad (3-39)$$

从上述可知，当电源电压 E 和电阻相对变化量 $\Delta R_1/R_1$ 一定时，电桥的输出电压及其灵敏度也是定值，且与各桥臂电阻阻值大小无关。

式(3-35)是略去分母中的 $\Delta R_1/R_1$ 项,电桥输出电压与电阻相对变化成正比的理想情况下得到的,实际情况则应按下式计算:

$$U'_o = E \frac{n \dfrac{\Delta R_1}{R_1}}{\left(1 + n + \dfrac{\Delta R_1}{R_1}\right)(1+n)} \qquad (3-40)$$

U'_o 与 $\dfrac{\Delta R_1}{R_1}$ 的关系是非线性的,非线性误差为

$$\gamma_L = \frac{U_o - U'_o}{U_o} = \frac{\dfrac{\Delta R_1}{R_1}}{1 + n + \dfrac{\Delta R_1}{R_1}} \qquad (3-41)$$

如果是四等臂电桥($R_1=R_2=R_3=R_4$),即 $n=1$,则

$$\gamma_L = \frac{\dfrac{\Delta R_1}{2R_1}}{1 + \dfrac{\Delta R_1}{2R_1}} \qquad (3-42)$$

对于一般应变片来说,所受应变 ε 通常在 5000μ 以下,若取 $K=2$,则 $\Delta R_1/R_1 = K\varepsilon = 0.01$,代入式(3-42)计算得非线性误差为 0.5%;若 $K=130$,$\varepsilon=1000\mu$ 时,$\Delta R_1/R_1 = 0.130$,则得到非线性误差为 6%,故当非线性误差不能满足测量要求时,必须予以消除。

为了减小和克服非线性误差,常采用差动电桥,在试件上安装两个工作应变片,一个受拉应变,一个受压应变,接入电桥相邻桥臂,称为半桥差动电路,如图3-10(a)所示。该电桥输出电压为

$$U_o = E\left(\frac{\Delta R_1 + R_1}{\Delta R_1 + R_1 + R_2 - \Delta R_2} - \frac{R_3}{R_3 + R_4}\right) \qquad (3-43)$$

若 $\Delta R_1 = \Delta R_2$,$R_1 = R_2$,$R_3 = R_4$,则得

$$U_o = \frac{E}{2} \frac{\Delta R_1}{R_1} \qquad (3-44)$$

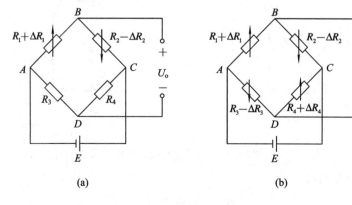

图 3-10 差动直流电桥
(a)半桥差动电路;(b)全桥差动电路

由式(3-44)可知，U_o 与 $\Delta R_1/R_1$ 呈线性关系，差动电桥无非线性误差，而且电桥电压灵敏度 $K_U=E/2$，是单臂工作时的两倍，同时还具有温度补偿作用。

若将电桥四臂接入四片应变片，如图 3-10(b)所示，即两个受拉应变，两个受压应变，将两个应变符号相同的接入相对桥臂上，构成全桥差动电路。若 $\Delta R_1=\Delta R_2=\Delta R_3=\Delta R_4$，且 $R_1=R_2=R_3=R_4$，则

$$U_o = E\frac{\Delta R_1}{R_1} \tag{3-45}$$

$$K_U = E \tag{3-46}$$

此时全桥差动电路不仅没有非线性误差，而且电压灵敏度为单片工作时的 4 倍，同时仍具有温度补偿作用。

3.4.2 交流电桥

根据直流电桥分析可知，由于应变电桥输出电压很小，一般都要加放大器，而直流放大器易于产生零漂，因此应变电桥多采用交流电桥。

图 3-11 为半桥差动交流电桥的一般形式，$\dot{U}$ 为交流电压源，由于供桥电源为交流电源，引线分布电容使得二桥臂应变片呈现复阻抗特性，即相当于两只应变片各并联了一个电容，则每一桥臂上复阻抗分别为

$$\left.\begin{aligned}Z_1 &= \frac{R_1}{1+\mathrm{j}\omega R_1 C_1}\\ Z_2 &= \frac{R_2}{1+\mathrm{j}\omega R_2 C_2}\\ Z_3 &= R_3\\ Z_4 &= R_4\end{aligned}\right\} \tag{3-47}$$

式中，C_1、C_2 表示应变片引线分布电容。

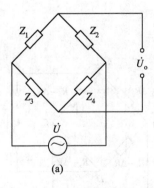 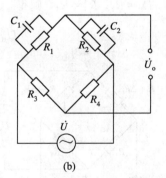

图 3-11 半桥差动交流电桥

由交流电路分析可得

$$\dot{U}_o = \dot{U}\frac{Z_1 Z_4 - Z_2 Z_3}{(Z_1+Z_2)(Z_3+Z_4)} \tag{3-48}$$

要满足电桥平衡条件，即 $U_o=0$，必须有

$$Z_1 Z_4 = Z_2 Z_3 \tag{3-49}$$

将式(3-47)代入式(3-49),可得

$$\frac{R_1}{1+j\omega R_1 C_1} R_4 = \frac{R_2}{1+j\omega R_2 C_2} R_3 \tag{3-50}$$

整理式(3-50)得

$$\frac{R_3}{R_1} + j\omega R_3 C_1 = \frac{R_4}{R_2} + j\omega R_4 C_2 \tag{3-51}$$

其实部、虚部分别相等,并整理可得交流电桥的平衡条件为

$$\frac{R_2}{R_1} = \frac{R_4}{R_3}$$

及

$$\frac{R_2}{R_1} = \frac{C_1}{C_2} \tag{3-52}$$

对这种交流电桥,除要满足电阻平衡条件外,还必须满足电容平衡条件。为此,在桥路上除设有电阻平衡调节外还设有电容平衡调节。电桥平衡调节电路如图3-12所示。

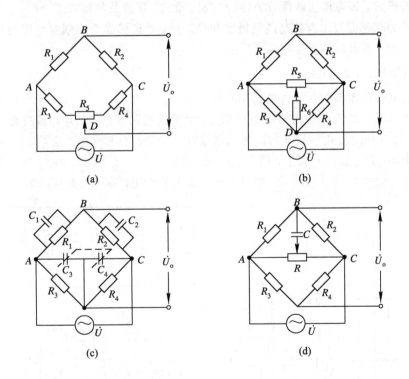

图 3-12 电桥平衡调节电路

当被测应力变化引起 $Z_1 = Z_{10} + \Delta Z$, $Z_2 = Z_{20} - \Delta Z$ 变化时(且 $Z_{10} = Z_{20} = Z_0$),电桥输出为

$$\dot{U}_o = \dot{U}\left(\frac{Z_0 + \Delta Z}{2Z_0} - \frac{1}{2}\right) = \frac{1}{2}\dot{U}\frac{\Delta Z}{Z_0} \tag{3-53}$$

3.5 应变式传感器的应用

应变片和弹性元件是构成应变式传感器不可缺少的关键元件,将应变片贴于弹性元件上可制成各种用途的应变式传感器,用来测量力、压力、扭矩、位移和加速度等。这些被测量使弹性元件产生应变,这个应变再由应变片产生相应的电阻变化,因而通过测量电阻便可得到被测量的大小。

3.5.1 应变式力传感器

被测物理量为荷重或力的应变式传感器统称为应变式力传感器(载荷传感器、荷重传感器),应变式力传感器在力传感器中占有主导地位,常用来作为材料试验和电子秤的测力元件,或用于发动机的推力测试,以及水坝坝体承载状况的监测等。根据测力传感器弹性元件结构形式,该类传感器可分为柱(筒)式、梁式、环式及轮辐式等。

应变式力传感器要求有较高的灵敏度和稳定性,当传感器受到侧向作用力或力的作用点少量变化时,不应对输出有明显的影响。

1. 柱(筒)式力传感器

柱(筒)式力传感器弹性元件的结构有柱式和筒式,如图 3-13(a)、(b)所示。应变片粘贴在弹性体外壁应力分布均匀的中间部分,对称地粘贴多片,贴片在圆柱面上的展开位置如图 3-13(c)所示。电桥接线时应考虑尽量减小载荷偏心和弯矩的影响,R_1 和 R_3 串接,R_2 和 R_4 串接,置于桥路对臂上,横向贴片 R_5 和 R_7 串接,R_6 和 R_8 串接,接于另两个桥臂上,桥路连线如图 3-13(d)所示,横向贴片作温度补偿用,亦可提高桥路输出灵敏度。

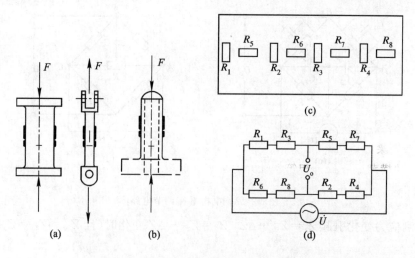

图 3-13 圆柱(筒)式力传感器
(a) 柱式;(b) 筒式;(c) 圆柱面展开图;(d) 桥路连线图

当截面为 A 的圆柱(筒)受轴向力 F 作用时,圆柱(筒)产生形变,其应变为 $\varepsilon = \dfrac{F}{AE}$ (E 为弹性模量)。由式可见,减小弹性元件的横截面积可提高应变与应力的变换灵敏度,但面积越小抗弯能力越差。为解决这一矛盾,力传感器的弹性元件多采用筒式,在同样横截面积情况下筒式的刚性相对要大一些。

2. 环式力传感器

环式力传感器的弹性元件结构如图 3-14(a)所示,在外力 F 作用下各点的应力差别比较大,且有正有负,环上的弯矩分布如图 3-14(b)所示。

对于 $R/h>5$ 的曲率圆环,在载荷 F 作用下,A、B 两点的应变可用下式计算:

$$\varepsilon_A = -\frac{1.09FR}{bh^2E} \tag{3-54}$$

$$\varepsilon_B = \frac{1.91FR}{bh^2E} \tag{3-55}$$

式中:h——圆环厚度;
b——圆环宽度;
E——材料弹性模量。

应变片贴片方式如图 3-14(a)所示,应变片 R_2 起温度补偿作用。

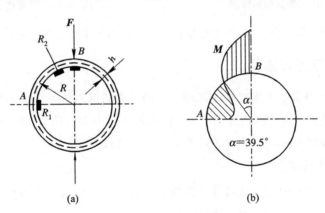

图 3-14 环式力传感器
(a) 环式弹性元件结构;(b) 弯矩分布

3. 悬臂梁式力传感器

1) 等截面梁力传感器

悬臂梁的横截面积处处相等,所以称为等截面梁,如图 3-15 所示。当外力 F 作用在梁的自由端时,固定端产生的应变最大,粘贴在应变片处的应变为

$$\varepsilon = \frac{6FL_0}{bh^2E} \tag{3-56}$$

式中:L_0——悬臂梁受力端距应变中心的长度;
b、h——梁的宽度和梁的厚度。

等截面测力时,因为梁上的应变大小与力作用的距离有关,固定端处的应力最大,所以应变片应粘贴在距固定端较近的表面。

2) 等强度梁力传感器

悬臂梁长度方向的截面积按一定规律变化时,是一种特殊形式的悬臂梁,如图 3-16 所示。当力作用在自由端时,梁内各断面产生的应力相等,表面上的应变也相等,所以称为等强度梁。等强度梁对在 L 方向上粘贴应变片的位置要求不严,应变片处的应变大小为

$$\varepsilon = \frac{6FL}{bh^2E} \quad (3-57)$$

在悬臂梁式力传感器中,一般将应变片贴在距固定端较近的表面,且顺梁的方向上、下各贴两片,上面两个应变片受压时,下面两个应变片受拉,并将四个应变片组成全桥差动电桥。这样既可提高输出电压灵敏度,又可减小非线性误差。

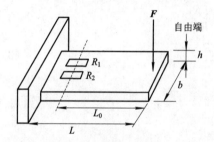

图 3-15 等截面悬臂梁

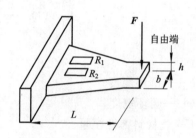

图 3-16 等强度悬臂梁

梁的形式很多,除了等截面梁和等强度梁外,还有双孔梁、"S"拉力梁等。

3.5.2 应变式压力传感器

应变式压力传感器主要用来测量流动介质的动态或静态压力,如动力管道设备的进出口气体或液体的压力、发动机内部的压力、枪管及炮管内部的压力、内燃机管道的压力等。

应变式压力传感器大多采用膜片式或筒式弹性元件。

1. 膜片式压力传感器

膜片式压力传感器的弹性敏感元件是周边固定的圆薄膜片,结构如图 3-17(a)所示。当膜片一面受压力 p 作用时,膜片的另一面有径向应变 ε_r 和切向应变 ε_t,应变在金属膜片上的分布如图 3-17(b)所示,径向应变和切向应变表达式分别为

$$\varepsilon_r = \frac{3p(1-\mu^2)(R^2-3x^2)}{8h^2E} \quad (3-58)$$

$$\varepsilon_t = \frac{3p(1-\mu^2)(R^2-x^2)}{8h^2E} \quad (3-59)$$

式中:p——膜片上承受的压力;

R、h——膜片的半径和厚度;

x——离圆心的径向距离。

由膜片上应变分布特性可见,膜片中心($x=0$ 处)径向应变和切向应变都达到正的最大值,而在膜片边缘 $x=r$ 处,切向应变为零,径向应变达到负的最大值,当 $\dfrac{x}{R}=0.635$ 时径向应变为零。

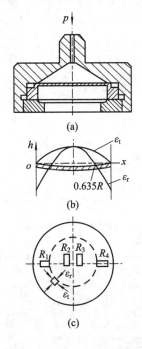
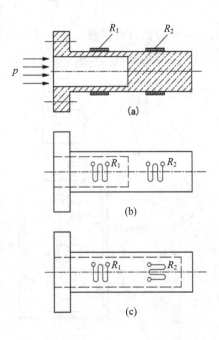

图 3-17 膜片式压力传感器
(a) 膜片式压力传感器的结构；
(b) 应变在膜片上的分布；
(c) 应变片在膜片上的粘贴位置

图 3-18 筒式压力传感器

膜片式压力传感器根据应力分布规律粘贴应变片，一般在膜片中心处沿切向贴两片 R_2、R_3，在边缘处沿径向贴两片 R_1、R_4，如图 3-17(c)所示。四个应变片组成全桥，以提高灵敏度和进行温度补偿。

2. 筒式压力传感器

测较大压力时，如测量机床液压系统的压力或枪炮的膛内压力时，大多采用筒式压力传感器，如图 3-18(a)所示。圆柱体内有一盲孔，一端法兰盘与被测系统连接，压力 p 作用于薄壁金属筒内壁时，筒体空心部分的外表面产生环向应变，应变片 R_1 感受应变，应变片 R_2 不产生应变，只作温度补偿用。图 3-18(b)表示应变片贴片的方向。图图 3-18(c)中应变片 R_1、R_2 垂直粘贴于圆筒空心部分，R_2 亦作温度补偿用。

3.5.3 应变式容器内液体重量传感器

图 3-19 是插入式测量容器内液体重量的传感器结构示意图及等效电路。该传感器有一根传压杆，上端安装微压传感器，为了提高灵敏度，共安装了两只。下端安装感压膜，感压膜感受上面液体的压力。当容器中溶液增多时，感压膜感受的压力就增大。将其上两个传感器的电桥接成正向串接的双电桥电路，此时输出电压为

$$U_o = U_1 - U_2 = (K_1 - K_2)h\rho g \tag{3-60}$$

式中，K_1、K_2 为传感器传输系数。

由于 $h\rho g$ 表征着感压膜上面液体的重量，对于等截面的柱式容器，有

$$h\rho g = \frac{Q}{A} \quad (3-61)$$

式中：Q——容器内感压膜上面溶液的重量；
A——柱形容器的截面积。

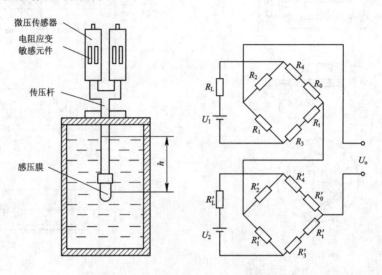

图 3-19 测量容器内液体重量的传感器结构示意图及等效电路

将上两式联立，得到容器内感压膜上面溶液重量与电桥输出电压之间的关系式为

$$U_\circ = \frac{(K_1 - K_2)Q}{A} \quad (3-62)$$

上式表明，电桥输出电压与柱式容器内感压膜上面溶液的重量成线性关系，因此用此种方法可以测量容器内储存的溶液重量。

3.5.4 应变式加速度传感器

应变式加速度传感器主要用于物体加速度的测量。图 3-20 是应变式加速度传感器的结构示意图，图中 1 是应变梁，自由端安装惯性质量块 2，梁的上下粘贴应变片 4，传感器壳体 3 内腔充满硅油，以产生必要的阻尼。测量时将传感器壳体与被测对象刚性连接，当有加速度作用在壳体上时，质量块受到一个与加速度方向相反的惯性力作用，惯性力与加

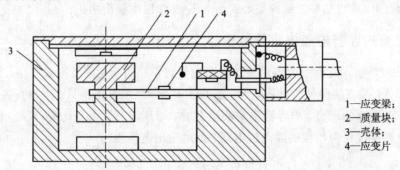

1—应变梁；
2—质量块；
3—壳体；
4—应变片

图 3-20 电阻应变式加速度传感器结构图

速度成正比，惯性力使悬臂梁变形，贴在梁上的应变片把梁的应变转换成电阻的变化。

应变式加速度传感器不适用于测量较高频率的振动和冲击，常用于低频振动测量，一般适用频率为 10~60 Hz。

思考题和习题

3-1　什么是应变效应？什么是压阻效应？利用应变效应和压阻效应解释金属电阻应变片和半导体应变片的工作原理。

3-2　试述应变片温度误差的概念、产生原因和补偿办法。

3-3　什么是直流电桥？若按不同的桥臂工作方式，可分为哪几种？各自的输出电压如何计算？

3-4　拟在等截面的悬臂梁上粘贴四个完全相同的电阻应变片，并组成差动全桥电路，试问：

① 四个应变片应怎样粘贴在悬臂梁上？

② 相应的电桥电路图如何绘制？

3-5　题 3-5 图为一直流应变电桥。图中 $E=4$ V，$R_1=R_2=R_3=R_4=120$ Ω，试问：

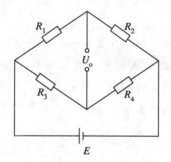

题 3-5 图

① 若 R_1 为金属应变片，其余为外接电阻，则当 R_1 的增量为 $\Delta R_1=1.2$ Ω 时，电桥输出电压 U_o 为多少？

② 若 R_1、R_2 都是应变片，且批号相同，感应应变的极性和大小都相同，其余为外接电阻，则电桥输出电压 U_o 为多少？

③ 题②中，如果 R_2 与 R_1 感受应变的极性相反，且 $\Delta R_1=\Delta R_2=1.2$ Ω，则电桥输出电压 U_o 为多少？

3-6　题 3-6 图为等强度梁测力系统，R_1 为电阻应变片，应变片灵敏系数 $K=2.05$，未受应变时，$R_1=120$ Ω。当试件受力 F 时，应变片承受平均应变 $\varepsilon=800\ \mu\varepsilon$。

① 求应变片电阻变化量 ΔR_1 和电阻相对变化量 $\Delta R_1/R_1$。

② 求将电阻应变片 R_1 置于单臂测量电桥，电桥电源电压为直流 3 V 时的电桥输出电压及电桥非线性误差。

③ 若要减小非线性误差，应采取何种措施？分析其电桥输出电压及非线性误差大小。

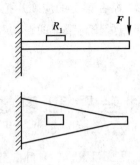

题 3 - 6 图

3-7 在题 3-6 条件下，如果试件材质为合金钢，线膨胀系数 $\beta_g = 11 \times 10^{-6}/℃$，电阻应变片敏感栅材质为康铜，其电阻温度系数 $\alpha = 15 \times 10^{-6}/℃$，线膨胀系数 $\beta_s = 14.9 \times 10^{-6}/℃$。问当传感器的环境温度从 10℃ 变化到 50℃ 时，所引起的附加电阻相对变化量 $(\Delta R/R)_t$ 为多少？折合成附加应变 ε_t 为多少？

3-8 一个量程为 100 kN 的应变式测力传感器，其弹性元件为薄壁圆，筒轴向受力，圆筒外径为 20 mm，内径为 18 mm，在其表面粘贴 8 个应变片，4 个沿轴向粘贴，4 个沿周向粘贴，应变片的电阻值均为 120 Ω，灵敏度为 2.0，泊松比为 0.3，材料弹性模量 $E = 2.1 \times 10^{11}$ Pa。要求：

① 绘出弹性元件贴片位置及全桥电路；

② 计算传感器在满量程时，各应变片的电阻；

③ 当桥路的供电电压为 10 V 时，计算电桥负载开路时的输出电压。

3-9 将一个阻值为 120 Ω 的康铜丝应变片粘贴在 $10^\#$ 优质碳素钢杆表面，轴向受力，该试件的直径为 10 mm，碳素钢的弹性模量 $E = 200 \times 10^9$ Pa，由应变片组成一个单臂应变电桥，设应变片允许通过的最大电流为 30 mA，求当碳素钢杆受到 100 N 的力时电桥最大可能的输出开路电压。

第4章　电感式传感器

利用电磁感应原理将被测非电量,如位移、压力、流量、振动等转换成线圈自感系数 L 或互感系数 M 的变化,再由测量电路转换为电压或电流的变化量输出,这种装置称为电感式传感器。

电感式传感器具有结构简单、工作可靠、抗干扰能力强、测量精度高、零点稳定、对工作环境要求不高、寿命长、分辨率较高、输出功率较大等一系列优点。其主要缺点是传感器自身频率响应低、不适用于快速动态测量、分辨率和示值误差与示值范围有关(示值范围大时,分辨率和示值精度相应降低)等。这种传感器能实现信息的远距离传输、记录、显示和控制,在工业自动控制系统中被广泛采用。

电感式传感器种类很多。将被测量的变化转换为自感 L 变化的传感器通常称为自感式传感器;将被测量的变化转换为互感系数变化的传感器,常做成差动变压器形式,称为差动变压器式传感器。此外,还有利用涡流原理的电涡流式传感器。

4.1　自感式传感器

4.1.1　工作原理

自感式传感器是利用线圈自感量的变化来实现测量的,结构如图 4-1 所示。它由线圈、铁芯和衔铁三部分组成。铁芯和衔铁由导磁材料如硅钢片或坡莫合金制成,在铁芯和衔铁之间有气隙,气隙厚度为 δ,传感器的运动部分与衔铁相连。当被测量变化时,使衔铁产生位移,引起磁路中磁阻变化,从而使得电感线圈的电感量变化,因此只要能测出这种电感量的变化,就能确定衔铁位移量的大小和方向。这种传感器又称为变磁阻式传感器。

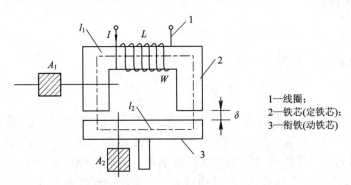

图 4-1　自感式传感器结构原理图

根据电感的定义,线圈中的电感量可由下式确定:

$$L = \frac{\Psi}{I} = \frac{W\Phi}{I} \tag{4-1}$$

式中：Ψ——线圈总磁链；

I——通过线圈的电流；

W——线圈的匝数；

Φ——穿过线圈的磁通。

由磁路欧姆定律，得

$$\Phi = \frac{IW}{R_m} \tag{4-2}$$

式中，R_m 为磁路总磁阻。

对于变隙式传感器，因为气隙很小，所以可以认为气隙中的磁场是均匀的。若忽略磁路磁损，则磁路总磁阻为

$$R_m = \frac{l_1}{\mu_1 A_1} + \frac{l_2}{\mu_2 A_2} + \frac{2\delta}{\mu_0 A_0} \tag{4-3}$$

式中：μ_1——铁芯材料的导磁率；

μ_2——衔铁材料的导磁率；

l_1——磁通通过铁芯的长度；

l_2——磁通通过衔铁的长度；

A_1——铁芯的截面积；

A_2——衔铁的截面积；

μ_0——空气的导磁率；

A_0——气隙的截面积；

δ——气隙的厚度。

通常气隙磁阻远大于铁芯和衔铁的磁阻，即

$$\left. \begin{array}{l} \dfrac{2\delta}{\mu_0 A_0} \gg \dfrac{l_1}{\mu_1 A_1} \\[2mm] \dfrac{2\delta}{\mu_0 A_0} \gg \dfrac{l_2}{\mu_2 A_2} \end{array} \right\} \tag{4-4}$$

因而式(4-3)可写为

$$R_m = \frac{2\delta}{\mu_0 A_0} \tag{4-5}$$

联立式(4-1)、式(4-2)及式(4-5)，可得

$$L = \frac{W^2}{R_m} = \frac{W^2 \mu_0 A_0}{2\delta} \tag{4-6}$$

由式(4-6)可知，当线圈匝数为常数时，电感 L 是气隙厚度 δ 和气隙截面积 A_0 的函数，即 $L = f(\delta, A_0)$。如果气隙截面积 A_0 保持不变，改变气隙厚度 δ，则电感 L 是气隙厚度 δ 的单值函数，这样就构成变气隙式自感传感器；如果气隙厚度 δ 不变，改变气隙截面积 A_0，则电感 L 是气隙截面积 A_0 的单值函数，这样就构成变面积式自感传感器。

4.1.2 自感式传感器类型及特性

自感式传感器有变气隙式自感传感器、变面积式自感传感器和螺线管式自感传感器

第4章 电感式传感器

之分。

1. 变气隙式自感传感器

变气隙式自感传感器如图 4-2 所示。图 4-2(a)为单边式变气隙式自感传感器。设传感器初始气隙为 δ_0,初始电感量为 L_0,则有

$$L_0 = \frac{\mu_0 A_0 W^2}{2\delta_0} \tag{4-7}$$

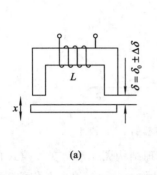
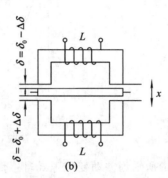

图 4-2 变气隙式自感传感器
(a) 单边式;(b) 差动式

图 4-2(a)中衔铁上下移动时,引起气隙的变化量为 $\Delta\delta$。衔铁上移 $\Delta\delta$ 时,即 $\delta = \delta_0 - \Delta\delta$,此时输出电感 $L = L_0 + \Delta L$,代入式(4-6)并整理,得

$$L = L_0 + \Delta L = \frac{W^2 \mu_0 A_0}{2(\delta_0 - \Delta\delta)} = \frac{L_0}{1 - \frac{\Delta\delta}{\delta_0}} \tag{4-8}$$

当 $\Delta\delta/\delta_0 \ll 1$ 时,可将上式用泰勒级数展开成如下的级数形式:

$$L = L_0 + \Delta L = L_0 \left[1 + \frac{\Delta\delta}{\delta_0} + \left(\frac{\Delta\delta}{\delta_0}\right)^2 + \left(\frac{\Delta\delta}{\delta_0}\right)^3 + \cdots\right] \tag{4-9}$$

由上式可求得电感增量 ΔL 和相对增量 $\Delta L/L_0$,即

$$\Delta L = L_0 \frac{\Delta\delta}{\delta_0}\left[1 + \frac{\Delta\delta}{\delta_0} + \left(\frac{\Delta\delta}{\delta_0}\right)^2 + \cdots\right] \tag{4-10}$$

$$\frac{\Delta L}{L_0} = \frac{\Delta\delta}{\delta_0}\left[1 + \frac{\Delta\delta}{\delta_0} + \left(\frac{\Delta\delta}{\delta_0}\right)^2 + \cdots\right] \tag{4-11}$$

同理,当衔铁随被测体的初始位置向下移动 $\Delta\delta$ 时,有

$$\Delta L = -L_0 \frac{\Delta\delta}{\delta_0}\left[1 - \frac{\Delta\delta}{\delta_0} + \left(\frac{\Delta\delta}{\delta_0}\right)^2 - \left(\frac{\Delta\delta}{\delta_0}\right)^3 + \cdots\right] \tag{4-12}$$

$$\frac{\Delta L}{L_0} = \frac{\Delta\delta}{\delta_0}\left[1 - \frac{\Delta\delta}{\delta_0} + \left(\frac{\Delta\delta}{\delta_0}\right)^2 - \left(\frac{\Delta\delta}{\delta_0}\right)^3 + \cdots\right] \tag{4-13}$$

对式(4-11)、式(4-13)作线性处理,即忽略高次项后,可得

$$\frac{\Delta L}{L_0} = \frac{\Delta\delta}{\delta_0} \tag{4-14}$$

灵敏度为

$$K_0 = \frac{\frac{\Delta L}{L_0}}{\Delta\delta} = \frac{1}{\delta_0} \tag{4-15}$$

由式(4-11)和式(4-13)可见,线圈电感 L 与气隙厚度 δ 的关系为非线性,并且随气隙变化量 $\Delta\delta$ 的增加而增大,只有当 $\Delta\delta$ 很小时,忽略高次项才可得近似的线性关系。图4-3所示为电感 L 与气隙厚度 δ 的特性曲线。单边变气隙式自感传感器的测量范围与线性度及灵敏度相矛盾。为了减小非线性误差,实际测量中广泛采用差动变气隙式自感传感器。

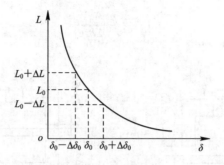

图 4-3　变气隙式自感传感器的 L-δ 特性

图4-2(b)所示为差动变气隙式自感传感器原理结构图。差动变气隙式自感传感器要求上下两铁芯和线圈的几何尺寸及电气参数完全对称。当衔铁偏离对称位置移动时,一边气隙增大,线圈的电感减小;另一边气隙减小,线圈的电感增大,从而形成差动形式。差动变气隙式自感传感器与单边变气隙式自感传感器相比较,非线性大大减小,灵敏度也提高了。

2. 变面积式自感传感器

变面积式自感传感器的结构示意图如图4-4所示。单边式结构在起始状态时,铁芯与衔铁在气隙处正对着,其截面积为 $A_0=ab$。当衔铁随被测体上下移动时,如移动量为 x,则线圈电感 L 为

$$L = \frac{W^2 \mu_0 b}{2\delta}(a-x)$$

可见,线圈电感 L 与气隙面积 A(或 x)成线性关系。

正确选择线圈匝数、铁芯尺寸,可有效提高灵敏度,如采用差动式结构则更好。

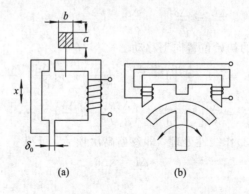

图 4-4　变面积式自感传感器结构示意图
(a) 单边式;(b) 差动式

3. 螺线管式自感传感器

螺线管式自感传感器分为单线圈式和差动式两种结构形式,如图4-5所示。它由螺线管形线圈、柱形铁芯(衔铁)和磁性套管组成。磁性套管构成线圈的外部磁路,并作为传感器的磁屏蔽。随着衔铁插入深度的不同将引起线圈泄漏路径中磁阻的变化,从而使线圈的电感量发生变化。在实际应用中,该类传感器通常也采用差动结构,即将两个结构相同的自感线圈组合在一起,形成差动形式,以提高灵敏度和降低非线性程度。

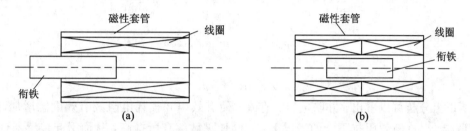

图4-5 螺线管式自感传感器结构示意图
(a) 单线圈式;(b) 差动式

螺线管式自感传感器与前两种自感传感器相比较,变气隙式灵敏度最高,螺线管式灵敏度最低;变气隙式非线性严重,为了限制非线性,示值范围只能较小,它的自由行程受铁芯限制,制造装配困难;变面积式和螺线管式的优点是具有较好的线性,因而示值范围可取大些,自由行程可根据需要调整,制造装配也较方便;螺线管式批量生产中的互换性好。由于螺线管式具备上述优点,且灵敏度低的问题可在放大电路方面加以解决,因此螺线管式自感传感器的应用越来越广泛。

4.1.3 测量电路

自感式传感器的测量电路有交流电桥式和谐振式等。

1. 自感式传感器的等效电路

从电路角度看,自感式传感器的线圈并非是纯电感,该电感由有功分量和无功分量两部分组成。有功分量包括:线圈线绕电阻和涡流损耗电阻及磁滞损耗电阻,这些都可折合成为有功电阻,其总电阻可用 R 来表示。无功分量包括:线圈的自感 L,绕线间分布电容,为简便起见可视为集中参数,用 C 来表示。于是可得到自感式传感器的等效电路如图4-6所示。

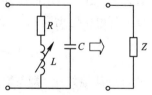

图4-6 自感式传感器的等效电路

图4-6中,L 为线圈的自感,R 为折合有功电阻的总电阻,C 为并联寄生电容。其等效线圈阻抗为

$$Z = \frac{(R+j\omega L)\left(\dfrac{-j}{\omega C}\right)}{R+j\omega L - \dfrac{j}{\omega C}} \quad (4-16)$$

将上式有理化并应用品质因数 $Q=\omega L/R$,可得

$$Z = \frac{R}{(1-\omega^2 LC)^2 + \left(\frac{\omega^2 LC}{Q}\right)^2} + \frac{j\omega L \left(1 - \omega^2 LC - \frac{\omega^2 LC}{Q^2}\right)}{(1-\omega^2 LC)^2 + \left(\frac{\omega^2 LC}{Q}\right)^2} \quad (4-17)$$

当 $Q \gg \omega^2 LC$ 且 $\omega^2 LC \ll 1$ 时，上式可近似为

$$Z = \frac{R}{(1-\omega^2 LC)^2} + j\omega \frac{L}{(1-\omega^2 LC)^2} \quad (4-18)$$

令

$$R' = \frac{R}{(1-\omega^2 LC)^2}, \quad L' = \frac{L}{(1-\omega^2 LC)^2}$$

则

$$Z = R' + j\omega L' \quad (4-19)$$

从以上分析可以看出，并联电容的存在，使有效串联损耗电阻及有效电感增加，而有效 Q 值减小，在有效阻抗不大的情况下，它会使灵敏度有所提高，从而引起传感器性能的变化。因此在测量中若更换连接电缆线的长度，在激励频率较高时则应对传感器的灵敏度重新进行校准。

2. 交流电桥式测量电路

交流电桥式测量电路常和差动式自感传感器配合使用，常用形式有交流电桥和变压器式交流电桥两种。

图 4-7 所示为交流电桥式测量电路，传感器的两线圈作为电桥的两相邻桥臂 Z_1 和 Z_2，另外两个相邻桥臂为纯电阻 R。设 Z 是衔铁在中间位置时单个线圈的复阻抗，ΔZ_1、ΔZ_2 分别是衔铁偏离中心位置时两线圈阻抗的变化

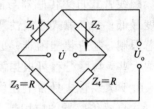

图 4-7 交流电桥式测量电路

量，则 $Z_1 = Z + \Delta Z$，$Z_2 = Z - \Delta Z$。对于高品质因数 Q 的自感式传感器，线圈的电感远远大于线圈的有功电阻，即 $\omega L \gg R$，则有 $\Delta Z_1 + \Delta Z_2 \approx j\omega(\Delta L_1 + \Delta L_2)$，电桥输出电压为

$$\dot{U}_o = \frac{Z_1 - Z_2}{2(Z_1 + Z_2)} \dot{U} = \frac{\Delta Z_1 + \Delta Z_2}{2(Z_1 + Z_2)} \dot{U} \propto (\Delta L_1 + \Delta L_2) \quad (4-20)$$

在图 4-2(b) 所示的差动变气隙式自感传感器结构示意图中，当衔铁往上移动 $\Delta \delta$ 时，两个线圈的电感变化量 ΔL_1、ΔL_2 分别由式(4-10)及式(4-12)表示，设 $\Delta L = \Delta L_1 + \Delta L_2$，则

$$\Delta L = \Delta L_1 + \Delta L_2 = 2L_0 \frac{\Delta \delta}{\delta_0} \left[1 + \left(\frac{\Delta \delta}{\delta_0}\right)^2 + \left(\frac{\Delta \delta}{\delta_0}\right)^4 + \cdots \right] \quad (4-21)$$

对上式进行线性处理，即忽略高次项得

$$\frac{\Delta L}{L_0} = 2 \frac{\Delta \delta}{\delta_0} \quad (4-22)$$

灵敏度 K_0 为

$$K_0 = \frac{\frac{\Delta L}{L_0}}{\Delta \delta} = \frac{2}{\delta_0} \quad (4-23)$$

比较式(4-15)与式(4-23)，即比较单边式和差动式两种变气隙式自感传感器的灵敏度特性，可以得到如下结论：

① 差动变气隙式自感传感器的灵敏度是单边式的两倍。

② 差动变气隙式自感传感器的非线性项由式(4-21)可得 $2\left(\dfrac{\Delta\delta}{\delta_0}\right)^3$（忽略高次项）。单边式自感传感器的非线性项由式(4-11)或式(4-13)可得 $\left(\dfrac{\Delta\delta}{\delta_0}\right)^2$（忽略高次项）。由于 $\Delta\delta/\delta_0 \ll 1$，因此，差动式的线性度得到明显改善。

将 $\Delta L = 2L_0 \dfrac{\Delta\delta}{\delta_0}$ 代入式(4-20)得

$$\dot{U}_o \propto 2L_0 \dfrac{\Delta\delta}{\delta_0}$$

电桥输出电压与 $\Delta\delta$ 呈正比关系。

图 4-8 所示电路为变压器式交流电桥测量电路，电桥两臂 Z_1、Z_2 分别为传感器两线圈的阻抗，另外两桥臂分别为电源变压器的两次级线圈，其阻抗为次级线圈总阻抗的一半。当负载阻抗为无穷大时，桥路输出电压为

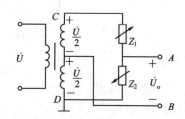

图 4-8 变压器式交流电桥测量电路

$$\dot{U}_o = \dfrac{Z_2}{Z_1+Z_2}\dot{U} - \dfrac{1}{2}\dot{U} = \dfrac{Z_2-Z_1}{Z_1+Z_2}\cdot\dfrac{\dot{U}}{2} \qquad (4-24)$$

测量时被测件与传感器衔铁相连，当传感器的衔铁处于中间位置，即 $Z_1 = Z_2 = Z$ 时，有 $\dot{U}_o = 0$，电桥平衡。

当传感器衔铁上移时，有 $Z_1 = Z+\Delta Z$，$Z_2 = Z-\Delta Z$，此时

$$\dot{U}_o = -\dfrac{\Delta Z}{Z}\cdot\dfrac{\dot{U}}{2} = -\dfrac{\Delta L}{L}\dfrac{\dot{U}}{2} \qquad (4-25)$$

当传感器衔铁下移时，有 $Z_1 = Z-\Delta Z$，$Z_2 = Z+\Delta Z$，此时

$$\dot{U}_o = -\dfrac{\Delta Z}{Z}\cdot\dfrac{\dot{U}}{2} = \dfrac{\Delta L}{L}\dfrac{\dot{U}}{2} \qquad (4-26)$$

由以上分析可知，这两种交流电桥输出的空载电压相同，且当衔铁上、下移动相同距离时，电桥输出电压大小相等而相位相反。由于 $\dot{U}$ 是交流电压，输出指示无法判断位移方向，因此必须配合相敏检波电路来解决。

3. 谐振式测量电路

谐振式测量电路有谐振式调幅电路（如图 4-9 所示）和谐振式调频电路（如图 4-10 所示）。在调幅电路中，传感器电感 L 与电容 C、变压器原边串联在一起，接入交流电源 $\dot{U}$，变压器副边将有电压 $\dot{U}_o$ 输出，输出电压的频率与电源频率相同，而幅值随着电感 L 而变化，图 4-9(b)为输出电压 $\dot{U}_o$ 与电感 L 的关系曲线，其中 L_0 为谐振点的电感值。此电路灵敏度很高，但线性差，适用于线性度要求不高的场合。

调频电路的基本原理是传感器电感 L 的变化将引起输出电压频率的变化。通常把传感器电感 L 和电容 C 接入一个振荡回路中，其振荡频率 $f = 1/(2\pi\sqrt{LC})$。当 L 变化时，振荡频率随之变化，根据 f 的大小即可测出被测量的值。图 4-10(b)表示 f 与 L 的关系曲线，它具有显著的非线性关系。

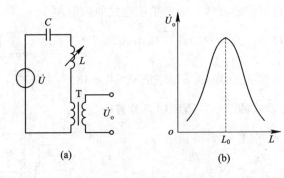

图 4-9 谐振式调幅电路

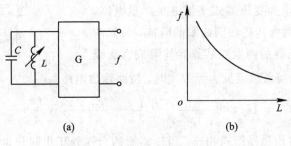

图 4-10 谐振式调频电路

4.1.4 零点残余电压

在前面讨论桥路输出电压时已得出结论,当两线圈的阻抗相等,即 $Z_1 = Z_2$ 时,电桥平衡,输出电压为零。由于传感器阻抗是一个复阻抗,因此为了达到电桥平衡,就要求两线圈的电阻相等,两线圈的电感也要相等。实际上这种情况是不能精确达到的,因而在传感器输入量为零时,电桥有一个不平衡输出电压。图 4-11 给出了桥路输出电压与活动衔铁位移的关系曲线,图中虚线为理论特性曲线,实线为实际特性曲线。我们把传感器在零位移时的输出电压称为零点残余电压,记作 $\Delta U_\circ$。

零点残余电压主要由基波分量和高次谐波分量组成。产生零点残余电压的原因大致有如下两点:

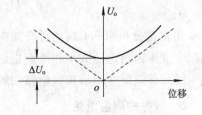

图 4-11 零点残余电压波形

① 由于两电感线圈的电气参数及导磁体几何尺寸不完全对称,因此在两电感线圈上的电压幅值和相位不同,从而形成了零点残余电压的基波分量。

② 由于传感器导磁材料磁化曲线的非线性(如铁磁饱和、磁滞损耗)使得激励电流与磁通波形不一致,从而形成了零点残余电压的高次谐波分量。

零点残余电压的存在,使得传感器输出特性在零点附近不灵敏,限制了分辨率的提高。零点残余电压太大,将使线性度变坏,灵敏度下降,甚至会使放大器饱和,堵塞有用信号通过,致使仪器不再反映被测量的变化。

为减小自感式传感器的零点残余电压,可采取以下措施:

① 在设计和工艺上,力求做到磁路对称,铁芯材料均匀;要经过热处理以除去机械应力和改善磁性;两线圈绕制要均匀,力求几何尺寸与电气特性保持一致。

② 在电路上进行补偿。这是一种既简单又行之有效的方法。

4.1.5 自感式传感器的应用

图 4-12 是变气隙式自感压力传感器的结构图。它由膜盒、铁芯、衔铁及线圈等组成,衔铁与膜盒的上端连在一起。

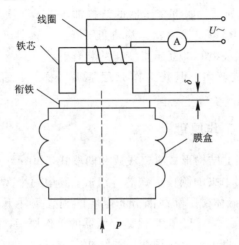

图 4-12 变气隙式自感压力传感器结构图

当压力进入膜盒时,膜盒的顶端在压力 p 的作用下产生与压力大小呈正比关系的位移,于是衔铁也发生移动,从而使气隙发生变化,流过线圈的电流也发生相应的变化,电流表 A 的指示值就反映了被测压力的大小。

图 4-13 为变气隙式差动自感压力传感器。它主要由 C 形弹簧管、衔铁、铁芯和线圈等组成。

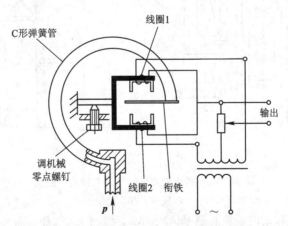

图 4-13 变气隙式差动自感压力传感器

当被测压力进入 C 形弹簧管时,C 形弹簧管产生变形,其自由端发生位移,带动与自由端连接成一体的衔铁运动,使线圈1和线圈2中的电感发生大小相等、符号相反的变化,即一个电感量增大,一个电感量减小。电感的这种变化通过电桥电路转换成电压输出,所以只要用检测仪表测量出输出电压,即可得知被测压力的大小。

4.2 差动变压器式传感器

把被测量的变化转换为线圈互感变化的传感器称为互感式传感器。差动变压器本身是一个变压器,初级线圈输入交流电压,在次级线圈中产生感应电压,两个次级线圈接成差动的形式,就成为差动变压器。如将变压器的结构加以改造,铁芯做成可以活动的,将被测量的变化转换为铁芯的位移,就构成了差动变压器式传感器。所以差动变压器是把被测量转换为初级绕组和次级绕组间的互感量变化的装置。

差动变压器结构形式较多,但其工作原理基本一样。下面仅介绍螺线管式差动变压器。

4.2.1 差动变压器的工作原理

螺线管式差动变压器的结构形式有三段式和两段式,如图4-14所示。它由初级线圈、两个次级线圈和插入线圈中央的圆柱形铁芯等组成。其中两个次级线圈反向串联,构成差动结构,在忽略铁损、导磁体磁阻和线圈分布电容的理想条件下,其等效电路如图4-15所示。当初级线圈加以激励电压$\dot{U}_1$时,根据变压器的工作原理,在两个次级绕组中便会产生感应电势$\dot{E}_{21}$和$\dot{E}_{22}$。如果工艺上保证变压器结构完全对称,则当活动衔铁处于中间位置时,两互感系数$M_1=M_2$。由于变压器两次级绕组反向串联,因而$U_2=\dot{E}_{21}-\dot{E}_{22}=0$,即差动变压器输出为零。

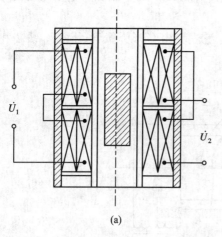
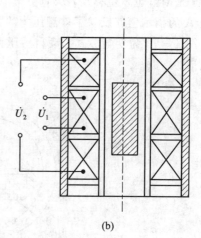

图4-14 螺线管式差动变压器结构示意图
(a) 两段式;(b) 三段式

当活动衔铁向上移动时,使互感量$M_1>M_2$,因而$\dot{E}_{21}$增加,而$\dot{E}_{22}$减小。反之,$\dot{E}_{22}$增加,$\dot{E}_{21}$减小。因为$\dot{U}_2=\dot{E}_{21}-\dot{E}_{22}$,所以当$\dot{E}_{21}$、$\dot{E}_{22}$随着衔铁位移$x$变化时,$\dot{U}_2$也必将随$x$变化。图4-16给出了差动变压器输出电压$\dot{U}_2$与活动衔铁位移$x$的关系曲线,图中实线为理论特性曲线,虚线为实际特性曲线。从图4-16可以看出,与自感式传感器相似,差动变压器式传感器也存在零点残余电压,使得传感器的特性曲线不通过原点,实际特性曲线不同于理想特性。

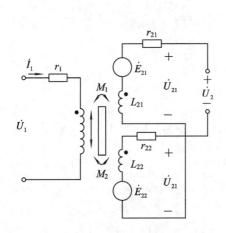

图 4-15 差动变压器等效电路

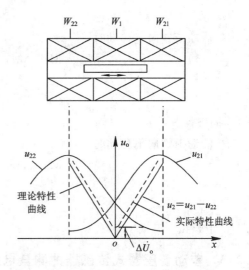

图 4-16 差动变压器输出电压的特性曲线

4.2.2 差动变压器的基本特性

差动变压器等效电路如图 4-15 所示。当次级开路时有

$$I_1 = \frac{\dot{U}_1}{r_1 + j\omega L_1} \tag{4-27}$$

式中：$\dot{U}_1$——初级线圈激励电压；

ω——激励电压 $\dot{U}$ 的角频率；

$\dot{I}_1$——初级线圈激励电流；

r_1、L_1——初级线圈直流电阻和电感。

根据电磁感应定律，次级绕组中感应电势的表达式分别为

$$\dot{E}_{21} = -j\omega M_1 \dot{I}_1 \tag{4-28}$$

$$\dot{E}_{22} = -j\omega M_2 \dot{I}_1 \tag{4-29}$$

式中，M_1、M_2 为初级绕组与两次级绕组的互感。

由于次级两绕组反相串联，且考虑到次级开路，则由以上关系可得

$$\dot{U}_2 = \dot{E}_{21} - \dot{E}_{22} = -\frac{j\omega(M_1 - M_2)\dot{U}_1}{r_1 + j\omega L_1} \tag{4-30}$$

输出电压的有效值为

$$U_2 = \frac{\omega(M_1 - M_2)U_1}{\sqrt{r_1^2 + (\omega L_1)^2}} \tag{4-31}$$

上式说明，当激磁电压的幅值 U_1 和角频率 ω、初级绕组的直流电阻 r_1 及电感 L_1 为定值时，差动变压器输出电压仅仅是初级绕组与两个次级绕组之间互感之差的函数。因此，只要求出互感 M_1 和 M_2 对活动衔铁位移 x 的关系式，再代入式(4-30)即可得到螺线管式差动变压器的基本特性表达式。对此，下面分三种情况进行分析：

① 活动衔铁处于中间位置时，

故
$$M_1 = M_2 = M$$
$$U_2 = 0$$

② 活动衔铁向上移动时，
$$M_1 = M + \Delta M, \quad M_2 = M - \Delta M$$
故
$$U_2 = \frac{2\omega\Delta M U_1}{\sqrt{r_1^2 + (\omega L_1)^2}}$$

与 $\dot{U}_{21}$ 同极性。

③ 活动衔铁向下移动时，
$$M_1 = M - \Delta M, \quad M_2 = M + \Delta M$$
故
$$U_2 = -\frac{2\omega\Delta M U_1}{\sqrt{r_1^2 + (\omega L_1)^2}}$$

与 $\dot{U}_{22}$ 同极性。

4.2.3 差动变压器式传感器的测量电路

差动变压器的输出是交流电压，若用交流电压表测量，只能反映衔铁位移的大小，不能反映移动的方向。另外，其测量值中将包含零点残余电压。为了达到能辨别移动方向和消除零点残余电压的目的，实际测量时，常常采用差动整流电路和相敏检波电路。

(1) 差动整流电路　　这种电路是把差动变压器的两个次级输出电压分别整流，然后将整流的电压或电流的差值作为输出。图 4-17 给出了几种典型电路形式，其中图(a)、(c)适用于交流阻抗负载，图(b)、(d)适用于低阻抗负载，电阻 R_0 用于调整零点残余电压。

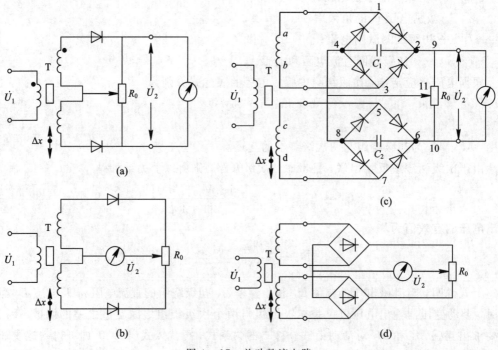

图 4-17　差动整流电路
(a) 半波电压输出；(b) 半波电流输出；(c) 全波电压输出；(d) 全波电流输出

下面结合图4-17(c),分析差动整流工作原理。

从图4-17(c)电路结构可知,不论两个次级线圈的输出瞬时电压极性如何,流经电容C_1的电流方向总是从2到4,流经电容C_2的电流方向总是从6到8,故整流电路的输出电压为

$$\dot{U}_2 = \dot{U}_{24} - \dot{U}_{68} \tag{4-32}$$

当衔铁在零位时,因为$\dot{U}_{24}=\dot{U}_{68}$,所以$\dot{U}_2=0$;当衔铁在零位以上时,因为$\dot{U}_{24}>\dot{U}_{68}$,所以$\dot{U}_2>0$;当衔铁在零位以下时,有$\dot{U}_{24}<\dot{U}_{68}$,因而$\dot{U}_2<0$。$\dot{U}_2$的正负表示衔铁位移的方向。

差动整流电路具有结构简单,不需要考虑相位调整和零点残余电压的影响,分布电容影响小和便于远距离传输等优点,因而获得了广泛应用。

(2) 相敏检波电路　相敏检波电路如图4-18所示。图中V_{D1}、V_{D2}、V_{D3}、V_{D4}为四个性能相同的二极管,以同一方向串联成一个闭合回路,形成环形电桥。输入信号u_2(差动变压器式传感器输出的调幅波电压)通过变压器T_1加到环形电桥的一条对角线上。参考信号u_s通过变压器T_2加到环形电桥的另一条对角线上。输出信号u_o从变压器T_1与T_2的中心抽头引出。图中平衡电阻R起限流作用,以避免二极管导通时变压器T_2的次级电流过大。R_L为负载电阻。u_s的幅值要远大于输入信号u_2的幅值,以便有效控制四个二极管的导通状态,且u_s和差动变压器式传感器激磁电压u_1由同一振荡器供电,保证二者同频同相(或反相)。

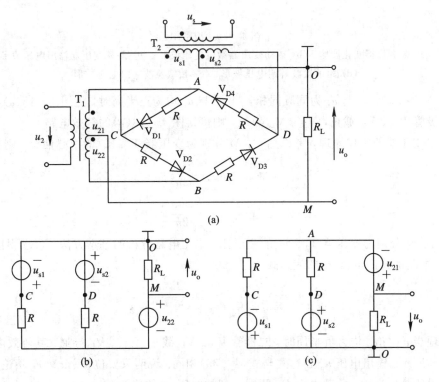

图4-18　相敏检波电路

(a) 相敏检波电原理图;(b) u_s、u_2均为正半周时的等效电路;(c) u_s、u_2均为负半周时的等效电路

由图 4-19(a)、(c)、(d)可知,当位移 $\Delta x > 0$ 时,u_2 与 u_s 同频同相,当位移 $\Delta x < 0$ 时,u_2 与 u_s 同频反相。

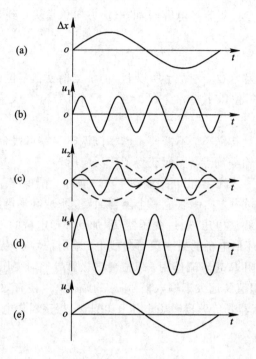

图 4-19 波形图
(a) 被测位移变化波形;(b) 差动变压器激磁电压波形;(c) 差动变压器输出电压波形
(d) 相敏检波解调电压波形;(e) 相敏检波输出电压波形

当 $\Delta x > 0$ 时,u_2 与 u_s 为同频同相,当 u_2 与 u_s 均为正半周时,见图 4-18(a),环形电桥中二极管 V_{D1}、V_{D4} 截止,V_{D2}、V_{D3} 导通,则可得图 4-18(b)的等效电路。

根据变压器的工作原理,考虑到 O、M 分别为变压器 T_1、T_2 的中心抽头,则有

$$u_{s1} = u_{s2} = \frac{u_s}{2n_2} \tag{4-33}$$

$$u_{21} = u_{22} = \frac{u_2}{2n_1} \tag{4-34}$$

式中,n_1、n_2 分别为变压器 T_1、T_2 的变压比。采用电路分析的基本方法,可求得图 4-18(b)所示电路的输出电压 u_o 的表达式为

$$u_o = \frac{R_L u_{22}}{\frac{R}{2} + R_L} = \frac{R_L u_2}{n_1 (R + 2R_L)} \tag{4-35}$$

同理当 u_2 与 u_s 均为负半周时,二极管 V_{D2}、V_{D3} 截止,V_{D1}、V_{D4} 导通。其等效电路如图 4-18(c)所示。输出电压 u_o 表达式与式(4-35)相同。说明只要位移 $\Delta x > 0$,不论 u_2 与 u_s 是正半周还是负半周,负载电阻 R_L 两端得到的电压 u_o 始终为正。

当 $\Delta x < 0$ 时,u_2 与 u_s 为同频反相。采用上述相同的分析方法不难得到当 $\Delta x < 0$ 时,不论 u_2、u_s 是正半周还是负半周,负载电阻 R_L 两端得到的输出电压 u_o 表达式总是为

$$u_o = -\frac{R_L u_2}{n_1(R+2R_L)} \tag{4-36}$$

所以图 4-18 所示相敏检波电路输出电压 u_o 的变化规律充分反映了被测位移量的变化规律，即 u_o 的数值反映位移 Δx 的大小，而 u_o 的极性则反映了位移 Δx 的方向。

4.2.4 差动变压器式传感器的应用

差动变压器式传感器可以直接用于位移测量，也可以测量与位移有关的一些机械量，如压力、力、加速度、振动、构件变形及液位等。

图 4-20 为差动变压器式加速度传感器的原理图。它由悬臂梁和差动变压器构成。测量时，将悬臂梁底座及差动变压器的线圈骨架固定，而将衔铁的 A 端与被测振动体相连，此时传感器作为加速度测量中的惯性元件，它的位移与被测加速度成正比，使加速度测量转变为位移测量。当被测体带动衔铁以 $\Delta x(t)$ 振动时，使得差动变压器的输出电压也按相同规律变化。图 4-21 为利用差动变压器式传感器测量液位的原理图。图中浮子随着液位变化带动差动变压器衔铁上下移动，从而使差动变压器有相应的电压输出。

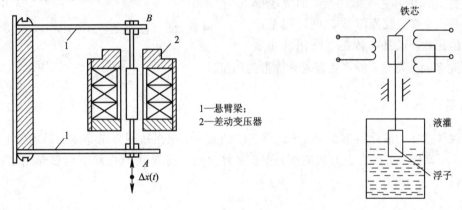

图 4-20　差动变压器式加速度传感器原理图　　图 4-21　差动变压器式液位传感器原理图

4.3　电涡流式传感器

根据法拉第电磁感应定律，块状金属导体置于变化的磁场中或在磁场中做切割磁力线运动时，导体内将产生呈旋涡状的感应电流，此电流叫电涡流，以上现象称为电涡流效应。

根据电涡流效应制成的传感器称为电涡流式传感器。在金属导体内产生的涡流存在趋肤效应，即涡流渗透的深度与传感器激磁电流的频率有关。根据电涡流在导体内的渗透情况，电涡流式传感器可分为高频反射式和低频透射式两类，但从基本工作原理上来说，二者是相似的。

电涡流式传感器最大的特点是能对位移、厚度、表面温度、速度、应力、材料损伤等进行非接触式连续测量，另外还具有体积小、灵敏度高、频率响应宽等特点，应用极其广泛。

4.3.1　工作原理

图 4-22 为电涡流式传感器的原理图，由传感器激励线圈和被测金属导体组成线圈—

导体系统。当传感器激励线圈通以交变电流 $\dot{I}_1$ 时,由于电流的变化,在线圈周围产生交变磁场 $\dot{H}_1$,使置于此磁场中的被测金属导体产生感应电涡流 $\dot{I}_2$,电涡流 $\dot{I}_2$ 又产生新的交变磁场 $\dot{H}_2$。$\dot{H}_2$ 与 $\dot{H}_1$ 方向相反,因而抵消部分原磁场,从而使传感器激励线圈的电感量、阻抗和品质因数发生变化,即线圈的等效阻抗发生变化。这些变化与被测金属导体的电阻率 ρ、磁导率 μ 以及几何形状有关,也与线圈几何参数、激磁电流频率 f 有关,还与线圈与被测金属导体间的距离 x 有关。因此可写为

$$Z = F(\rho, \mu, r, f, x) \quad (4-37)$$

式中,r 为线圈与被测导体的尺寸因子。

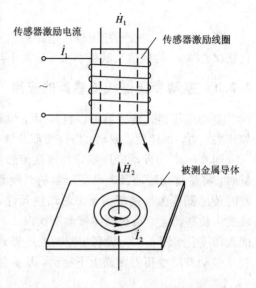

图 4-22 电涡流式传感器原理图

如果保持上式中其它参数不变,而只改变其中一个参数,传感器线圈阻抗 Z 就仅仅是这个参数的单值函数。通过与传感器配用的测量电路测出阻抗 Z 的变化量,即可实现对该参数的测量。

4.3.2 基本特性

电涡流式传感器的简化模型如图 4-23 所示。模型中,把在被测金属导体上形成的电涡流等效成一个短路环,即假设电涡流仅分布在环体之内,模型中 h(电涡流的贯穿深度)可由下式求得

$$h = \sqrt{\frac{\rho}{\pi\mu_0\mu_r f}} \quad (4-38)$$

式中,f 为线圈激磁电流的频率。

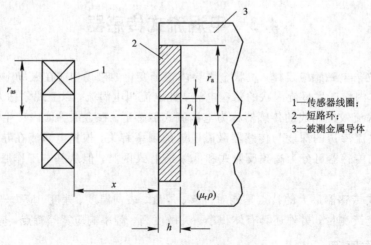

1—传感器线圈;
2—短路环;
3—被测金属导体

图 4-23 电涡流式传感器简化模型

根据简化模型,可将金属导体形象地看作一个短路线圈,它与传感器线圈之间存在耦合关系,它们之间可画出如图 4-24 所示的等效电路图。图中 R_2 为电涡流短路环等效电阻,其表达式为

$$R_2 = \frac{2\pi\rho}{h \ln \frac{r_a}{r_i}} \quad (4-39)$$

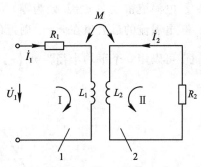

1—传感器线圈;2—电涡流短路环

图 4-24 电涡流式传感器等效电路图

根据基尔霍夫第二定律,可列出如下方程:

$$\left.\begin{array}{l} R_1 \dot{I}_1 + j\omega L_1 \dot{I}_1 - j\omega M \dot{I}_2 = \dot{U}_1 \\ -j\omega M \dot{I}_1 + R_2 \dot{I}_2 + j\omega L_2 \dot{I}_2 = 0 \end{array}\right\} \quad (4-40)$$

式中:ω——线圈激磁电流角频率;

R_1、L_1——线圈电阻和电感;

L_2——短路环等效电感;

R_2——短路环等效电阻;

M——互感系数。

由式(4-40)解得线圈受电涡流影响后的等效阻抗 Z 的表达式为

$$Z = \frac{\dot{U}_1}{\dot{I}_1} = R_1 + \frac{\omega^2 M^2}{R_2^2 + \omega^2 L_2^2} R_2 + j\omega \left(L_1 - \frac{\omega^2 M^2}{R_2^2 + \omega^2 L_2^2} L_2 \right)$$

$$= R_{eq} + j\omega L_{eq} \quad (4-41)$$

式中:R_{eq}——线圈受电涡流影响后的等效电阻,且

$$R_{eq} = R_1 + \frac{\omega^2 M^2}{R_2^2 + \omega^2 L_2^2} R_2$$

L_{eq}——线圈受电涡流影响后的等效电感,且

$$L_{eq} = L_1 - \frac{\omega^2 M^2}{R_2^2 + \omega^2 L_2^2} L_2$$

线圈的等效品质因数 Q 值为

$$Q = \frac{\omega L_{eq}}{R_{eq}} \quad (4-42)$$

综上所述,根据电涡流式传感器的简化模型和等效电路,运用电路分析的基本方法得到的式(4-41)和式(4-42),为电涡流传感器基本特性表达式。

4.3.3 电涡流形成范围

1. 电涡流的径向形成范围

线圈—导体系统产生的电涡流密度既是线圈与导体间距离 x 的函数,又是沿线圈半径方向 r 的函数。当 x 一定时,电涡流密度与半径 r 的关系曲线如图 4-25 所示(图中 J_0 为金属导体表面电涡流密度,即电涡流密度最大值。J_r 为半径 r 处的金属导体表面电涡流密度)。由图可知:

① 电涡流径向形成范围大约在传感器线圈外半径 r_{as} 的 1.8~2.5 倍范围内,且分布不均匀。

② 电涡流密度在 $r_i=0$ 处为零。

③ 电涡流的最大值在 $r=r_{as}$ 附近的一个狭窄区域内。

④ 可以用一个平均半径为 $r_{as}\left(r_{as}=\dfrac{r_i+r_a}{2}\right)$ 的短路环来集中表示分散的电涡流（图中阴影部分）。

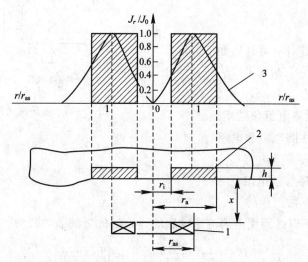

1—电涡流线圈；2—等效短路环；3—电涡流密度分布曲线

图 4-25 电涡流密度与半径 r 的关系曲线

2. 电涡流强度与距离的关系

理论分析和实验都已证明，当 x 改变时，电涡流密度也发生变化，即电涡流强度随距离 x 的变化而变化。根据线圈—导体系统的电磁作用，可以得到金属导体表面的电涡流强度为

$$I_2 = I_1\left(1 - \frac{x}{\sqrt{x^2+r_{as}^2}}\right) \quad (4-43)$$

式中：I_1——线圈激励电流；

I_2——金属导体中的等效电流；

x——线圈到金属导体表面的距离；

r_{as}——线圈外径。

根据上式作出的归一化曲线如图 4-26 所示。

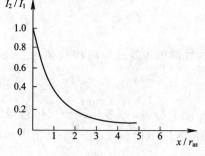

图 4-26 电涡流强度与距离归一化曲线

以上分析表明：

① 电涡流强度与距离 x 呈非线性关系，且随着 x/r_{as} 的增加而迅速减小。

② 当利用电涡流式传感器测量位移时，只有在 $x/r_{as} \ll 1$（一般取 $0.05\sim0.15$）的条件下才能得到较好的线性和较高的灵敏度。

3. 电涡流的轴向贯穿深度

所谓贯穿深度，是指把电涡流强度减小到表面强度的 $1/e$ 处的表面厚度。

由于金属导体的趋肤效应，电磁场不能穿过导体的无限厚度，仅作用于表面薄层和一

定的径向范围内,并且导体中产生的电涡流强度是随导体厚度的增加按指数规律下降的。其按指数衰减的分布规律可用下式表示:

$$J_d = J_0 e^{-d/h} \qquad (4-44)$$

式中:d——金属导体中某一点与表面的距离;

J_d——沿 H_1 轴向 d 处的电涡流密度;

J_0——金属导体表面电涡流密度,即电涡流密度最大值;

h——电涡流轴向贯穿的深度(趋肤深度)。

图 4-27 所示为电涡流密度轴向分布曲线。由图可见,电涡流密度主要分布在表面附近。

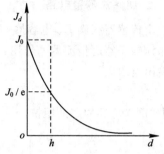

图 4-27 电涡流密度轴向分布曲线

由前面分析所得的式(4-38)可知,被测金属导体电阻率愈大,相对导磁率愈小,以及传感器线圈的激磁电流频率愈低,则电涡流贯穿深度 h 愈大。故透射式的电涡流式传感器一般都采用低频激励。

4.3.4 电涡流式传感器的测量电路

用于电涡流式传感器的测量电路主要有调频式、调幅式两种。

1. 调频式测量电路

调频式测量电路如图 4-28(a)所示。

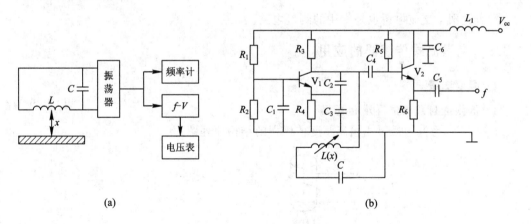

图 4-28 调频式测量电路
(a) 测量电路框图;(b) 振荡电路

传感器线圈接入 LC 振荡回路,当传感器与被测金属导体距离 x 改变时,在涡流影响下,传感器的电感变化将引起振荡频率的变化。该变化的频率是距离 x 的函数,即 $f=L(x)$,该频率可由数字频率计直接测量,或者通过 f-V 变换,用数字电压表测量对应的电压得到。振荡电路如图 4-28(b)所示。它由克拉泼电容三点式振荡器(C_2、C_3、L、C 和 V_1)以及射极输出电路两部分组成。振荡器的频率为

$$f = \frac{1}{2\pi \sqrt{L(x)C}}$$

为了避免输出电缆的分布电容的影响,通常将 L、C 装在传感器内。此时电缆分布电

容并联在大电容 C_2、C_3 上,因而对振荡器频率 f 的影响将大大减小。

2. 调幅式测量电路

由传感器线圈 L、电容器 C 和石英晶体组成的石英晶体振荡电路如图 4-29 所示。石英晶体振荡器起恒流源的作用,给谐振回路提供一个频率(f_0)稳定的激励电流 i_0,LC 回路输出电压为

$$U_o = i_o f(Z) \qquad (4-45)$$

式中,Z 为 LC 回路的阻抗。

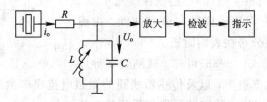

图 4-29 调幅式测量电路示意图

当金属导体远离或去掉时,LC 并联谐振回路谐振频率即为石英晶体振荡频率 f_0,回路呈现的阻抗最大,谐振回路上的输出电压也最大;当金属导体靠近传感器线圈时,线圈的等效电感 L 发生变化,导致回路失谐,从而使输出电压降低,L 的数值随距离 x 的变化而变化。因此,输出电压也随 x 而变化。输出电压经放大、检波后,由指示仪表直接显示出 x 的大小。

除此之外,交流电桥也是常用的测量电路。

4.3.5 电涡流式传感器的应用

1. 厚度测量

1) 低频透射式涡流厚度传感器

图 4-30 为低频透射式涡流厚度传感器的结构原理图。

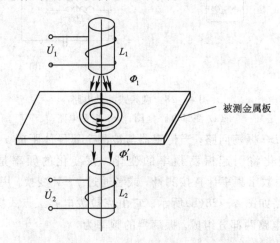

图 4-30 低频透射式涡流厚度传感器结构原理图

在被测金属板的上方设有发射传感器线圈 L_1，在被测金属板下方设有接收传感器线圈 L_2。当在 L_1 上加低频电压 $\dot{U}_1$ 时，L_1 上产生交变磁通 Φ_1，若两线圈间无金属板，则交变磁通直接耦合至 L_2 中，L_2 产生感应电压 $\dot{U}_2$。如果将被测金属板放入两线圈之间，则 L_1 线圈产生的磁场将在金属板中产生电涡流，并将贯穿金属板，此时磁场能量受到损耗，使到达 L_2 的磁通减弱为 Φ_1'，从而使 L_2 产生的感应电压 $\dot{U}_2$ 下降。金属板越厚，涡流损失就越大，电压 $\dot{U}_2$ 就越小。因此，可根据 $\dot{U}_2$ 电压的大小得知被测金属板的厚度。低频透射式涡流厚度传感器的检测范围可达 1～100 mm，分辨率为 0.1 μm，线性度为 1%。

2）高频反射式涡流测厚仪

图 4-31 是高频反射式涡流测厚仪测试系统原理图。

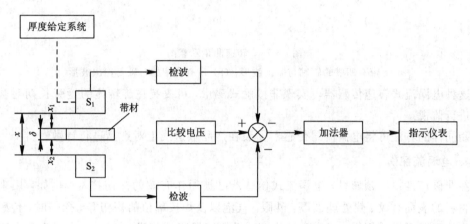

图 4-31　高频反射式涡流测厚仪测试系统原理图

为了克服带材不够平整或运行过程中上下波动的影响，在带材的上、下两侧对称地设置了两个特性完全相同的涡流传感器 S_1 和 S_2。S_1 和 S_2 与带材表面之间的距离分别为 x_1 和 x_2。若带材厚度不变，则带材上、下表面之间的距离总有 $x_1+x_2=$ 常数的关系存在。两传感器的输出电压之和为 $2U_o$，数值不变。如果带材厚度改变量为 $\Delta\delta$，则两传感器与带材之间的距离也改变一个 $\Delta\delta$，两传感器输出电压此时为 $2U_o\pm\Delta U$。ΔU 经放大器放大后，通过指示仪表即可指示出带材的厚度变化值。带材厚度给定值与偏差指示值的代数和就是带材的厚度。

2. 位移测量

电涡流式传感器可测量各种形状金属试件的位移量，凡是可变换成位移量的参数，都可用电涡流式传感器来测量。如利用电涡流式传感器检测汽轮机的轴向窜动，如图 4-32 所示。利用这种原理还可以测量金属材料的热膨胀系数、钢水液位等。

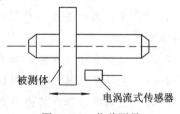

图 4-32　位移测量

3. 转速测量

图 4-33 所示为电涡流式传感器转速测量的原理。在旋转体上装上一个齿轮状的（或带槽的）零件，旁边安装一个电涡流式传感器，当旋转体转动时，传感器与旋转体的间距也在不断地变化，传感器输出周期信号，该信号经放大、整流后，输出与转速成正比的脉冲

频率信号。

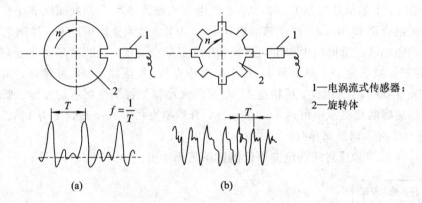

图 4-33 转速测量示意图
(a) 带有凹槽的转轴与输出波形；(b) 带有凸槽的转轴与输出波形

这种电涡流式转速传感器可实现非接触式测量，可安装在旋转体的近旁长期对被测旋转体进行监视。

用同样的方法可将电涡流式传感器安装在产品输送线上对产品进行计数。

4. 电涡流探伤

在非破坏性检测领域里，电涡流式传感器已被用作有效的探伤技术。例如，用来测试金属材料的表面裂纹、热处理裂痕、砂眼、气泡以及焊接部位的探伤等。探伤时，传感器与被测物体间距要保持不变，当有裂纹出现时，传感器阻抗将发生变化，从而测量电路的输出电压改变，达到探伤的目的。电涡流式传感器还可以探测地下或墙里埋设的管道或金属体，包括带金属零件的地雷。

思考题和习题

4-1 说明差动变气隙式自感传感器的主要组成、工作原理和基本特性。

4-2 变气隙式自感传感器的输出特性与哪些因素有关？怎样改善其非线性？怎样提高其灵敏度？

4-3 差动变压器式传感器有哪几种结构形式？各有什么特点？

4-4 差动变压器式传感器的等效电路包括哪些元件和参数？各自的含义是什么？

4-5 差动变压器式传感器的零点残余电压产生的原因是什么？怎样减小和消除它的影响？

4-6 简述相敏检波电路的工作原理，保证其可靠工作的条件是什么？

4-7 已知一差动整流电桥电路如题 4-7 图所示。电路由差动式自感传感器 Z_1、Z_2 及平衡电阻 R_1、$R_2(R_1=R_2)$ 组成。桥路的一条对角线接有交流电源 $\dot{U}_i$，另一条对角线为输出端 U_o，试分析该电路的工作原理。

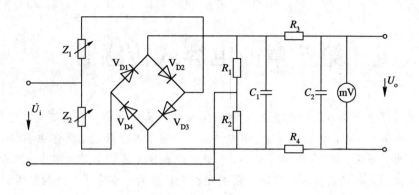

题 4-7 图

4-8 已知变气隙式自感传感器的铁芯截面积 $A=1.5\ \text{cm}^2$,磁路长度 $L=20\ \text{cm}$,相对磁导率 $\mu_1=5000$,气隙 $\delta_0=0.5\ \text{cm}$,$\Delta\delta=\pm0.1\ \text{mm}$,真空磁导率 $\mu_0=4\pi\times10^{-7}\ \text{H/m}$,线圈匝数 $W=3000$,求单边式传感器的灵敏度 $\Delta L/\Delta\delta$。若将其做成差动结构形式,灵敏度将如何变化?

4-9 分析题 4-9 图,已知空气隙的长度为 x_1 和 x_2,空气隙的面积为 A,磁导率为 μ,线圈匝数 W 不变。求当自感式传感器的动铁芯左右移动(x_1、x_2 发生变化)时,自感 L 的变化情况。

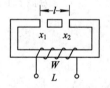

题 4-9 图

4-10 何谓涡流效应?怎样利用涡流效应进行位移测量?

4-11 电涡流的形成范围包括哪些内容?它们的主要特点是什么?

4-12 电涡流式传感器常用的测量电路有哪几种?其测量原理如何?各有什么特点?

第 5 章 电容式传感器

电容式传感器是将被测非电量的变化转换为电容量变化的一种传感器。它结构简单、体积小、分辨率高,可非接触式测量,并能在高温、辐射和强烈振动等恶劣条件下工作,广泛应用于压力、差压、液位、振动、位移、加速度、成分含量等多方面测量。随着电容测量技术的迅速发展,电容式传感器在非电量测量和自动检测中得到了广泛的应用。

5.1 电容式传感器的工作原理和结构

由绝缘介质分开的两个平行金属板组成的平板电容器如图 5-1 所示。如果不考虑边缘效应,其电容量为

$$C = \frac{\varepsilon A}{d} \quad (5-1)$$

式中:ε——两平行板(极板)间介质的介电常数,$\varepsilon = \varepsilon_0 \varepsilon_r$,其中 ε_0 为真空介电常数,ε_r 为极板间介质的相对介电常数;

A——极板所覆盖的面积;

d——极板间的距离。

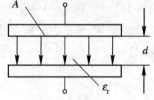

图 5-1 平板电容器

当被测参数变化使得式(5-1)中的 A、d 或 ε 发生变化时,电容量 C 也随之变化。如果保持其中两个参数不变,而仅改变其中一个参数,就可把该参数的变化转换为电容量的变化,通过测量电路就可转换为电量输出。因此,电容式传感器可分为变极距型、变面积型和变介质型三种。

5.1.1 变极距型电容传感器

图 5-2 为变极距型电容式传感器的原理图。当传感器的 ε_r 和 A 为常数,初始极距为 d_0 时,由式(5-1)可知其初始电容量 C_0 为

$$C_0 = \frac{\varepsilon_0 \varepsilon_r A}{d_0} \quad (5-2)$$

若电容器极板间距离由初始值 d_0 缩小了 Δd,电容量增大了 ΔC,则有

$$C = C_0 + \Delta C = \frac{\varepsilon_0 \varepsilon_r A}{d_0 - \Delta d} = \frac{C_0}{1 - \frac{\Delta d}{d_0}} = \frac{C_0 \left(1 + \frac{\Delta d}{d_0}\right)}{1 - \left(\frac{\Delta d}{d_0}\right)^2} \quad (5-3)$$

由式(5-3)可知,传感器的输出特性不是线性关系,而是如图 5-3 所示曲线关系。

在式(5-3)中,若 $\frac{\Delta d}{d_0} \ll 1$ 时,$1 - \left(\frac{\Delta d}{d_0}\right)^2 \approx 1$,则式(5-3)可以简化为

$$C = C_0 + C_0 \frac{\Delta d}{d_0} \tag{5-4}$$

此时 C 与 Δd 近似成线性关系，所以变极距型电容式传感器只有在 $\Delta d/d_0$ 很小时，才有近似的线性关系。

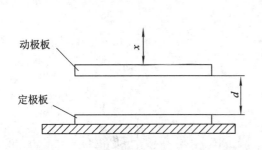

图 5-2 变极距型电容式传感器

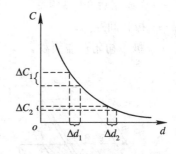

图 5-3 电容量与极板间距离的关系

另外，由式(5-4)可以看出，在 d_0 较小时，对于同样的 Δd 变化所引起的 ΔC 可以增大，从而使传感器灵敏度提高。但 d_0 过小，容易引起电容器击穿或短路。为此，极板间可采用高介电常数的材料(云母、塑料膜等)作介质，如图 5-4 所示，此时电容 C 变为

$$C = \frac{A}{\dfrac{d_g}{\varepsilon_0 \varepsilon_g} + \dfrac{d_0}{\varepsilon_0}} \tag{5-5}$$

式中：ε_g——云母的相对介电常数，$\varepsilon_g = 7$；
ε_0——空气的介电常数，$\varepsilon_0 = 1$；
d_0——空气隙厚度；
d_g——云母片的厚度。

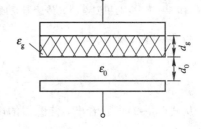

图 5-4 放置云母片的电容器

云母的相对介电常数是空气的 7 倍，其击穿电压不小于 1000 kV/mm，而空气仅为 3 kV/mm。因此有了云母片，极板间起始距离可大大减小。同时，式(5-5)中的 $d_g/(\varepsilon_0 \varepsilon_g)$ 项是恒定值，它能使传感器的输出特性的线性度得到改善。

一般变极距型电容式传感器的起始电容在 20～100 pF 之间，极板间距离在 25～200 μm 的范围内。最大位移应小于间距的 1/10，故在微位移测量中应用最广。

5.1.2 变面积型电容式传感器

图 5-5 是变面积型电容式传感器原理图。动极板移动引起两极板有效覆盖面积 A 改变，从而得到电容量的变化。当动极板相对于定极板沿长度方向平移 Δx 时，电容变化量为

$$\Delta C = C - C_0 = -\frac{\varepsilon_0 \varepsilon_r b \Delta x}{d} \tag{5-6}$$

式中 $C_0 = \varepsilon_0 \varepsilon_r ba/d$ 为初始电容。电容相对变化量为

$$\frac{\Delta C}{C_0} = \frac{\Delta x}{a} \tag{5-7}$$

很明显，这种形式的传感器其电容量 C 与水平位移 Δx 呈线性关系。

图 5-6 是电容式角位移传感器原理图。当动极板有一个角位移 θ 时,与定极板间的有效覆盖面积就发生改变,从而改变了两极板间的电容量。当 $\theta=0$ 时,有

$$C_0 = \frac{\varepsilon_0 \varepsilon_r A_0}{d_0} \tag{5-8}$$

式中:ε_r——介质相对介电常数;
  d_0——极板间距离;
  A_0——极板初始覆盖面积。

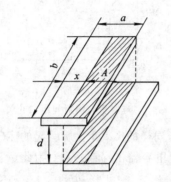

图 5-5 变面积型电容式传感器原理图

图 5-6 电容式角位移传感器原理图

当 $\theta \neq 0$ 时,有

$$C = \frac{\varepsilon_0 \varepsilon_r A_0 \left(1 - \frac{\theta}{\pi}\right)}{d_0} = C_0 - C_0 \frac{\theta}{\pi} \tag{5-9}$$

从式(5-9)可以看出,传感器的电容量 C 与角位移 θ 成线性关系。

5.1.3 变介质型电容式传感器

图 5-7 是一种利用改变极板间介质的方式测量液位高低的电容式传感器结构原理图。设被测介质的介电常数为 ε_1,液面高度为 h,变换器总高度为 H,内筒外径为 d,外筒内径为 D,则此时变换器的电容值为

$$C = \frac{2\pi\varepsilon_1 h}{\ln \frac{D}{d}} + \frac{2\pi\varepsilon(H-h)}{\ln \frac{D}{d}} = \frac{2\pi\varepsilon H}{\ln \frac{D}{d}} + \frac{2\pi h(\varepsilon_1 - \varepsilon)}{\ln \frac{D}{d}} = C_0 + \frac{2\pi h(\varepsilon_1 - \varepsilon)}{\ln \frac{D}{d}} \tag{5-10}$$

式中:ε——空气介电常数;
  C_0——由变换器的基本尺寸决定的初始电容值,即

$$C_0 = \frac{2\pi\varepsilon H}{\ln \frac{D}{d}}$$

由式(5-10)可见,此变换器的电容增量正比于被测液位高度 h。

变介质型电容式传感器有较多的结构形式,可以用来测量纸张、绝缘薄膜等的厚度,也可用来测量粮食、纺织品、木材或煤等非导电固体介质的湿度。图 5-8 是一种常用的结构形式。图中两平行电极板固定不动,极板间距为 d_0,相对介电常数为 ε_{r2} 的电介质以不同深度插入电容器中,从而改变两种介质的极板覆盖面积。传感器总电容量 C 为

$$C = C_1 + C_2 = \varepsilon_0 b_0 \frac{\varepsilon_{r1}(L_0 - L) + \varepsilon_{r2} L}{d_0} \quad (5-11)$$

式中：L_0、b_0——极板的长度、宽度；

L——第二种介质进入极板间的长度。

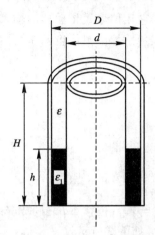 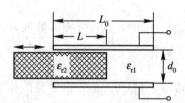

图 5-7 电容式液位变换器结构原理图　　图 5-8 变介质型电容式传感器的常用结构

若相对介电常数 $\varepsilon_{r1} = 1$，则当 $L = 0$ 时，传感器初始电容 $C_0 = \varepsilon_0 \varepsilon_{r1} L_0 b_0 / d_0$。被测介质进入极板间 L 深度后，引起的电容相对变化量为

$$\frac{\Delta C}{C_0} = \frac{C - C_0}{C_0} = \frac{(\varepsilon_{r2} - 1) L}{L_0} \quad (5-12)$$

可见，电容量的变化与被测介质的移动量 L 成线性关系。

几种常用的电介质材料的相对介电常数 ε_r 列于表 5-1 中。

表 5-1　电介质材料的相对介电常数

材　料	相对介电常数 ε_r	材　料	相对介电常数 ε_r
真空	1.000 00	硬橡胶	4.3
其它气体	1~1.2	石英	4.5
纸	2.0	玻璃	5.3~7.5
聚四氟乙烯	2.1	陶瓷	5.5~7.0
石油	2.2	盐	6
聚乙烯	2.3	云母	6~8.5
硅油	2.7	三氧化二铝	8.5
米及谷类	3~5	乙醇	20~25
环氧树脂	3.3	乙二醇	35~40
石英玻璃	3.5	甲醇	37
二氧化硅	3.8	丙三醇	47
纤维素	3.9	水	80
聚氯乙烯	4.0	钛酸钡	1000~10 000

5.2 电容式传感器的灵敏度及非线性

由上节分析可知,除变极距型电容式传感器外,其它几种形式传感器的输入量与输出电容量之间均为线性的关系,故只讨论变极距型电容式传感器的灵敏度及非线性。

由式(5-4)可知,电容的相对变化量为

$$\frac{\Delta C}{C_0} = \frac{\frac{\Delta d}{d_0}}{1-\frac{\Delta d}{d_0}} \tag{5-13}$$

当$|\Delta d/d_0| \ll 1$时,上式可按级数展开,可得

$$\frac{\Delta C}{C_0} = \frac{\Delta d}{d_0}\left[1 + \frac{\Delta d}{d_0} + \left(\frac{\Delta d}{d_0}\right)^2 + \left(\frac{\Delta d}{d_0}\right)^3 + \cdots\right] \tag{5-14}$$

由式(5-14)可见,输出电容的相对变化量$\Delta C/C_0$与输入位移Δd之间成非线性关系,当$|\Delta d/d_0| \ll 1$时可略去高次项,得到近似的线性关系,如下式所示:

$$\frac{\Delta C}{C_0} \approx \frac{\Delta d}{d_0} \tag{5-15}$$

电容式传感器的灵敏度为

$$K = \frac{\Delta C/C_0}{\Delta d} = \frac{1}{d_0} \tag{5-16}$$

它说明了单位输入位移所引起的输出电容相对变化的大小与d_0呈反比关系。

如果考虑式(5-14)中的线性项与二次项,则

$$\frac{\Delta C}{C_0} = \frac{\Delta d}{d_0}\left(1 + \frac{\Delta d}{d_0}\right) \tag{5-17}$$

由此可得出传感器的相对非线性误差r_L为

$$r_L = \frac{(\Delta d/d_0)^2}{|\Delta d/d_0|} \times 100\% = \left|\frac{\Delta d}{d_0}\right| \times 100\% \tag{5-18}$$

由式(5-16)与式(5-18)可以看出:要提高灵敏度,应减小起始间隙d_0,但非线性误差却随着d_0的减小而增大。

在实际应用中,为了提高灵敏度,减小非线性误差,大都采用差动式结构。图5-9是变极距型差动平板式电容传感器结构示意图。

在差动平板式电容传感器中,当动极板上移Δd时,电容器C_1的间隙d_1变为$d_0 - \Delta d$,电容器C_2的间隙d_2变为$d_0 + \Delta d$,则

$$C_1 = C_0 \frac{1}{1 - \Delta d/d_0} \tag{5-19}$$

$$C_2 = C_0 \frac{1}{1 + \Delta d/d_0} \tag{5-20}$$

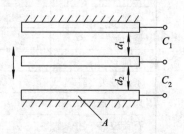

图5-9 变极距型差动平板式电容传感器结构示意图

在$\Delta d/d_0 \ll 1$时,按级数展开得

$$C_1 = C_0 \left[1 + \frac{\Delta d}{d_0} + \left(\frac{\Delta d}{d_0}\right)^2 + \left(\frac{\Delta d}{d_0}\right)^3 + \cdots \right] \quad (5-21)$$

$$C_2 = C_0 \left[1 - \frac{\Delta d}{d_0} + \left(\frac{\Delta d}{d_0}\right)^2 - \left(\frac{\Delta d}{d_0}\right)^3 + \cdots \right] \quad (5-22)$$

电容值总的变化量为

$$\Delta C = C_1 - C_2 = 2 C_0 \left[\frac{\Delta d}{d_0} + \left(\frac{\Delta d}{d_0}\right)^3 + \left(\frac{\Delta d}{d_0}\right)^5 + \cdots \right] \quad (5-23)$$

电容值相对变化量为

$$\frac{\Delta C}{C_0} = 2 \frac{\Delta d}{d_0} \left[1 + \left(\frac{\Delta d}{d_0}\right)^2 + \left(\frac{\Delta d}{d_0}\right)^4 + \cdots \right] \quad (5-24)$$

略去高次项，则 $\Delta C/C_0$ 与 $\Delta d/d_0$ 近似成为如下的线性关系：

$$\frac{\Delta C}{C_0} \approx 2 \frac{\Delta d}{d_0} \quad (5-25)$$

如果只考虑式(5-24)中的线性项和三次项，则电容式传感器的相对非线性误差 r_L 近似为

$$r_L = \frac{2|(\Delta d/d_0)^3|}{2|\Delta d/d_0|} \times 100\% = \left(\frac{\Delta d}{d_0}\right)^2 \times 100\% \quad (5-26)$$

比较式(5-15)与式(5-25)及式(5-18)与式(5-26)可见，电容式传感器做成差动式之后，灵敏度增加了一倍，而非线性误差则大大降低了。

5.3 电容式传感器的等效电路

电容式传感器的等效电路可以用图5-10的电路表示。图中考虑了电容器的损耗和电感效应，R_p 为并联损耗电阻，它代表极板间的泄漏电阻和介质损耗。这些损耗在低频时影响较大，随着工作频率增高，容抗减小，其影响就减弱。R_s 代表串联损耗，即代表引线电阻、电容器支架和极板电阻的损耗。电感 L 由电容器本身的电感和外部引线电感组成。

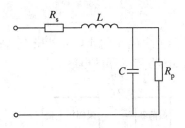

图 5-10 电容式传感器的等效电路

由等效电路可知，它有一个谐振频率，通常为几十兆赫兹。当工作频率等于或接近谐振频率时，谐振频率破坏了电容的正常作用。因此，工作频率应该选择低于谐振频率，否则传感器不能正常工作。

传感元件的有效电容 C_e 可由下式求得(为了计算方便，忽略 R_s 和 R_p)：

$$\left.\begin{aligned}\frac{1}{j\omega C_e} &= j\omega L + \frac{1}{j\omega C} \\ C_e &= \frac{C}{1-\omega^2 LC} \\ \Delta C_e &= \frac{\Delta C}{1-\omega^2 LC} + \frac{\omega^2 LC \Delta C}{(1-\omega^2 LC)^2} = \frac{\Delta C}{(1-\omega^2 LC)^2}\end{aligned}\right\} \quad (5-27)$$

在这种情况下,电容的实际相对变化量为

$$\frac{\Delta C_e}{C_e} = \frac{\Delta C/C}{1-\omega^2 LC} \quad (5-28)$$

式(5-28)表明电容式传感器的实际相对变化量与传感器的固有电感 L 的角频率 ω 有关。因此,在实际应用时必须与标定的条件相同。

5.4 电容式传感器的测量电路

电容式传感器中电容值以及电容变化值都十分微小,这样微小的电容量还不能直接为目前的显示仪表所显示,也很难为记录仪所接收。这就必须借助于测量电路检出这一微小电容增量,并将其转换成与其成单值函数关系的电压、电流或者频率。电容转换电路有调频电路、运算放大器式电路、二极管双T形交流电桥、脉冲宽度调制电路等。

5.4.1 调频电路

调频测量电路把电容式传感器作为振荡器谐振回路的一部分,当输入量使得电容量发生变化时,振荡器的振荡频率就发生变化。虽然可将频率作为测量系统的输出量,用以判断被测非电量的大小,但此时系统是非线性的,不易校正,因此必须加入鉴频器,将频率的变化转换为电压振幅的变化,经过放大就可以用仪器指示或记录仪记录下来。调频式测量电路原理框图如图 5-11 所示。图中调频振荡器的振荡频率为

$$f = \frac{1}{2\pi\sqrt{LC}} \quad (5-29)$$

式中:L——振荡回路的电感;

C——振荡回路的总电容,$C=C_1+C_2+C_x$,其中 C_1 为振荡回路固有电容,C_2 为传感器引线分布电容,$C_x=C_0\pm\Delta C$ 为传感器的电容。

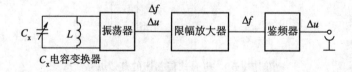

图 5-11 调频式测量电路原理框图

当被测信号为 0 时,$\Delta C=0$,则 $C=C_1+C_2+C_0$,所以振荡器有一个固有频率 f_0,其表示式为

$$f_0 = \frac{1}{2\pi\sqrt{(C_1+C_2+C_0)L}} \quad (5-30)$$

当被测信号不为 0 时，$\Delta C \neq 0$，振荡器频率有相应变化，此时频率为

$$f = \frac{1}{2\pi \sqrt{(C_1 + C_2 + C_0 \mp \Delta C)L}} = f_0 \pm \Delta f \qquad (5-31)$$

调频式测量电路具有较高的灵敏度，可以测量高至 $0.01\ \mu m$ 级位移变化量。信号的输出频率易于用数字仪器测量，并与计算机通信，抗干扰能力强，可以发送、接收，以达到遥测遥控的目的。

5.4.2 运算放大器式电路

运算放大器的放大倍数非常大，而且输入阻抗 Z_i 很高，这一特点使得它可以作为电容式传感器的比较理想的测量电路。图 5-12 是运算放大器式电路原理图，图中 C_x 为电容式传感器电容；$\dot{U}_i$ 是交流电源电压；$\dot{U}_o$ 是输出信号电压；Σ 是虚地点。由运算放大器工作原理可得

$$\dot{U}_o = -\frac{C}{C_x}\dot{U}_i \qquad (5-32)$$

如果传感器是一只平板电容，则 $C_x = \varepsilon S / d$，代入式(5-32)，可得

$$\dot{U}_o = -\dot{U}_i \frac{C}{\varepsilon A} d \qquad (5-33)$$

式中，"−"号表示输出电压 $\dot{U}_o$ 的相位与电源电压反相。式(5-33)说明运算放大器的输出电压与极板间距离 d 成线性关系。运算放大器式电路虽解决了单个变极板间距离型电容式传感器的非线性问题，但要求 Z_i 及放大倍数足够大。为保证仪器精度，还要求电源电压 $\dot{U}_i$ 的幅值和固定电容 C 值稳定。

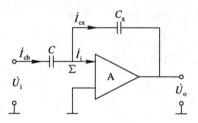

图 5-12 运算放大器式电路原理图

5.4.3 二极管双 T 形交流电桥

图 5-13 是二极管双 T 形交流电桥电路原理图。e 是高频电源，它提供了幅值为 U 的对称方波，V_{D1}、V_{D2} 为特性完全相同的两只二极管，固定电阻 $R_1 = R_2 = R$，C_1、C_2 为传感器的两个差动电容。

当传感器没有输入时，$C_1 = C_2$。其电路工作原理如下：当 e 为正半周时，二极管 V_{D1} 导通、V_{D2} 截止，于是电容 C_1 充电，其等效电路如图 5-13(b)所示；在随后负半周出现时，电容 C_1 上的电荷通过电阻 R_1、负载电阻 R_L 放电，流过 R_L 的电流为 I_1。当 e 为负半周时，V_{D2} 导通、V_{D1} 截止，则电容 C_2 充电，其等效电路如图 5-13(c)所示；在随后出现正半周时，C_2 通过电阻 R_2、负载电阻 R_L 放电，流过 R_L 的电流为 I_2。根据上面所给的条件，则电流 $I_1 = I_2$，且方向相反，在一个周期内流过 R_L 的平均电流为零。

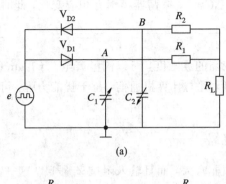

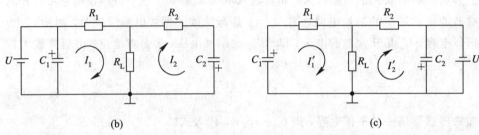

图 5 - 13 二极管双 T 形交流电桥电路原理图

若传感器输入不为 0，则 $C_1 \neq C_2$，$I_1 \neq I_2$，此时在一个周期内通过 R_L 上的平均电流不为零，因此产生输出电压，输出电压在一个周期内平均值为

$$U_o = I_L R_L = \frac{1}{T}\int_0^T [I_1(t) - I_2(t)] \, dt \, R_L$$

$$\approx \frac{R(R+2R_L)}{(R+R_L)^2} \cdot R_L U f (C_1 - C_2) \qquad (5-34)$$

式中，f 为电源频率。

当 R_L 已知时，式(5-34)中：

$$\left[\frac{R(R+2R_L)}{(R+R_L)^2}\right] \cdot R_L = M(常数)$$

则式(5-34)可改写为

$$U_o = U f M (C_1 - C_2) \qquad (5-35)$$

从式(5-35)可知，输出电压 U_o 不仅与电源电压幅值和频率有关，而且与 T 形网络中的电容 C_1 和 C_2 的差值有关。当电源电压确定后，输出电压 U_o 是电容 C_1 和 C_2 的函数。该电路输出电压较高，当电源频率为 1.3 MHz，电源电压 $U=46$ V 时，电容在 $-7\sim7$ pF 变化，可以在 1 MΩ 负载上得到 $-5\sim5$ V 的直流输出电压。电路的灵敏度与电源电压幅值和频率有关，故输入电源要求稳定。当 U 幅值较高，使二极管 V_{D1}、V_{D2} 工作在线性区域时，测量的非线性误差很小。电路的输出阻抗与电容 C_1、C_2 无关，而仅与 R_1、R_2 及 R_L 有关，约为 $1\sim100$ kΩ。输出信号的上升沿时间取决于负载电阻，对于 1 kΩ 的负载电阻，上升时间为 20 μs 左右，故可用来测量高速的机械运动。

5.4.4 环形二极管充放电法

用环形二极管充放电法测量电容的基本原理是以一高频方波为信号源，通过一环形二极管电桥,对被测电容进行充、放电,环形二极管电桥输出一个与被测电容成正比的微安级电流。电路原理图如图 5-14 所示,输入方波加在电桥的 A 点和地之间,C_x 为被测电容,C_d 为平衡传感器初始电容的调零电容,C 为滤波电容,A 为直流电流表。在设计时,由于方波脉冲宽度足以使电容器 C_x 和 C_d 充、放电过程在方波平顶部分结束,因此,电桥将发生如下的过程:

① 当输入的方波由 E_1 跃变到 E_2 时,电容 C_x 和 C_d 两端的电压皆由 E_1 充电到 E_2。对电容 C_x 充电的电流如图 5-14 中 i_1 所示的方向,对 C_d 充电的电流如 i_3 所示方向。在充电过程中(T_1 时间内),V_{D2}、V_{D4} 一直处于截止状态。在 T_1 这段时间内由 A 点向 C 点流动的电荷量为 $q_1 = C_d(E_2 - E_1)$。

② 当输入的方波由 E_2 返回到 E_1 时,C_x、C_d 放电,它们两端的电压由 E_2 下降到 E_1,放电电流所经过的路径分别为 i_2、i_4 所示的方向。在放电过程中(T_2 时间内),V_{D1}、V_{D3} 截止。在 T_2 这段时间内由 C 点向 A 点流过的电荷量为 $q_2 = C_x(E_2 - E_1)$。

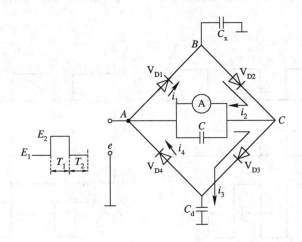

图 5-14 环形二极管电容测量电路原理图

设方波的频率 $f = 1/T_0$(即每秒钟要发生的充、放电过程的次数),则由 C 点流向 A 点的平均电流为 $I_2 = C_x f(E_2 - E_1)$,而从 A 点流向 C 点的平均电流为 $I_3 = C_d f(E_2 - E_1)$,流过此支路的瞬时电流的平均值为

$$I = C_x f(E_2 - E_1) - C_d f(E_2 - E_1) = f \Delta E (C_x - C_d) \quad (5-36)$$

式中,ΔE 为方波的幅值,$\Delta E = E_2 - E_1$。

令 C_x 的初始值为 C_0,ΔC_x 为 C_x 的增量,则 $C_x = C_0 + \Delta C_x$,调节 $C_d = C_0$,则

$$I = f \Delta E (C_x - C_d) = f \Delta E \Delta C_x \quad (5-37)$$

由式(5-37)可以看出,I 正比于 ΔC_x。

5.4.5 脉冲宽度调制电路

脉冲宽度调制电路原理图如图 5-15 所示。图中 C_{x1}、C_{x2} 为差动式电容传感器,电阻 $R_1 = R_2$,A_1、A_2 为比较器。当双稳态触发器处于某一状态,$Q = 1$,$\overline{Q} = 0$ 时,A 点高电位通过 R_1 对 C_{x1} 充电,时间常数为 $\tau_1 = R_1 C_{x1}$,直至 F 点电位高于参比电位 U_r,比较器 A_1 输出正跳变信号。与此同时,因 $\overline{Q} = 0$,电容器 C_{x2} 上已充电流通过 V_{D2} 迅速放电至零电平。A_1

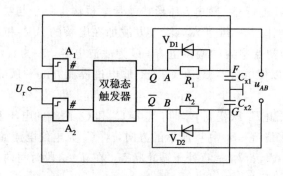

图 5-15 脉冲宽度调制电路原理图

正跳变信号激励触发器翻转,使 $Q=0$, $\bar{Q}=1$,于是 A 点为低电位,C_{x1} 通过 V_{D1} 迅速放电,而 B 点高电位通过 R_2 对 C_{x2} 充电,时间常数为 $\tau_2 = R_2 C_{x2}$,直至 G 点电位高于参比电位 U_r。比较器 A_2 输出正跳变信号,使触发器发生翻转。重复前述过程,电路各点波形如图 5-16 所示。

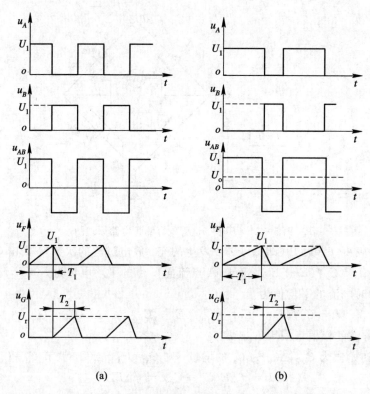

图 5-16 脉冲宽度调制电路中各点的电压波形

当差动电容器 $C_{x1} = C_{x2}$ 时,电路中各点波形如图 5-16(a)所示,A、B 两点间的平均电压值为零。当差动式电容 $C_{x1} \neq C_{x2}$,且 $C_{x1} > C_{x2}$ 时,$\tau_1 = R_1 C_{x1} > \tau_2 = R_2 C_{x2}$。由于充、放电时间常数变化,使电路中各点电压波形产生相应改变。电路中各点波形如图 5-16(b)所示,此时 u_A、u_B 脉冲宽度不再相等,一个周期 $(T_1 + T_2)$ 时间内的平均电压值不为零。此 u_{AB} 电压经低通滤波器滤波后,可获得 U_o 输出。

$$U_o = U_A - U_B = U_1 \frac{T_1 - T_2}{T_1 + T_2} \quad (5-38)$$

式中：U_1——触发器输出高电平；

T_1、T_2——C_{x1}、C_{x2} 充电至 U_r 时所需时间。

由电路知识可知

$$T_1 = R_1 C_{x1} \ln \frac{U_1}{U_1 - U_r} \quad (5-39)$$

$$T_2 = R_2 C_{x2} \ln \frac{U_1}{U_1 - U_r} \quad (5-40)$$

将 T_1、T_2 代入式(5-38)，得

$$U_o = \frac{C_{x1} - C_{x2}}{C_{x1} + C_{x2}} U_1 \quad (5-41)$$

把平行板电容的公式代入式(5-41)，在变极板距离的情况下可得

$$U_o = \frac{d_2 - d_1}{d_1 + d_2} U_1 \quad (5-42)$$

式中，d_1、d_2 分别为 C_{x1}、C_{x2} 极板间距离。

当差动式电容 $C_{x1} = C_{x2} = C_0$，即 $d_1 = d_2 = d_0$ 时，$U_o = 0$；若 $C_{x1} \neq C_{x2}$，设 $C_{x1} > C_{x2}$，即 $d_1 = d_0 - \Delta d$，$d_2 = d_0 + \Delta d$，则有

$$U_o = \frac{\Delta d}{d_0} U_1 \quad (5-43)$$

同样，在变面积型差动式电容传感器中，有

$$U_o = \frac{\Delta A}{A} U_1 \quad (5-44)$$

由此可见，差动脉宽调制电路适用于变极板距离型以及变面积型差动式电容传感器，并具有线性特性，且转换效率高，经过低通放大器就有较大的直流输出，调宽频率的变化对输出没有影响。

5.5 电容式传感器的应用

5.5.1 电容式压力传感器

图 5-17 为差动电容式压力传感器结构图。图中所示膜片为动电极，两个在凹形玻璃上的金属镀层为固定电极，构成差动电容器。

当被测压力或压力差作用于膜片并产生位移时，所形成的两个电容器的电容量，一个增大，一个减小。该电容值的变化经测量电路转换成与压力或压力差相对应的电流或电压的变化。

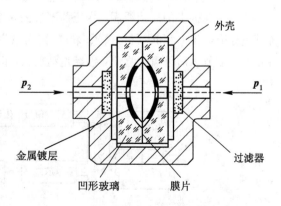

图 5-17 差动式电容压力传感器结构图

5.5.2 电容式加速度传感器

图 5-18 为差动电容式加速度传感器结构图。它有两个固定极板(与壳体绝缘),中间有一用弹簧片支撑的质量块,此质量块的两个端面经过磨平抛光后作为可动极板(与壳体电连接)。

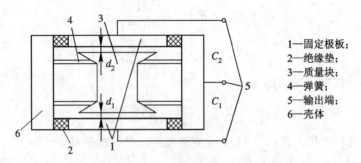

1—固定极板;
2—绝缘垫;
3—质量块;
4—弹簧;
5—输出端;
6—壳体

图 5-18 差动电容式加速度传感器结构图

当传感器壳体随被测对象沿垂直方向做直线加速运动时,质量块在惯性空间中相对静止,两个固定极板将相对于质量块在垂直方向产生大小正比于被测加速度的位移。此位移使两电容的间隙发生变化,一个增加,一个减小,从而使 C_1、C_2 产生大小相等、符号相反的增量,此增量正比于被测加速度。

电容式加速度传感器的主要特点是频率响应快和量程范围大,大多采用空气或其它气体作阻尼物质。

5.5.3 差动式电容测厚传感器

电容测厚传感器是用来检测轧制过程中金属带材的厚度的,其工作原理是在被测带材的上下两侧各放置一块面积相等、与带材距离相等的极板,这样极板与带材就构成了两个电容器 C_1、C_2。把两块极板用导线连接起来成为一个极,而带材就是电容的另一个极,其总电容为 C_1+C_2,如果带材的厚度发生变化,将引起电容量的变化,用交流电桥将电容的变化测出来,经过放大即可由电表指示测量结果。

差动式电容测厚传感器的测量原理框图如图 5-19 所示。音频信号发生器产生的音频信号,接入变压器 T 的原边线圈,变压器副边的两个线圈作为测量电桥的两臂,电桥的另外两桥臂由标准电容 C_0 和带材与极板形成的被测电容 C_x($C_x=C_1+C_2$)组成。电桥的输出电压经音频放大器放大后整流为直流,再经差动放大,即可用指示电表指示出带材厚度的变化。

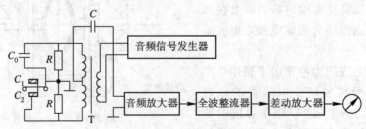

图 5-19 差动式电容测厚传感器的测量原理框图

第5章 电容式传感器

思考题和习题

5-1 根据工作原理可将电容式传感器分为哪几种类型？每种类型各有什么特点？各适用于什么场合？

5-2 如何改善单极式变极距型传感器的非线性？

5-3 请为图5-7所示测量装置设计匹配的测量电路，要求输出电压U_o与液位h之间呈线性关系。

5-4 有一个以空气为介质的变面积型电容式传感器（如图5-5所示），其中$a=8$ mm，$b=12$ mm，两极板间距为1 mm。一块极板在原始位置上平移了5 mm后，求该传感器的位移灵敏度K（已知空气相对介电常数$\varepsilon=1$，真空时的介电常数$\varepsilon_0=8.854\times10^{-12}$）。

5-5 题5-5图为电容式传感器的双T电桥测量电路，已知$R_1=R_2=R=40$ kΩ，$R_L=20$ kΩ，$e=10$ V，$f=1$ MHz，$C_0=10$ pF，$C_1=10$ pF，$\Delta C_1=1$ pF。求U_L的表达式及对应上述已知参数的U_L值。

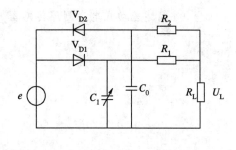

题5-5图

5-6 差动电容式传感器接入变压器交流电桥，当变压器副边两绕组电压有效值均为U时，试推导电桥空载输出电压U_o与C_{x1}、C_{x2}的关系式。若采用变截距型电容式传感器，设初始截距均为δ_0，改变$\Delta\delta$后，求空载输出电压U_o与$\Delta\delta$的关系式。

5-7 有一平面直线位移差动传感器，其测量电路采用变压器交流电桥，结构组成如题5-7图。电容传感器起始时$a_1=a_2=2$ cm，极距$=2$ mm，极间介质为空气，测量电压$u_1=3\sin\omega t$ V，且$u=u_1$。试求当动极板上输入一位移量$\Delta x=5$ mm时，电桥的输出电压u_o。

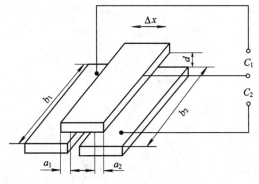 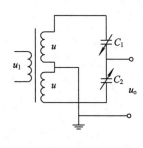

题5-7图

5-8 题5-8图为二极管环形电桥检波测量电路，U_P为恒压信号源，C_1和C_2是差动电容式传感器，C_0是固定电容，其值$C_0\gg C_1$，$C_0\gg C_2$，设二极管$V_{D1}\sim V_{D4}$正向电阻为零，反向电阻为无穷大，信号输出经低通滤波器取出直流信号$\bar{e}_{AB}$。要求：

① 分析检波电路测量原理；
② 求桥路输出信号 $e_{AB}=f(C_1,C_2)$ 的表达式；
③ 画出桥路中 U_A、U_B、e_{AB} 在 $C_1=C_2$、$C_1>C_2$、$C_1<C_2$ 三种情况下的波形图（提示：画出 U_P 正、负半周的等效电路图，并标出工作电流即可求出 $\bar{e}_{AB}$ 的表达式）。

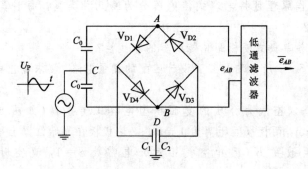

题 5-8 图

5-9 简述差动式电容测厚传感器的工作原理。

第6章 压电式传感器

压电式传感器的工作原理是基于某些介质材料的压电效应。压电式传感器是一种典型的有源传感器,它通过材料受力作用变形时,其表面会有电荷产生而实现非电量测量。压电式传感器具有体积小、重量轻、工作频带宽等特点,因此在各种动态力、机械冲击与振动测量,以及声学、医学、力学、宇航等方面都得到了非常广泛的应用。

6.1 压电效应及压电材料

6.1.1 压电效应

某些电介质,当沿着一定方向对其施力而使它变形时,内部就产生极化现象,同时在它的两个表面上产生符号相反的电荷,当外力去掉后,又重新恢复到不带电状态。这种现象称为压电效应。当作用力方向改变时,电荷的极性也随之改变。有时人们把这种机械能转换为电能的现象称为"正压电效应"。相反,当在电介质极化方向施加电场时,这些电介质也会产生几何变形,这种现象称为"逆压电效应"(电致伸缩效应)。具有压电效应的材料称为压电材料,压电材料能实现机—电能量的相互转换,如图6-1所示。

图6-1 压电效应可逆性

在自然界中大多数晶体都具有压电效应,但压电效应十分微弱。随着对材料的深入研究,发现石英晶体、钛酸钡、锆钛酸铅等材料是性能优良的压电材料。

压电材料有压电晶体、压电陶瓷和压电聚合物。

压电材料的主要特性参数有:

① 压电常数:压电常数是衡量材料压电效应强弱的参数,它直接关系到压电输出灵敏度。

② 弹性常数:压电材料的弹性常数、刚度决定着压电器件的固有频率和动态特性。

③ 介电常数:对于一定形状、尺寸的压电元件,其固有电容与介电常数有关,而固有电容又影响着压电传感器的频率下限。

④ 机械耦合系数:它的意义是,在压电效应中,转换输出能量(如电能)与输入能量(如机械能)之比的平方根,这是衡量压电材料机—电能量转换效率的一个重要参数。

⑤ 电阻:压电材料的绝缘电阻将减少电荷泄漏,从而改善压电传感器的低频特性。

⑥ 居里点温度:它指压电材料开始丧失压电特性的温度。

6.1.2 压电材料

1. 石英晶体

石英晶体化学式为SiO_2,是单晶体结构。图6-2(a)表示了天然结构的石英晶体外形,它是一个正六面锥体。石英晶体各个方向的特性是不同的。其中纵向轴 z 称为光轴，经过六面锥体棱线并垂直于光轴的轴 x 称为电轴，与轴 x 和 z 同时垂直的轴 y 称为机械轴。通常把沿电轴 x 方向的力作用下产生电荷的压电效应称为"纵向压电效应"，而把沿机械轴 y 方向的力作用下产生电荷的压电效应称为"横向压电效应"。而沿光轴 z 方向的力作用时不产生压电效应。

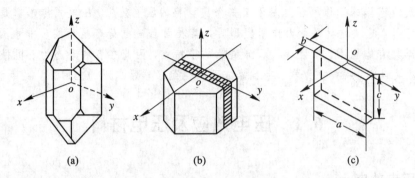

图 6-2 石英晶体
(a) 晶体外形；(b) 切割方向；(c) 晶片

若从晶体上沿机械轴 y 方向切下一块如图 6-2(c)所示的晶片，当沿电轴 x 方向施加作用力 F_x 时，在与电轴 x 垂直的平面上将产生电荷，其大小为

$$q_x = d_{11} F_x \tag{6-1}$$

式中，d_{11} 为 x 方向受力的压电系数。

若在同一切片上，沿机械轴 y 方向施加作用力 F_y，则仍在与电轴 x 垂直的平面上产生电荷 q_y，其大小为

$$q_y = d_{12} \frac{a}{b} F_y \tag{6-2}$$

式中：d_{12}——y 轴方向受力的压电系数，根据石英晶体的对称性，有 $d_{12} = -d_{11}$；
a、b——晶体切片的长度和厚度。

电荷 q_x 和 q_y 的符号由所受力的性质(受压力还是受拉力)决定。

石英晶体的上述特性与其内部分子结构有关。图 6-3 是一个单元组体中构成石英晶体的硅离子和氧离子，在垂直于 z 轴的 xoy 平面上的投影，等效为一个正六边形。图中"⊕"代表硅离子 Si^{4+}，"⊖"代表氧离子 O^{2-}。

当石英晶体未受外力作用时，正、负离子正好分布在正六边形的顶角上，形成三个互成 120°夹角的电偶极矩 P_1、P_2、P_3，如图 6-3(a)所示。

因为 $P = ql$，q 为电荷量，l 为正、负电荷之间的距离，此时正、负电荷重心重合，电偶极矩的矢量和等于零，即 $P_1 + P_2 + P_3 = 0$，所以晶体表面不产生电荷，即呈中性。

当石英晶体受到沿 x 轴方向的压力作用时，晶体沿 x 方向产生压缩变形，正、负离子的相对位置也随之变动。如图 6-3(b)所示，此时正、负电荷重心不再重合，电偶极矩在 x 轴方向上的分量由于 P_1 的减小和 P_2、P_3 的增加而不等于零。在 x 轴的正方向出现负电荷，电偶极矩在 y 轴方向上的分量仍为零，不出现电荷。

当晶体受到沿 y 轴方向的压力作用时，晶体的变形如图 6-3(c)所示。与图 6-3(b)情况相似，P_1 增大，P_2、P_3 减小。在 x 轴上出现电荷，它的极性为 x 轴正向为正电荷。在 y

轴方向上仍不出现电荷。

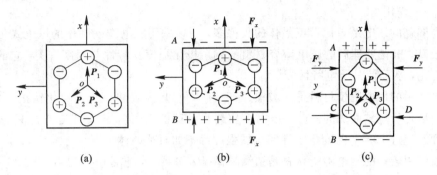

图 6-3 石英晶体压电模型
(a) 不受力时；(b) x 轴方向受力；(c) y 轴方向受力

如果沿 z 轴方向施加作用力，因为晶体在 x 轴方向和 y 轴方向所产生的形变完全相同，所以正、负电荷重心保持重合，电偶极矩矢量和等于零。这表明沿 z 轴方向施加作用力时，晶体不会产生压电效应。

当作用力 F_x、F_y 的方向相反时，电荷的极性也随之改变。

2. 压电陶瓷

压电陶瓷是人工制造的多晶体压电材料。材料内部的晶粒有许多自发极化的电畴，它有一定的极化方向，从而存在电场。在无外电场作用时，电畴在晶体中杂乱分布，它们各自的极化效应被相互抵消，压电陶瓷内极化强度为零。因此原始的压电陶瓷呈中性，不具有压电性质，如图 6-4(a) 所示。

在压电陶瓷上施加外电场时，电畴的极化方向发生转动，趋向于按外电场方向排列，从而使材料得到极化。外电场愈强，就有愈多的电畴更完全地转向外电场方向。让外电场强度大到使材料的极化达到饱和的程度，即所有电畴极化方向都整齐地与外电场方向一致时，当外电场去掉后，电畴的极化方向基本不变化，即剩余极化强度很大，这时的材料才具有压电特性，如图 6-4(b) 所示。

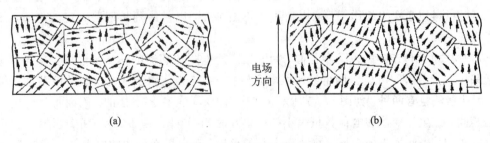

图 6-4 压电陶瓷的极化
(a) 未极化；(b) 电极化

极化处理后压电陶瓷材料内部存在有很强的剩余极化，当陶瓷材料受到外力作用时，电畴的界限发生移动，电畴发生偏转，从而引起剩余极化强度的变化，因而在垂直于极化方向的平面上将出现极化电荷的变化。这种因受力而产生的由机械效应转变为电效应，将机械能转变为电能的现象，就是压电陶瓷的正压电效应。电荷量的大小与外力成如下的正比关系：

$$q = d_{33}F \tag{6-3}$$

式中：d_{33}——压电陶瓷的压电系数；

F——作用力。

压电陶瓷的压电系数比石英晶体的大得多，所以采用压电陶瓷制作的压电式传感器的灵敏度较高。极化处理后的压电陶瓷材料的剩余极化强度和特性与温度有关，它的参数也随时间变化，从而使其压电特性减弱。

最早使用的压电陶瓷材料是钛酸钡（$BaTiO_3$）。它是由碳酸钡和二氧化钛按 1∶1 摩尔分子比例混合后烧结而成的。它的压电系数约为石英的 50 倍，但居里点温度只有 115℃，使用温度不超过 70℃，温度稳定性和机械强度都不如石英晶体。

目前使用较多的压电陶瓷材料是锆钛酸铅（PZT）系列，它是由钛酸铅（$PbTiO_3$）和锆酸铅（$PbZrO_3$）组成的（$Pb(ZrTi)O_3$）。当居里点在 300℃ 以上时，性能稳定，有较高的介电常数和压电系数。

铌镁酸铅是 20 世纪 60 年代发展起来的压电陶瓷。由铌镁酸铅 $Pb(Mg_{\frac{1}{3}} \cdot Nb_{\frac{2}{3}})O_3$、锆酸铅（$PbZrO_3$）和钛酸铅（$PbTiO_3$）按不同比例可配出不同性能的压电陶瓷，具有极高的压电系数和较高的工作温度，而且能承受较高的压力。

3. 压电聚合物 PVDF（Polyvinylidene Fluoride，聚偏二氟乙烯）

压电聚合物是一种有机高分子物性型敏感材料，具有很强的压电特性，与微电子技术结合，能够制成多功能敏感元件，与压电陶瓷结合，开拓了复合材料的新领域。

压电聚合物 PVDF 具有较高的压电灵敏度，压电系数比石英高十多倍；化学性质稳定；频率响应宽；加工性能好，容易制成大面积元件和阵列元件。

6.1.3 压电式传感器

压电式传感器的基本原理即压电材料的压电效应，即当有力作用在压电材料上时，传感器就有电荷（或电压）输出。

由于外力作用而在压电材料上产生的电荷只有在无泄漏的情况下才能保存，即需要测量回路具有无限大的输入阻抗，这实际上是不可能的，因此压电式传感器不能用于静态测量。压电材料在交变力的作用下，电荷可以不断补充，以供给测量回路一定的电流，故适用于动态测量。

单片压电元件产生的电荷量甚微，为了提高压电式传感器的输出灵敏度，在实际应用中常采用两片（或两片以上）同型号的压电元件黏结在一起。由于压电材料的电荷是有极性的，因此接法也有两种。如图 6-5 所示，从作用力看，元件是串接的，因而每片受到的作用力相同，产生的变形和电荷数量大小都与单片时相同。图 6-5（a）是两个压电片的负端黏结在一起，中间插入的金属电极为压电片的负极，正电极在两边的电极上。从电路上看，这是并联接法，类似两个电容的并联。所以，外力作用下正、负电极上的电荷量增加了 1 倍，电容量也增加了 1 倍，输出电压与单片时相同。图 6-5（b）是两压电片不同极性端黏结在一起，从电路上看是串联的，两压电片中间黏结处正、负电荷中和，上、下极板的电荷量与单片时相同，总电容量为单片的一半，输出电压增大了 1 倍。

在上述两种接法中，并联接法输出电荷大，本身电容大，时间常数大，适宜用在测量慢变信号并且以电荷作为输出量的场合。而串联接法输出电压大，本身电容小，适宜用于

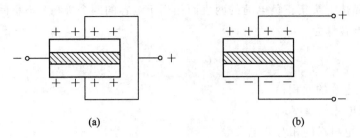

图 6-5 压电元件连接方式
(a) 相同极性端黏结；(b) 不同极性端黏结

以电压作输出信号，并且测量电路输入阻抗很高的场合。

压电式传感器中的压电元件，按其受力和变形方式不同，大致有厚度变形、长度变形、体积变形和剪切变形等几种形式，如图 6-6 所示。目前最常使用的是厚度变形的压缩式和剪切变形的剪切式两种。

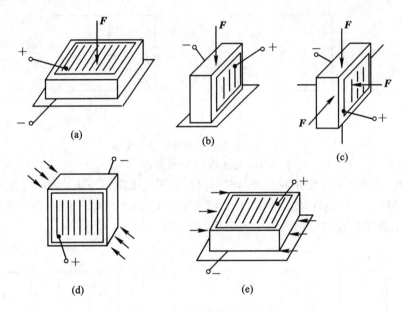

图 6-6 压电元件变形方式
(a) 厚度变形(TE)；(b) 长度变形(LE)；(c) 体积变形(VE)；(d) 面切变形(FS)；(e) 剪切变形(TS)

压电式传感器在测量低压力时线性度不好，这主要是由于传感器受力系统中力传递系数为非线性所致，即低压力下力的传递损失较大。为此，在力传递系统中加入预加力，称预载。这除了消除低压力使用中的非线性外，还可以消除传感器内外接触表面的间隙，提高刚度。特别是，它只有在加预载后才能用压电式传感器测量拉力和拉、压交变力及剪力与扭矩。

6.2 压电式传感器的测量电路

6.2.1 压电式传感器的等效电路

由压电元件的工作原理可知，压电式传感器可以看作一个电荷发生器。同时，它也是

一个电容器，晶体上聚集正负电荷的两表面相当于电容的两个极板，极板间物质等效于一种介质，则其电容量为

$$C_a = \frac{\varepsilon_r \varepsilon_0 A}{d} \tag{6-4}$$

式中：A——压电片的面积；
　　　d——压电片的厚度；
　　　ε_r——压电材料的相对介电常数。

因此，压电式传感器可以等效为一个与电容相串联的电压源。如图 6-7(a) 所示，电容器上的电压 u_a、电荷量 q 和电容量 C_a 三者之间的关系为

$$u_a = \frac{q}{C_a} \tag{6-5}$$

压电式传感器也可以等效为一个电荷源，如图 6-7(b) 所示。

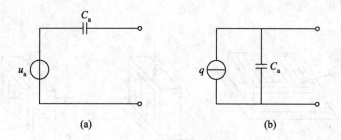

图 6-7　压电式传感器的等效电路
(a) 电压源；(b) 电荷源

压电式传感器在实际使用时总要与测量仪器或测量电路相连接，因此还需考虑连接电缆的等效电容 C_c、放大器的输入电阻 R_i、输入电容 C_i 以及压电式传感器的泄漏电阻 R_a。这样，压电式传感器在测量系统中的实际等效电路如图 6-8 所示。

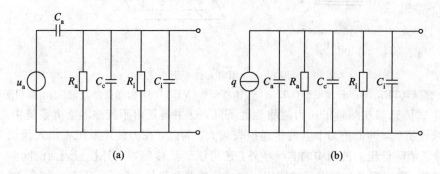

图 6-8　压电式传感器的实际等效电路
(a) 电压源；(b) 电荷源

6.2.2　压电式传感器的测量电路

压电式传感器本身的内阻抗很高，而输出能量较小，因此它的测量电路通常需要接入一个高输入阻抗前置放大器。其作用为：一是把它的高输出阻抗变换为低输出阻抗；二是

放大传感器输出的微弱信号。压电式传感器的输出可以是电压信号,也可以是电荷信号,因此前置放大器也有两种形式:电压放大器和电荷放大器。

1. 电压放大器(阻抗变换器)

图 6-9(a)、(b)是电压放大器电路原理图及其等效电路。

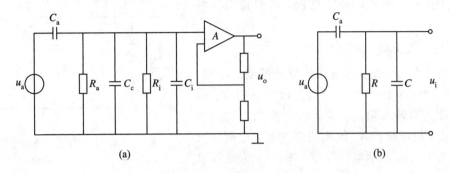

图 6-9 电压放大器电路原理图及其等效电路
(a) 放大器电路;(b) 等效电路

在图 6-9(b)中,电阻 $R=R_aR_i/(R_a+R_i)$,电容 $C=C_c+C_i$,而 $u_a=q/C_a$,若压电元件受正弦力 $f=F_m\sin\omega t$ 的作用,则其电压为

$$\dot{U}_a = \frac{dF_m}{C_a}\sin\omega t = U_m\sin\omega t \tag{6-6}$$

式中:U_m——压电元件输出电压幅值,$U_m=dF_m/C_a$;
  d——压电系数。

由此可得放大器输入端电压 $\dot{U}_i$,其复数形式为

$$\dot{U}_i = df\frac{j\omega R}{1+j\omega R(C_a+C)} \tag{6-7}$$

$\dot{U}_i$ 的幅值 U_{im} 为

$$U_{im}(\omega) = \frac{dF_m\omega R}{\sqrt{1+\omega^2R^2(C_a+C_c+C_i)^2}} \tag{6-8}$$

输入电压和作用力之间的相位差为

$$\Phi(\omega) = \frac{\pi}{2} - \arctan[\omega(C_a+C_c+C_i)R] \tag{6-9}$$

在理想情况下,传感器的 R_a 电阻值与前置放大器的输入电阻 R_i 都为无限大,即 $\omega(C_a+C_c+C_i)R\gg1$,那么由式(6-8)可知,理想情况下输入电压幅值 U_{im} 为

$$U_{im} = \frac{dF_m}{C_a+C_c+C_i} \tag{6-10}$$

式(6-10)表明前置放大器输入电压 U_{im} 与频率无关,一般在 $\omega/\omega_0>3$ 时,就可以认为 U_{im} 与 ω 无关,ω_0 表示测量电路时间常数之倒数,即

$$\omega_0 = \frac{1}{(C_a+C_c+C_i)R}$$

这表明压电式传感器有很好的高频响应,但是,当作用于压电元件的力为静态力($\omega=0$)时,前置放大器的输出电压等于零,因为电荷会通过放大器输入电阻和传感器本身漏电阻

漏掉，所以压电式传感器不能用于静态力的测量。

当 $\omega(C_a+C_c+C_i)R\gg 1$ 时，放大器输入电压 U_{im} 如式（6-10）所示，式中 C_c 为连接电缆电容，当电缆长度改变时，C_c 也将改变，因而 U_{im} 也随之变化。因此，压电式传感器与前置放大器之间的连接电缆不能随意更换，否则将引入测量误差。

2. 电荷放大器

电荷放大器常作为压电式传感器的输入电路，由一个反馈电容 C_f 和高增益运算放大器构成。由于运算放大器输入阻抗极高，放大器输入端几乎没有分流，故可略去 R_a 和 R_i 并联电阻。电荷放大器可用图 6-10 所示电路等效，图中 A 为运算放大器的增益。输出电压 u_o 为

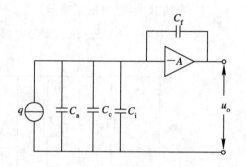

图 6-10 电荷放大器等效电路

$$u_o \approx u_{cf} = -\frac{q}{C_f} \qquad (6-11)$$

式中：u_o——放大器输出电压；
u_{cf}——反馈电容两端电压。

由运算放大器基本特性，可求出电荷放大器的输出电压为

$$u_o = -\frac{Aq}{C_a+C_c+C_i+(1+A)C_f} \qquad (6-12)$$

通常 $A=10^4\sim 10^8$。因此，当满足 $(1+A)C_f\gg C_a+C_c+C_i$ 时，式（6-12）可表示为

$$u_o \approx -\frac{q}{C_f} \qquad (6-13)$$

由式（6-13）可见，电荷放大器的输出电压 u_o 只取决于输入电荷与反馈电容 C_f，与电缆电容 C_c 无关，且与 q 成正比，这是电荷放大器的最大特点。为了得到必要的测量精度，要求反馈电容 C_f 的温度和时间稳定性都很好，在实际电路中，考虑到不同的量程等因素，C_f 的容量做成可选择的，范围一般为 $100\sim 10^4$ pF。

6.3 压电式传感器的应用

6.3.1 压电式测力传感器

图 6-11 是压电式单向测力传感器的结构图，主要由石英晶片、绝缘套、电极、上盖及基座等组成。

传感器上盖为传力元件，当外力作用时，它将产生弹性变形，将力传递到石英晶片上。石英晶片采用 xy 切型，利用其纵向压电效应实现力—电转换。为了提高传感器的输出灵敏度，可以用两片或多片晶片黏结在一起。力传感器装配时必须加较大的预紧力，以保证良好的线性度。

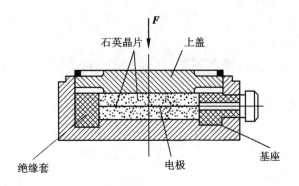

图 6-11　压电式单向测力传感器结构图

6.3.2　压电式加速度传感器

图 6-12 是一种压电式加速度传感器的结构图。它主要由压电元件、质量块、预压弹簧、基座及外壳等组成。整个部件装在外壳内,并由螺栓加以固定。

当加速度传感器和被测物一起受到冲击振动时,压电元件受质量块惯性力的作用,根据牛顿第二定律,此惯性力是加速度的函数,即

$$F = ma \tag{6-14}$$

式中:F——质量块产生的惯性力;

　　　m——质量块的质量;

　　　a——加速度。

此时惯性力 F 作用于压电元件上,因而产生电荷 q,当传感器选定后,m 为常数,则传感器输出电荷为

$$q = d_{11}F = d_{11}ma \tag{6-15}$$

与加速度 a 成正比。因此,测得传感器输出的电荷便可知加速度的大小。

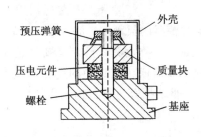

图 6-12　压电式加速度传感器结构图

6.3.3　压电式金属加工切削力测量

图 6-13 是利用压电陶瓷传感器测量刀具切削力的示意图。由于压电陶瓷元件的自振频率高,因此特别适合测量变化剧烈的载荷。图中压电陶瓷传感器位于车刀前部的下方,当进行切削加工时,切削力通过刀具传给压电陶瓷传感器,压电陶瓷传感器将切削力转换

为电信号输出，记录下电信号的变化便可测得切削力的变化。

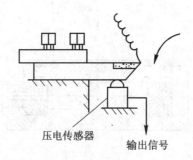

图 6 – 13　压电式刀具切削力测量示意图

6.3.4　压电式玻璃破碎报警器

BS－D_2 压电式玻璃破碎传感器是专门用于检测玻璃破碎的一种传感器，它利用压电元件对振动敏感的特性来感知玻璃受撞击和破碎时产生的振动波。传感器把振动波转换成电压输出，输出电压经放大、滤波、比较等处理后提供给报警系统。

BS－D_2 压电式玻璃破碎传感器的外形及内部电路如图 6 – 14 所示。传感器的最小输出电压为 100 mV，最大输出电压为 100 V，内阻抗为 15～20 kΩ。

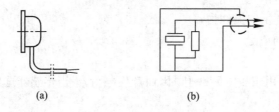

图 6 – 14　BS－D_2 压电式玻璃破碎传感器
(a) 外形；(b) 内部电路

报警器的电路框图如图 6 – 15 所示。使用时将传感器用胶粘贴在玻璃上，然后通过电缆和报警电路相连。为了提高报警器的灵敏度，信号经放大后，需经带通滤波器进行滤波，要求它对选定的频谱通带的衰减要小，而频带外衰减要尽量大。由于玻璃振动的波长在音频和超声波的范围内，这就使滤波器成为电路中的关键。只有当传感器输出信号高于设定的阈值时，才会输出报警信号，驱动报警执行机构工作。

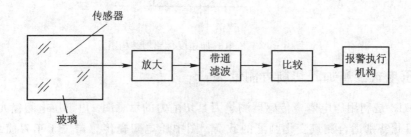

图 6 – 15　压电式玻璃破碎报警器电路框图

玻璃破碎报警器可广泛用于文物保管、贵重商品保管及其它商品柜台保管等场合。

6.3.5 PVDF 触觉传感器

PVDF 压电薄膜柔软,可以做成大面积的传感阵列器件,同时具有压电和热释电效应,人类之所以能够触摸感觉到物体的形状、质感及温度等,是因为人的皮肤能够产生压电效应和热释电效应。所以 PVDF 压电薄膜很适合作为机器人的触觉传感元件。目前用 PVDF 薄膜压电材料制成的触觉传感器感知温度、压力,采用不同模式可以识别物体的边角、棱等几何特征,甚至还可以识别盲文。在不远的将来,这种传感器在某些功能上将可与人的皮肤相媲美。图 6-16 为 PVDF 触觉传感器的结构示意图。

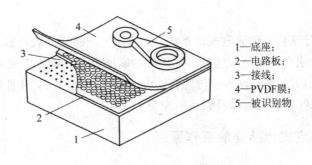

1—底座;
2—电路板;
3—接线;
4—PVDF膜;
5—被识别物

图 6-16 PVDF 触觉传感器

思考题和习题

6-1 什么叫正压电效应和逆压电效应?什么叫纵向压电效应和横向压电效应?

6-2 石英晶体 x、y、z 轴的名称及其特点是什么?

6-3 简述压电陶瓷的结构及其特性。

6-4 画出压电元件的两种等效电路。

6-5 电荷放大器所要解决的核心问题是什么?试推导其输入与输出的关系。

6-6 简述压电式加速度传感器的工作原理。

6-7 请利用压电式传感器设计一个测量轴承支座受力情况的装置。

6-8 用石英晶体加速度计测量机器的振动,已知加速度计的灵敏度为 2.5 pC/g(g 为重力加速度,$g=9.8$ m/s^2),电荷放大器灵敏度为 80 mV/pC,当机器达到最大加速度时,相应的输出电压幅值为 4 V。试计算机器的振动加速度。

第7章 磁电式传感器

磁电式传感器是通过磁电作用将被测量转换成电信号的一种传感器。磁电式传感器有磁电感应式传感器、霍尔式传感器等。下面将分别讨论。

7.1 磁电感应式传感器

磁电感应式传感器又称磁电式传感器,是利用电磁感应原理将被测量(如振动、位移、转速等)转换成电信号的一种传感器。它不需要辅助电源,就能把被测对象的机械量转换成易于测量的电信号,是一种有源传感器。由于它输出功率大,且性能稳定,具有一定的工作带宽($10 \sim 1000$ Hz),所以得到普遍应用。

7.1.1 磁电感应式传感器的工作原理

根据电磁感应定律,当导体在稳恒均匀磁场中,沿垂直磁场方向运动时,导体内产生的感应电动势为

$$e = \left| \frac{d\Phi}{dt} \right| = Bl \frac{dx}{dt} = Blv \tag{7-1}$$

式中:B——稳恒均匀磁场的磁感应强度;

l——导体有效长度;

v——导体相对磁场的运动速度。

当一个 W 匝线圈相对静止地处于随时间变化的磁场中时,设穿过线圈的磁通为 Φ,则线圈内的感应电动势 e 与磁通变化率 $d\Phi/dt$ 有如下关系:

$$e = -W \frac{d\Phi}{dt} \tag{7-2}$$

根据以上原理,人们设计出两种磁电式传感器结构:变磁通式和恒磁通式。变磁通式又称为磁阻式,图 7-1 是变磁通式磁电传感器,用来测量旋转物体的角速度。

图 7-1(a)为开磁路变磁通式传感器,它的线圈、磁铁静止不动,测量齿轮安装在被测旋转体上,随被测体一起转动。每转动一个齿,齿的凹凸引起磁路磁阻变化一次,磁通也就变化一次,线圈中产生感应电动势,其变化频率等于被测转速与测量齿轮上齿数的乘积。这种传感器结构简单,但输出信号较小,且因高速轴上加装齿轮较危险而不宜测量高转速的场合。

图 7-1(b)为闭磁路变磁通式传感器,它由装在转轴上的内齿轮和外齿轮、永久磁铁和感应线圈组成,内外齿轮齿数相同。当转轴连接到被测转轴上时,外齿轮不动,内齿轮随被测轴而转动,内、外齿轮的相对转动使气隙磁阻产生周期性变化,从而引起磁路中磁通的变化,使线圈内产生周期性变化的感应电动势。显然,感应电动势的频率与被测转速

成正比。

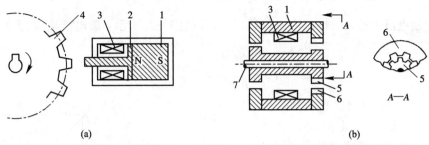

1—永久磁铁；2—软磁铁；3—感应线圈；4—铁齿轮；5—内齿轮；6—外齿轮

图 7-1 变磁通式磁电传感器结构图
(a) 开磁路；(b) 闭磁路

图 7-2 为恒磁通式磁电传感器典型结构图。它由永久磁铁、线圈、弹簧、金属骨架等组成。

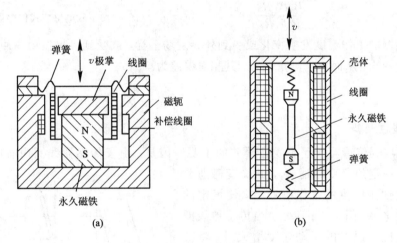

图 7-2 恒磁通式磁电传感器结构原理图
(a) 动圈式；(b) 动铁式

磁路系统产生恒定的直流磁场，磁路中的工作气隙固定不变，因而气隙中磁通也是恒定不变的，其运动部件可以是线圈(动圈式)，也可以是磁铁(动铁式)。动圈式(图 7-2(a))和动铁式(图 7-2(b))的工作原理是完全相同的。当壳体随被测振动体一起振动时，由于弹簧较软，运动部件质量相对较大，当振动频率足够高(远大于传感器固有频率)时，运动部件惯性很大，来不及随振动体一起振动，近乎静止不动，振动能量几乎全被弹簧吸收，永久磁铁与线圈之间的相对运动速度接近于振动体振动速度，磁铁与线圈的相对运动切割磁力线，从而产生感应电动势：

$$e = -B_0 lWv \tag{7-3}$$

式中：B_0——工作气隙磁感应强度；

　　　l——每匝线圈平均长度；

　　　W——线圈在工作气隙磁场中的匝数；

　　　v——相对运动速度。

7.1.2 磁电感应式传感器的基本特性

当测量电路中接入磁电感应式传感器时,如图 7-3 所示,磁电感应式传感器的输出电流 I_o 为

$$I_o = \frac{E}{R + R_f} = \frac{B_0 lWv}{R + R_f} \quad (7-4)$$

式中:R_f——测量电路输入电阻;

R——线圈等效电阻。

传感器的电流灵敏度为

$$S_I = \frac{I_o}{v} = \frac{B_0 lW}{R + R_f} \quad (7-5)$$

而传感器的输出电压和电压灵敏度分别为

$$U_o = I_o R_f = \frac{B_0 lWv R_f}{R + R_f} \quad (7-6)$$

$$S_U = \frac{U_o}{v} = \frac{B_0 lW R_f}{R + R_f} \quad (7-7)$$

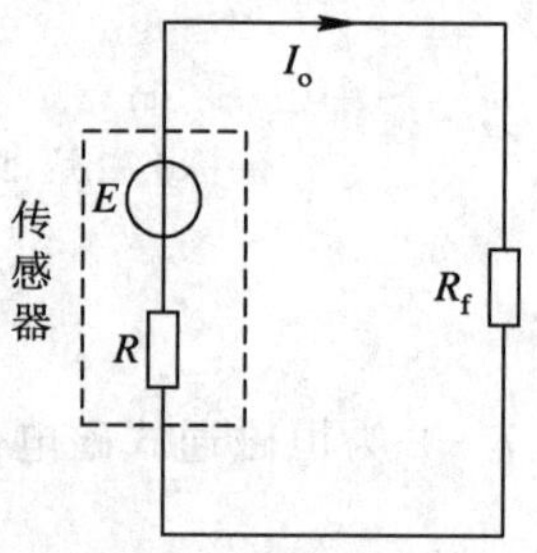

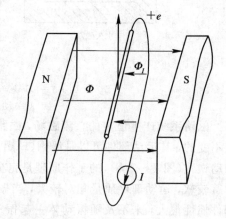

图 7-3 磁电感应式传感器测量电路

当传感器的工作温度发生变化或受到外界磁场干扰,或受到机械振动或冲击时,其灵敏度将发生变化,从而产生测量误差,其相对误差为

$$\gamma = \frac{dS_I}{S_I} = \frac{dB}{B} + \frac{dl}{l} - \frac{dR}{R} \quad (7-8)$$

1. 非线性误差

磁电感应式传感器产生非线性误差的主要原因是:由于传感器线圈内有电流 I 流过时,将产生一定的交变磁通 Φ_I,此交变磁通叠加在永久磁铁所产生的工作磁通上,使恒定的气隙磁通变化,如图 7-4 所示。当传感器线圈相对于永久磁铁磁场的运动速度增大时,将产生较大的感应电动势 e 和较大的电流 I,由此而产生的附加磁场方向与原工作磁场方向相反,减弱了工作磁场的作用,从而使得传感器的灵敏度随着被测速度的增大而降低。当线圈的运动速度与图 7-4 所示方向相反时,感应电动势 e、线圈感应电流反向,所产生的附加磁场方向与工作磁场同向,从而增大了传感器的灵敏度。其结果是线圈运动方向不同时,传感器的灵敏度具有不同的数值,使传感器输出基波能量降低,谐波能量增加,即这种非线性特性同时伴随着传感器输出的谐波失真。显然,传感器灵敏度越高,线圈中电流越大,这种非线性越严重。

图 7-4 传感器电流的磁场效应

为补偿上述附加磁场干扰,可在传感器中加入补偿线圈,如图 7-2(a)所示。补偿线圈通以经放大 K 倍的电流。适当选择补偿线圈参数,可使其产生的交变磁通与传感线圈本身所产生的交变磁通互相抵消,从而达到补偿的目的。

2. 温度误差

当温度变化时,式(7-8)中右边三项都不为零,对铜线而言每摄氏度变化量为 $dl/l \approx 0.167 \times 10^{-4}$,$dR/R \approx 0.43 \times 10^{-2}$,$dB/B$ 每摄氏度的变化量取决于永久磁铁的磁性材料。对铝镍钴永久磁合金,$dB/B \approx -0.02 \times 10^{-2}$,这样由式(7-8)可得近似值如下:

$$\gamma_t \approx \frac{-4.5\%}{10℃}$$

这一数值是很可观的,所以需要进行温度补偿。补偿通常采用热磁分流器。热磁分流器由具有很大负温度系数的特殊磁性材料做成。它在正常工作温度下已将空气隙磁通分路掉一小部分。当温度升高时,热磁分流器的磁导率显著下降,经它分流掉的磁通占总磁通的比例较正常工作温度下显著降低,从而保持空气隙的工作磁通不随温度变化,维持传感器灵敏度为常数。

7.1.3 磁电感应式传感器的测量电路

磁电感应式传感器直接输出感应电动势,且传感器通常具有较高的灵敏度,所以一般不需要高增益放大器。但磁电感应式传感器是速度传感器,若要获取被测位移或加速度信号,则需要配用积分或微分电路。图7-5为一般测量电路方框图。

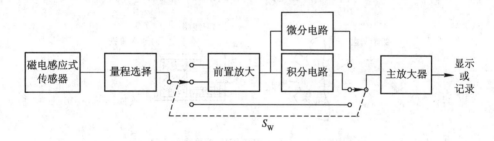

图7-5 磁电感应式传感器测量电路方框图

7.1.4 磁电感应式传感器的应用

1. 动圈式振动速度传感器

图7-6是动圈式振动速度传感器的结构示意图。其结构主要特点是,钢制圆形外壳,里面用铝支架将圆柱形永久磁铁与外壳固定成一体,永久磁铁中间有一小孔,穿过小孔的芯轴两端架起线圈和阻尼环,芯轴两端通过圆形膜片支撑架空且与外壳相连。工作时,传感器与被测物体刚性连接,当物体振动时,传感器外壳和永久磁铁随之振动,而架空的芯轴、线圈和阻尼环因惯性而不随之振动。因而,磁路空气隙中的线圈切割磁力线,产生正比于振动速度的感应电动势,线圈的输出通过引线输出到测量

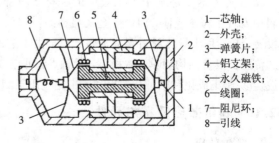

1—芯轴;
2—外壳;
3—弹簧片;
4—铝支架;
5—永久磁铁;
6—线圈;
7—阻尼环;
8—引线

图7-6 动圈式振动速度传感器结构示意图

电路。该传感器测量的是振动速度参数,若在测量电路中接入积分电路,则输出电动势与位移成正比;若在测量电路中接入微分电路,则其输出与加速度成正比关系。

2. 磁电式扭矩传感器

图 7-7 是磁电式扭矩传感器的工作原理图。在驱动源和负载之间的扭转轴的两侧安装有齿形圆盘。它们旁边装有相应的两个磁电传感器。磁电式扭矩传感器的结构如图 7-8 所示。传感器的检测元件部分由永久磁铁、感应线圈和铁芯组成。永久磁铁产生的磁力线与齿形圆盘交链。当齿形圆盘旋转时,圆盘齿凸凹引起磁路气隙的变化,于是磁通量也发生变化,在线圈中感应出交流电压,其频率在数值上等于圆盘上齿数与转数的乘积。

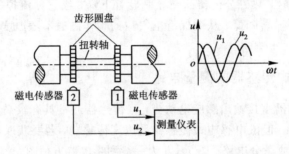

图 7-7 磁电式扭矩传感器工作原理图

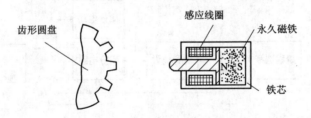

图 7-8 磁电式扭矩传感器结构图

当扭矩作用在扭转轴上时,两个磁电传感器输出的感应电压 u_1 和 u_2 存在相位差。这个相位差与扭转轴的扭转角成正比。这样,传感器就可以把扭矩引起的扭转角转换成相位差的电信号。

7.2 霍尔式传感器

霍尔式传感器是基于霍尔效应的一种传感器。1879 年美国物理学家霍尔首先在金属材料中发现了霍尔效应,但由于金属材料的霍尔效应太弱而没有得到应用。随着半导体技术的发展,开始用半导体材料制成霍尔元件,由于它的霍尔效应显著而得到了应用和发展。霍尔式传感器具有结构简单,体积小,无触点,可靠性高,使用寿命长,频率响应宽(从直流到微波),易于集成化和微型化等特点,广泛应用于测量技术、自动控制和信息处理等领域。

7.2.1 霍尔效应及霍尔元件

1. 霍尔效应

置于磁场中的静止载流导体,当它的电流方向与磁场方向不一致时,载流导体上垂直于电流和磁场的方向上将产生电势差,这种现象称为霍尔效应,该电势差称为霍尔电势。如图7-9所示,在垂直于外磁场 **B** 的方向上放置一导电板,导电板通以电流 I,方向如图所示。导电板中的电流使金属中自由电子在电场作用下做定向运动。此时,每个电子受洛伦兹力 f_L 的作用,f_L 的大小为

$$f_L = eBv \quad (7-9)$$

式中:e——电子电荷;
v——电子运动平均速度;
B——磁场的磁感应强度。

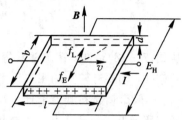

图7-9 霍尔效应原理图

f_L 的方向如图7-9所示,此时电子除了沿电流反方向做定向运动外,还在 f_L 的作用下漂移,结果使金属导电板内侧面积累电子,而外侧面积累正电荷,从而形成了附加内电场 E_H,称霍尔电场,该电场强度为

$$E_H = \frac{U_H}{b} \quad (7-10)$$

式中,U_H 为电位差。

霍尔电场的出现,使定向运动的电子除了受洛伦兹力作用外,还受到霍尔电场力的作用,其力的大小为 eE_H,此力阻止电荷继续积累。随着内、外侧面积累电荷的增加,霍尔电场增大,电子受到的霍尔电场力也增大,当电子所受洛伦兹力与霍尔电场作用力大小相等方向相反,即

$$eE_H = eBv \quad (7-11)$$

时,则

$$E_H = vB \quad (7-12)$$

此时电荷不再向两侧面积累,达到平衡状态。

若金属导电板单位体积内电子数为 n,电子定向运动平均速度为 v,则激励电流 $I = nevbd$,即

$$v = \frac{I}{nebd} \quad (7-13)$$

将式(7-13)代入式(7-12)得

$$E_H = \frac{IB}{nebd} \quad (7-14)$$

将式(7-13)代入式(7-10)得

$$U_H = \frac{IB}{ned} \quad (7-15)$$

令式中 $R_H = 1/(ne)$,称之为霍尔常数,其大小取决于导体载流子密度,则

$$U_H = \frac{R_H IB}{d} = K_H IB \quad (7-16)$$

式中,$K_H = R_H/d$,称为霍尔片的灵敏度。

由式(7-16)可见,霍尔电势正比于激励电流及磁感应强度,其灵敏度与霍尔系数 R_H 成正比而与霍尔片厚度 d 成反比。为了提高灵敏度,霍尔元件常制成薄片形状。

霍尔元件激励极间电阻 $R = \rho l/(bd)$，同时 $R = U/I = El/I = vl/(\mu evbd)$（因为 $\mu = v/E$，μ 为电子迁移率），则

$$\frac{\rho l}{bd} = \frac{l}{\mu nebd} \qquad (7-17)$$

解得

$$R_H = \mu \rho \qquad (7-18)$$

从式(7-18)可知，霍尔常数等于霍尔片材料的电阻率与电子迁移率 μ 的乘积。若要霍尔效应强，则要有较大的霍尔系数 R_H，因此要求霍尔片材料有较大的电阻率和载流子迁移率。一般金属材料载流子迁移率很高，但电阻率很小，而绝缘材料电阻率极高，但载流子迁移率极低，故只有半导体材料才适于制造霍尔片。目前常用的霍尔元件材料有锗、硅、砷化铟、锑化铟等半导体材料。其中 N 型锗容易加工制造，其霍尔系数、温度性能和线性度都较好。N 型硅的线性度最好，其霍尔系数、温度性能同 N 型锗。锑化铟对温度最敏感，尤其在低温范围内温度系数大，但在室温时其霍尔系数较大。砷化铟的霍尔系数较小，温度系数也较小，输出特性线性度好。

2. 霍尔元件基本结构

霍尔元件的结构很简单，它是由霍尔片、四根引线和壳体组成的，如图 7-10(a)所示。霍尔片是一块矩形半导体单晶薄片，引出四根引线：1、1′ 两根引线加激励电压或电流，称激励电极（控制电极）；2、2′ 引线为霍尔输出引线，称霍尔电极。霍尔元件的壳体是用非导磁金属、陶瓷或环氧树脂封装的。在电路中，霍尔元件一般可用两种符号表示，如图 7-10(b)所示。

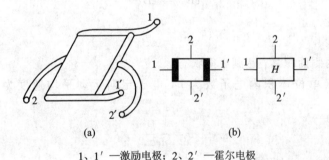

1、1′—激励电极；2、2′—霍尔电极

图 7-10 霍尔元件
(a) 外形结构示意图；(b) 图形符号

3. 霍尔元件基本特性

(1) 额定激励电流和最大允许激励电流　霍尔元件自身温升 10℃ 时所流过的激励电流称为额定激励电流。以元件允许最大温升为限制所对应的激励电流称为最大允许激励电流。因霍尔电势随激励电流增加而线性增加，所以使用中希望选用尽可能大的激励电流，因而需要知道元件的最大允许激励电流。改善霍尔元件的散热条件，可以使激励电流增加。

(2) 输入电阻和输出电阻　激励电极间的电阻值称为输入电阻。霍尔电极输出电势对电路外部来说相当于一个电压源，其电源内阻即为输出电阻。以上电阻值是在磁感应强度为零，且环境温度在 20℃±5℃ 时所确定的。

(3) 不等位电势和不等位电阻　当霍尔元件的激励电流为 I 时,若元件所处位置磁感应强度为零,则它的霍尔电势应该为零,但实际不为零。这时测得的空载霍尔电势称为不等位电势,如图 7-11 所示。产生这一现象的原因有:

① 霍尔电极安装位置不对称或不在同一等电位面上;

② 半导体材料不均匀造成了电阻率不均匀或是几何尺寸不均匀;

③ 激励电极接触不良造成激励电流不均匀分布等。

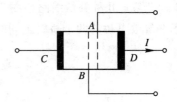

图 7-11　不等位电势示意图

不等位电势也可用不等位电阻表示,即

$$r_0 = \frac{U_0}{I} \quad (7-19)$$

式中:U_0——不等位电势;
　　　r_0——不等位电阻;
　　　I——激励电流。

由式(7-19)可以看出,不等位电势就是激励电流流经不等位电阻 r_0 所产生的电压,如图 7-11 所示。

(4) 寄生直流电势　在外加磁场为零、霍尔元件用交流激励时,霍尔电极输出除了交流不等位电势外,还有一直流电势,称为寄生直流电势。其产生的原因有:

① 激励电极与霍尔电极接触不良,形成非欧姆接触,造成整流效果;

② 两个霍尔电极大小不对称,则两个电极点的热容不同,散热状态不同而形成极间温差电势。

寄生直流电势一般在 1 mV 以下,它是影响霍尔片温漂的原因之一。

(5) 霍尔电势温度系数　在一定磁感应强度和激励电流下,温度每变化 1℃ 时,霍尔电势变化的百分率称为霍尔电势温度系数。它同时也是霍尔系数的温度系数。

4. 霍尔元件不等位电势补偿

不等位电势与霍尔电势具有相同的数量级,有时甚至超过霍尔电势,而实用中要消除不等位电势是极其困难的,因而必须采用补偿的方法。分析不等位电势时,可以把霍尔元件等效为一个电桥,用分析电桥平衡来补偿不等位电势。

图 7-12 为霍尔元件的等效电路,其中 A、B 为霍尔电极,C、D 为激励电极,电极分布电阻分别用 r_1、r_2、r_3、r_4 表示,把它们看作电桥的四个桥臂。理想情况下,电极 A、B 处于同一等位面上,$r_1 = r_2 = r_3 = r_4$,电桥平衡,不等位电势 U_0 为 0。实际上,由于 A、B 电极不在同一等位面上,此四个电阻阻值不相等,电桥不平衡,不等位电势不等于零。此时可根据 A、B 两点电位的高低,判断应在某一桥臂上并联一定的电阻,使电桥达到平衡,从而使不等

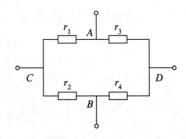

图 7-12　霍尔元件的等效电路

位电势为零。几种补偿线路如图 7-13 所示。图(a)、(b)为常见的补偿电路,图(b)、(c)相当于在等效电桥的两个桥臂上同时并联电阻,图(d)用于交流供电的情况。

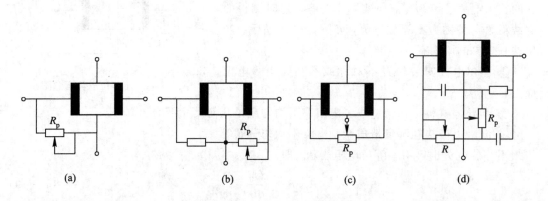

图 7-13 不等位电势补偿电路

5. 霍尔元件温度补偿

霍尔元件是采用半导体材料制成的,因此它们的许多参数都具有较大的温度系数。当温度变化时,霍尔元件的载流子浓度、迁移率、电阻率及霍尔系数都将发生变化,从而使霍尔元件产生温度误差。

为了减小霍尔元件的温度误差,除选用温度系数小的元件或采用恒温措施外,由 $U_H = K_H IB$ 可看出:采用恒流源供电是个有效措施,可以使霍尔电势稳定。但也只能是减小由于输入电阻随温度变化所引起的激励电流 I 的变化的影响。

霍尔元件的灵敏系数 K_H 也是温度的函数,它随温度变化将引起霍尔电势的变化。霍尔元件的灵敏度系数与温度的关系可写成

$$K_H = K_{H0}(1 + \alpha \Delta T) \tag{7-20}$$

式中:K_{H0}——温度为 T_0 时的 K_H 值;

ΔT——温度变化量,$\Delta T = T - T_0$;

α——霍尔电势温度系数。

大多数霍尔元件的温度系数 α 是正值,它们的霍尔电势随温度升高而增加 $\alpha \Delta T$ 倍。但如果同时让激励电流 I_s 相应地减小,并能保持 $K_H \cdot I_s$ 乘积不变,也就抵消了灵敏系数 K_H 增加的影响。图 7-14 就是按此思路设计的一个既简单、补偿效果又较好的补偿电路。电路中 I_s 为恒流源,分流电阻 R_p 与霍尔元件的激励电极相并联。当霍尔元件的输入电阻

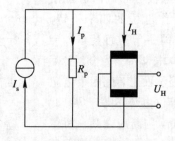

图 7-14 恒流温度补偿电路

随温度升高而增加时,旁路分流电阻 R_p 自动地增大分流,减小了霍尔元件的激励电流 I_H,从而达到补偿的目的。

在图 7-14 所示的温度补偿电路中,设初始温度为 T_0,霍尔元件输入电阻为 R_{i0},灵敏系数为 K_{H0},分流电阻为 R_{p0},根据分流概念得

$$I_{H0} = \frac{R_{p0} I_s}{R_{p0} + R_{i0}} \tag{7-21}$$

当温度升至 T 时,电路中各参数变为

$$R_i = R_{i0}(1 + \delta \Delta T) \tag{7-22}$$

$$R_p = R_{p0}(1 + \beta \Delta T) \tag{7-23}$$

式中:δ——霍尔元件输入电阻温度系数;

β——分流电阻温度系数。

因而

$$I_H = \frac{R_p I_s}{R_p + R_i} = \frac{R_{p0}(1 + \beta \Delta T) I_s}{R_{p0}(1 + \beta \Delta T) + R_{i0}(1 + \delta \Delta T)} \tag{7-24}$$

温度升高了 ΔT,为使霍尔电势不变,补偿电路必须满足温升前、后的霍尔电势不变,即 $U_{H0} = U_H$,则

$$K_{H0} I_{H0} B = K_H I_H B \tag{7-25}$$

有

$$K_{H0} I_{H0} = K_H I_H \tag{7-26}$$

将式(7-20)、(7-21)、(7-24)代入上式,经整理并略去 $\alpha\beta(\Delta T)^2$ 高次项后得

$$R_{p0} = \frac{(\delta - \beta - \alpha) R_{i0}}{\alpha} \tag{7-27}$$

当霍尔元件选定后,它的输入电阻 R_{i0} 和温度系数 δ 及霍尔电势温度系数 α 是确定值。由式(7-27)即可计算出分流电阻 R_{p0} 及所需的温度系数 β 值。为了满足 R_{p0} 及 β 两个条件,分流电阻可取温度系数不同的两种电阻的串、并联组合,这样虽然麻烦但效果很好。

7.2.2 霍尔传感器的应用

1. 霍尔式位移传感器

霍尔元件具有结构简单、体积小、动态特性好和寿命长的优点,它不仅用于磁感应强度、有功功率及电能参数的测量,也在位移测量中得到了广泛应用。

图 7-15 给出了一些霍尔式位移传感器的工作原理图。图 7-15(a)是磁场强度相同的两块永久磁铁,同极性相对地放置,霍尔元件处在两块磁铁的中间。由于磁铁中间的磁感应强度 $B=0$,因此霍尔元件输出的霍尔电势 U_H 也等于零,此时位移 $\Delta x=0$。若霍尔元件在两磁铁中产生相对位移,霍尔元件感受到的磁感应强度也随之改变,这时 U_H 不为零,其量值大小反映出霍尔元件与磁铁之间相对位置的变化量。这种结构的传感器,其动态范围可达 5 mm,分辨率为 0.001 mm。

图 7-15(b)是一种结构简单的霍尔式位移传感器,是由一块永久磁铁组成磁路的传感器,在霍尔元件处于初始位置 $\Delta x=0$ 时,霍尔电势 U_H 不等于零。

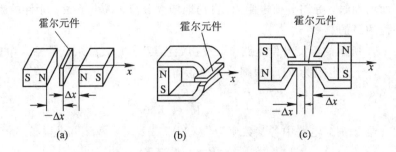

图 7-15 霍尔式位移传感器的工作原理图
(a)磁场强度相同；(b)结构简单；(c)结构相同

图 7-15(c)是一个由两个结构相同的磁路组成的霍尔式位移传感器，为了获得较好的线性分布，在磁极端面装有极靴，霍尔元件调整好初始位置时，可以使霍尔电势 $U_H = 0$。这种传感器灵敏度很高，但它所能检测的位移量较小，适合于微位移量及振动的测量。

2. 霍尔式转速传感器

图 7-16 是几种不同结构的霍尔式转速传感器。转盘的输入轴与被测转轴相连，当被测转轴转动时，转盘随之转动，固定在转盘附近的霍尔传感器便可在每一个小磁铁通过时产生一个相应的脉冲，检测出单位时间的脉冲数，便可知被测转速。根据磁性转盘上小磁铁数目多少就可确定传感器测量转速的分辨率。

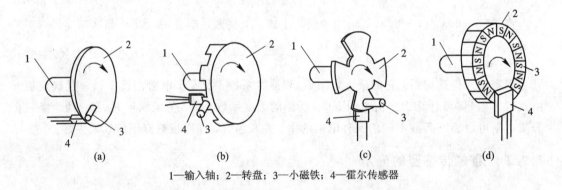

1—输入轴；2—转盘；3—小磁铁；4—霍尔传感器

图 7-16 几种霍尔式转速传感器的结构

3. 霍尔计数装置

霍尔集成元件将霍尔元件和放大器等集成在一块芯片上。它由霍尔元件、放大器、电压调整电路、电流放大输出电路、失调调整及线性度调整电路等几部分组成，有三端 T 形单端输出和八脚双列直插型双端输出两种结构。它的特点是输出电压在一定范围内与磁感应强度成线性关系。霍尔开关传感器 SL3501 是具有较高灵敏度的霍尔集成元件，能感应到很小的磁场变化，因而可对黑色金属零件进行计数检测。图 7-17 是对钢球进行计数的工作示意图和电路图。当钢球通过霍尔开关传感器时，传感器可输出峰值 20 mV 的脉冲电压，该电压经运算放大器(μA741)放大后，驱动半导体三极管 V(2N5812)工作，V 输出端便可接计数器进行计数，并由显示器显示检测数值。

第7章 磁电式传感器

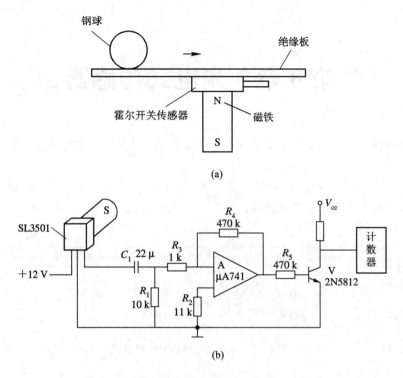

图 7-17 霍尔计数装置的工作示意图及电路图

思考题和习题

7-1 简述变磁通式和恒磁通式磁电传感器的工作原理。

7-2 磁电式传感器的误差及其补偿方法是什么?

7-3 磁电式传感器测量扭矩的工作原理是什么?

7-4 什么是霍尔效应?霍尔电势与哪些因素有关?

7-5 影响霍尔元件输出零点的因素有哪些?怎样补偿?

7-6 温度变化对霍尔元件输出电势有什么影响?如何补偿?

7-7 试证明霍尔式位移传感器的输出电压 U_H 与位移 Δx 成正比关系。

7-8 试分析霍尔元件输出接有负载 R_L 时,利用恒压源和输入回路串联电阻 R 进行温度补偿的条件。

7-9 要进行两个电压 U_1、U_2 的乘法运算,若采用霍尔元件作为运算器,请提出设计方案,并画出测量系统的原理图。

第 8 章 光电式传感器

光电式传感器是将被测量的变化转换成光信号的变化,再通过光电器件把光信号的变化转换成电信号的一种传感器。

图 8-1 是光电式传感器的原理框图,它一般由光源、光学通路、光电器件三部分组成。被测量作用于光源或者光学通路,从而引起光量的变化。

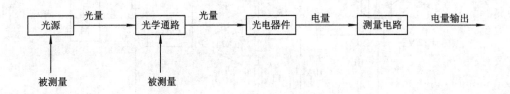

图 8-1 光电式传感器的原理框图

光电式传感器具有频谱宽、不易受电磁干扰的影响、非接触式测量、响应快、可靠性高等优点。随着激光、光纤、CCD 技术的发展,光电式传感器在自动检测、计算机和控制系统中得到了广泛的应用。

8.1 光电器件

光电器件是将光信号的变化转换为电信号的一种器件,它是构成光电式传感器最主要的部件。光电器件工作的物理基础是光电效应,光电效应分为外光电效应和内光电效应两大类。

1. 外光电效应

一束光是由一束以光速运动的粒子流组成的,这些粒子称为光子。光子具有能量,每个光子具有的能量由下式确定:

$$E = h\upsilon \tag{8-1}$$

式中:h——普朗克常数,值为 6.626×10^{-34}(J·s);

υ——光的频率(s^{-1})。

光的波长越短,即频率越高,其光子的能量越大;反之,光的波长越长,其光子的能量就越小。

在光线作用下,物体内的电子逸出物体表面向外发射的现象称为外光电效应。向外发射的电子叫光电子。基于外光电效应的光电器件有光电管、光电倍增管等。

光照射物体，可以看成一连串具有一定能量的光子轰击物体，物体中电子吸收的入射光子能量超过逸出功 A_0 时，电子就会逸出物体表面，产生光电子发射，超过部分的能量表现为逸出电子的动能。从而有能量守恒定理：

$$hv = \frac{1}{2}mv_0^2 + A_0 \qquad (8-2)$$

式中：m——电子质量；

v_0——电子逸出速度。

式(8-2)为爱因斯坦光电效应方程式，由式可知：

① 光子能量必须超过逸出功 A_0，才能产生光电子；

② 入射光的频谱成分不变，产生的光电子与光强成正比；

③ 光电子逸出物体表面时具有初始动能 $\frac{1}{2}mv_0^2$，因此对于外光电效应器件，即使不加初始阳极电压，也会有光电流产生，为使光电流为零，必须加负的截止电压。

2. 内光电效应

在光线作用下，物体的导电性能发生变化或产生光生电动势的效应称为内光电效应。内光电效应又可分为以下两类：

(1) 光电导效应　在光线作用下，半导体材料吸收入射光子能量，若光子能量大于或等于半导体材料的禁带宽度，就激发出电子-空穴对，使载流子浓度增加，半导体的导电性增加，阻值减低，这种现象称为光电导效应。光敏电阻就是基于这种效应的光电器件。

(2) 光生伏特效应　在光线的作用下能够使物体产生一定方向的电动势的现象称为光生伏特效应。基于该效应的光电器件有光电池。

此外，光敏二极管、光敏晶体管也是基于内光电效应的器件。

本节主要讨论一些典型光电器件的特性和应用。

8.1.1 光敏电阻

1. 光敏电阻的结构与工作原理

光敏电阻又称光导管，它几乎都是用半导体材料制成的光电器件，其常用的材料有硫化镉(CdS)、硫化铅(PbS)、锑化铟(InSb)等。

光敏电阻没有极性，纯粹是一个电阻器件，使用时既可加直流电压，也可加交流电压。无光照时，光敏电阻阻值(暗电阻)很大，电路中电流(暗电流)很小。当光敏电阻受到一定波长范围的光照时，它的阻值(亮电阻)急剧减小，电路中电流迅速增大。

光敏电阻的结构很简单，图 8-2(a)为金属封装的硫化镉光敏电阻的结构图。在玻璃底板上均匀地涂上一层薄薄的半导体物质，称为光导层。半导体的两端装有金属电极，金属电极与引线连接。光敏电阻就通过引线接入电路。

为了防止周围介质的影响，在半导体光敏层上覆盖了一层漆膜，漆膜的成分应使它在光敏层最敏感的波长范围内透射率最大。为了提高灵敏度，光敏电阻的电极一般采用梳状图案，如图 8-2(b)所示。图 8-2(c)为光敏电阻的接线图。

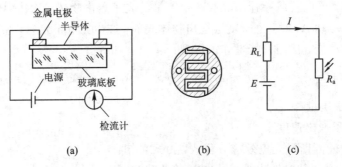

图 8-2 光敏电阻
(a) 光敏电阻结构；(b) 光敏电阻电极；(c) 光敏电阻接线图

2. 光敏电阻的主要参数

光敏电阻的主要参数有：

(1) 暗电阻与暗电流　光敏电阻在不受光照射时的电阻称为暗电阻，此时流过的电流称为暗电流。

(2) 亮电阻与亮电流　光敏电阻在受光照射时的电阻称为亮电阻，此时流过的电流称为亮电流。

(3) 光电流　亮电流与暗电流之差称为光电流。

3. 光敏电阻的基本特性

(1) 伏安特性　在一定照度下，流过光敏电阻的电流与光敏电阻两端的电压的关系称为光敏电阻的伏安特性。图 8-3 为硫化镉光敏电阻的伏安特性曲线。由图可见，光敏电阻在一定的电压范围内，其 $I-U$ 曲线为直线。说明其阻值与入射光量有关，而与电压、电流无关。

(2) 光照特性　光敏电阻的光照特性是描述光电流 I 和光照强度之间的关系的，不同材料的光照特性是不同的，绝大多数光敏电阻光照特性是非线性的。图 8-4 为硫化镉光敏电阻的光照特性。

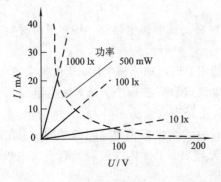

图 8-3 硫化镉光敏电阻的伏安特性

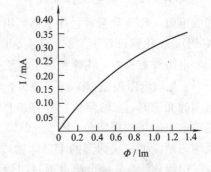

图 8-4 光敏电阻的光照特性

(3) 光谱特性　光敏电阻对入射光的光谱具有选择作用，即光敏电阻对不同波长的入射光有不同的灵敏度。光敏电阻的相对光敏灵敏度与入射波长的关系称为光敏电阻的光谱特性，亦称为光谱响应。图 8-5 为几种不同材料光敏电阻的光谱特性。对应于不同波长，光敏电阻的灵敏度是不同的，而且不同材料的光敏电阻光谱响应曲线也不同。从图中可见,硫化镉光敏电阻的光谱响应的峰值在可见光区域,常被用作光度量测量计(照度计)的探头。而硫化铅光敏电阻响应于近红外和中红外区,常用作火焰探测器的探头。

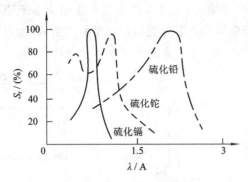

图 8-5 光敏电阻的光谱特性

(4) 频率特性 实验证明,光敏电阻的光电流不能随着光强改变而立刻变化,即光敏电阻产生的光电流有一定的惰性,这种惰性通常用时间常数表示。大多数的光敏电阻时间常数都较大,这是它的缺点之一。不同材料的光敏电阻具有不同的时间常数(毫秒数量级),因而它们的频率特性也就各不相同。图 8-6 为硫化镉和硫化铅光敏电阻的频率特性,相比较,硫化铅的使用频率范围较大。

(5) 温度特性 光敏电阻和其它半导体器件一样,受温度影响较大。温度变化影响光敏电阻的光谱响应,同时光敏电阻的灵敏度和暗电阻也随之改变,尤其是响应于红外区的硫化铅光敏电阻受温度影响更大。图 8-7 为硫化铅光敏电阻的光谱温度特性曲线,它的峰值随着温度上升向波长短的方向移动。因此,硫化铅光敏电阻要在低温、恒温的条件下使用。对于可见光的光敏电阻,其温度影响要小一些。

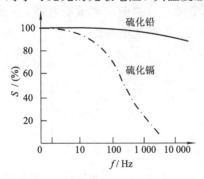

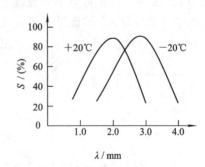

图 8-6 光敏电阻的频率特性　　　　图 8-7 硫化铅光敏电阻的光谱温度特性

光敏电阻具有光谱特性好、允许的光电流大、灵敏度高、使用寿命长、体积小等优点,所以应用广泛。此外许多光敏电阻对红外线敏感,适宜于在红外线光谱区工作。光敏电阻的缺点是型号相同的光敏电阻参数参差不齐,并且由于光照特性的非线性,不适宜于测量要求线性的场合,常用作开关式光电信号的传感元件。

8.1.2 光敏二极管和光敏晶体管

1. 结构原理

光敏二极管的结构与一般二极管相似。它装在透明玻璃外壳中,其 PN 结装在管的顶部,可以直接受到光照射(见图 8-8)。光敏二极管在电路中一般处于反向工作状态(见图 8-9),在没有光照射时,反向电阻很大,反向电流很小,该反向电流称为暗电流,当光照射在 PN 结上,光子打在 PN 结附近,使 PN 结附近产生光生电子和光生空穴对,它们在 PN 结处的内电场作用下做定向运动,形成光电流。光的照度越大,光电流越大。因此光敏二极管在不受光照射时处于截止状态,受光照射时处于导通状态。

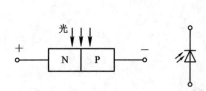

图 8-8 光敏二极管结构简图和符号

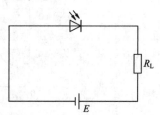

图 8-9 光敏二极管接线图

光敏晶体管与一般晶体管很相似,具有两个 PN 结,如图 8-10(a)所示,只是它的发射极一边做得很大,以扩大光的照射面积。光敏晶体管接线如图 8-10(b)所示,大多数光敏晶体管的基极无引线,当集电极加上相对于发射极为正的电压而不接基极时,集电结就是反向偏压,当光照射在集电结时,就会在结附近产生电子—空穴对,光生电子被拉到集电极,基区留下空穴,使基极与发射极间的电压升高,这样便会有大量的电子流向集电极,形成输出电流,且集电极电流为光电流的 β 倍,所以光敏晶体管有放大作用。

光敏晶体管的光电灵敏度虽然比光敏二极管高得多,但在需要高增益或大电流输出的场合,需采用达林顿光敏管。图 8-11 是达林顿光敏管的等效电路,它是一个光敏晶体管和一个晶体管以共集电极连接方式构成的集成器件。由于增加了一级电流放大,所以输出电流能力大大加强,甚至可以不必经过进一步放大,便可直接驱动灵敏继电器。但由于无光照时的暗电流也增大,因此适合于开关状态或位式信号的光电变换。

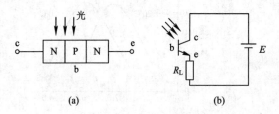

图 8-10 NPN 型光敏晶体管结构简图和基本电路
(a) 结构简图;(b) 基本电路

图 8-11 达林顿光敏管的等效电路

2. 基本特性

(1)光谱特性 光敏管的光谱特性是指在一定照度时,输出的光电流(或用相对灵敏度表示)与入射光波长的关系。硅和锗光敏二极(晶体)管的光谱特性曲线如图 8-12 所示。从曲线可以看出,硅的峰值波长约为 0.9 μm,锗的峰值波长约为 1.5 μm,此时灵敏度最大,而

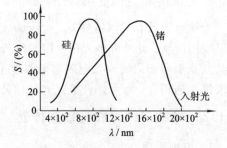

图 8-12 光敏二极(晶体)管的光谱特性

当入射光的波长增长或缩短时，相对灵敏度都会下降。一般来讲，锗管的暗电流较大，因此性能较差，故在可见光或探测炽热状态物体时，一般都用硅管。但对红外光的探测，用锗管较为适宜。

(2) 伏安特性　图 8-13(a)为硅光敏二极管的伏安特性，横坐标表示所加的反向偏压。当光照射时，反向电流随着光照强度的增大而增大，在不同的照度下，伏安特性曲线几乎平行，所以只要没达到饱和值，它的输出实际上不受偏压大小的影响。

图 8-13(b)为硅光敏晶体管的伏安特性。纵坐标为光电流，横坐标为集电极－发射极电压。从图中可见，由于晶体管的放大作用，在同样照度下，其光电流比相应的二极管大百倍。

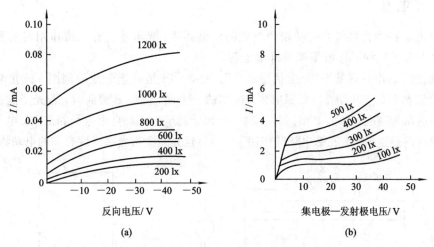

图 8-13　硅光敏晶体管的伏安特性
(a) 硅光敏二极管；(b) 硅光敏晶体管

(3) 频率特性　光敏管的频率特性是指光敏管输出的光电流(或相对灵敏度)随频率变化的关系。光敏二极管的频率特性是半导体光电器件中最好的一种，普通光敏二极管频率响应时间达 $10\ \mu s$。光敏晶体管的频率特性受负载电阻的影响，图 8-14 为光敏晶体管的频率特性，减小负载电阻可以提高频率响应范围，但输出电压响应也减小。

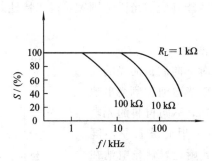

图 8-14　光敏晶体管的频率特性

(4) 温度特性　光敏管的温度特性是指光敏管的暗电流及光电流与温度的关系。光敏晶体管的温度特性曲线如图 8-15 所示。从特性曲线可以看出，温度变化对光电流影响很小(图(b))，而对暗电流影响很大(图(a))，所以在电子线路中应该对暗电流进行温度补偿，否则将会导致输出误差。

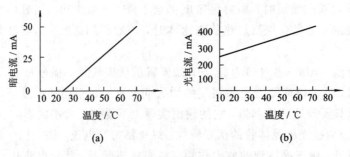

图 8-15 光敏晶体管的温度特性

8.1.3 光电池

光电池是一种直接将光能转换为电能的光电器件。光电池在有光线作用时实质就是电源，电路中有了这种器件就不需要外加电源。

光电池的工作原理基于"光生伏特效应"。图 8-16 是硅光电池原理图。硅光电池实际上是一个大面积的 PN 结，当光照射到 PN 结的一个面，例如 P 型面时，若光子能量大于半导体材料的禁带宽度，那么 P 型区每吸收一个光子就产生一对自由电子和空穴，电子—空穴对从表面向内迅速扩散，在结电场的作用下，最后建立一个与光照强度有关的电动势。

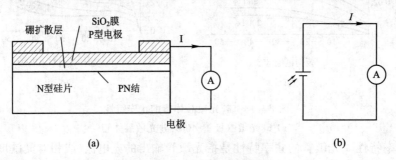

图 8-16 硅光电池原理图
(a) 结构示意图；(b) 等效电路

光电池的种类很多，有硒光电池、氧化亚铜光电池、锗光电池、硅光电池、砷化镓光电池等，其中硅光电池由于性能稳定，光谱范围宽，频率特性好，转换效率高及耐高温辐射等，备受人们重视。

光电池基本特性有以下四种。

(1) 光谱特性　光电池对不同波长的光的灵敏度是不同的。图 8-17 为硅光电池和硒光电池的光谱特性曲线。从图中可知，不同材料的光电池，光谱响应峰值所对应的入射光波长是不同的，硅光电池波长在 $0.8\ \mu m$ 附近，硒光电池在 $0.5\ \mu m$ 附近。硅光电池的光谱响应波长范围为 $0.4\sim1.2\ \mu m$，而硒光电池的为 $0.38\sim0.75\ \mu m$。可见，硅光电池可以在很宽的波长范围内得到应用。

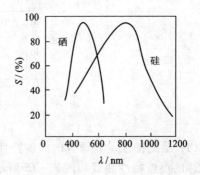

图 8-17 硅光电池和硒光电池的光谱特性

(2) 光照特性 光电池在不同光照度下,其光电流和光生电动势是不同的,它们之间的关系就是光照特性。图 8-18 为硅光电池的开路电压和短路电流与光照的关系曲线。从图中可看出,短路电流在很大范围内与光照强度呈线性关系,开路电压(即负载电阻 R_L 无限大时)与光照度的关系是非线性的,并且当照度在 2000 lx 时就趋于饱和了。因此用光电池作为测量

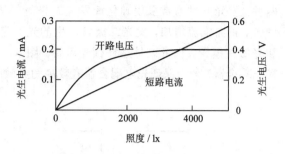

图 8-18 硅光电池的光照特性

元件时,应把它当作电流源的形式来使用,不宜用作电压源。

(3) 频率特性 图 8-19 分别给出了硅光电池和硒光电池的频率特性,横坐标表示光的调制频率。由图可见,硅光电池有较好的频率特性。

(4) 温度特性 光电池的温度特性是描述光电池的开路电压和短路电流随温度变化的情况。由于它关系到应用光电池的仪器或设备的温度漂移,影响到测量精度或控制精度等重要指标,因此温度特性是光电池的重要特性之一。硅光电池的温度特性如图 8-20 所示。从图中可看出,开路电压随温度升高而下降的速度较快,而短路电流随温度升高而缓慢增加。由于温度对光电池的工作有很大影响,因此把光电池作为测量元件使用时,最好能保证温度恒定或采取温度补偿措施。

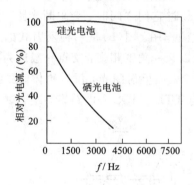

图 8-19 硅光电池和硒光电池的频率特性

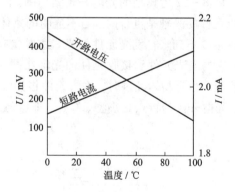

图 8-20 硅光电池的温度特性

8.1.4 光电耦合器件

光电耦合器件是由发光元件(如发光二极管)和光电接收元件合并使用,以光作为媒介把输入端的电信号耦合到输出端的一种器件。根据结构和用途的不同,可将光电耦合器件分为两类,一类是用于实现电隔离的光电耦合器(又称光电隔离器),另一类是用于检测物体位置或检测有无物体的光电开关。

光电耦合器件具有体积小、寿命长、无触点、抗干扰能力强、输出和输入之间绝缘、可单向传输模拟或数字信号等特点。

1. 光电耦合器

光电耦合器的发光元件和接收元件都封装在一个外壳内,一般有金属封装和塑料封装

两种。发光器件通常采用砷化镓发光二极管,其管芯由一个 PN 结组成,随着正向电压的增大,正向电流增加,发光二极管产生的光通量也增加。光电接收元件可以是光敏二极管和光敏三极管,也可以是达林顿光敏管。图 8-21 为光敏三极管和达林顿光敏管输出型的光电耦合器。为了保证光电耦合器有较高的灵敏度,应使发光元件和接收元件的波长匹配。

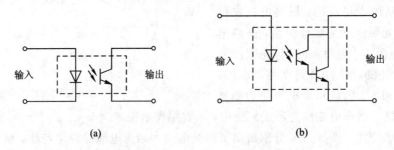

图 8-21 光电耦合器组合形式

光电耦合器实际上是一个电量隔离转换器,它具有抗干扰性能和单向信号传输等功能,有时可取代继电器、变压器、斩波器等,广泛应用在电路隔离、电平转换、噪声抑制等场合。

2. 光电开关

光电开关是一种利用感光元件对变化的入射光加以接收,并进行光电转换,同时加以某种形式的放大和控制,从而获得最终的控制输出"开""关"信号的器件。

图 8-22 为典型的光电开关结构图。图(a)是一种透射式的光电开关,它的发光元件和接收元件的光轴是重合的。当不透明的物体位于或经过它们之间时,会阻断光路,使接收元件接收不到来自发光元件的光,这样就起到了检测作用。图(b)是一种反射式的光电开关,它的发光元件和接收元件的光轴在同一平面且以某一角度相交,交点一般即为待测物所在处。当有物体经过时,接收元件将接收到从物体表面反射的光,没有物体时则接收不到。光电开关的特点是小型、高速、非接触,而且与 TTL、MOS 等电路容易结合。

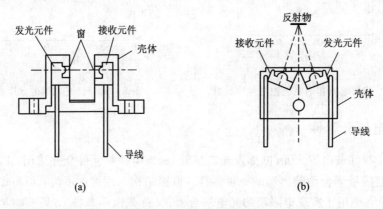

图 8-22 光电开关的结构
(a) 透射式;(b) 反射式

用光电开关检测物体时,大部分只要求其输出信号有"高""低"(1 或 0)之分。图 8-23 是光电开关的基本电路示例。图(a)(b)表示负载为 CMOS 比较器等高输入阻抗电路时的情况,图(c)表示用晶体管放大光电流的情况。

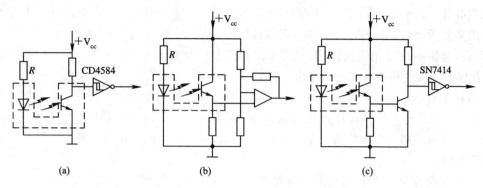

图 8-23 光电开关的基本电路

光电开关广泛应用于工业控制、自动化包装线及安全装置中作为光控制和光探测装置，可在自动控制系统中用作物体检测、产品计数、料位检测、尺寸控制、安全报警及计算机输入接口等。

8.1.5 电荷耦合器件

电荷耦合器件（Charge Couple Device，缩写为 CCD）是一种大规模金属氧化物半导体（MOS）集成电路光电器件。它以电荷为信号，具有光电信号转换、存储、移位并读出信号电荷的功能。CCD 自 1970 年问世以来，由于其独特的性能而发展迅速，广泛应用于航天、遥感、工业、农业、天文及通信等军用及民用领域信息存储及信息处理等方面，尤其适用于以上领域中的图像识别技术中。

1. CCD 的结构及工作原理

(1) MOS 光敏元 CCD 是由若干个电荷耦合单元组成的，其基本单元是 MOS（金属—氧化物—半导体）光敏元，结构如图 8-24(a)所示。它以 P 型（或 N 型）半导体为衬底，上面覆盖一层厚度约 120 nm 的氧化层 SiO_2 作为电解质，再在 SiO_2 表面依次沉积一层金属电极为栅电极，形成了金属—氧化物—半导体 MOS 结构元。

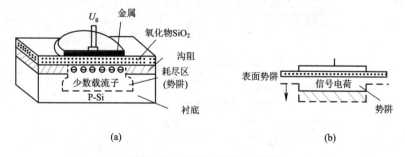

图 8-24 MOS 光敏元的结构
(a) MOS 光敏元截面；(b) 势阱图

当在金属电极上施加一个正电压 U_g 时，衬底接地，在电场的作用下，靠近氧化层的 P 型硅中的多数载流子（空穴）受到排斥，从而形成一个耗尽区，它对带负电的电子而言是一个势能很低的区域，称为势阱。半导体内的少数载流子（电子）被吸引到 P-Si 界面处来，从而在界面附近形成一个带负电荷的耗尽区，也称表面势阱，如图 8-24(b)所示。如果有光照射在硅片上,在光子作用下,半导体硅将产生电子—空穴对,由此产生的光生电子就被附近的势阱所吸收,而同时产生的空穴被排斥出耗尽区,势阱内所吸收的光生电子数量与入射到该势阱附近的光强成正比。这样的一个 MOS 结构元为 MOS 光敏元,叫作一个像素,存储了电荷的势阱被称为电荷包。

通常在半导体硅片上有几百或几千个相互独立的 MOS 光敏元,若在金属电极上施加一正电压,则在这半导体硅片上就形成几百个或几千个相互独立的势阱。如果照射在这些光敏元上的是一幅明暗起伏的图像,那么这些光敏元就感生出一幅与光照强度相对应的光生电荷图像。

(2) 电荷移位 CCD 由一系列彼此非常靠近的 MOS 光敏元依次排列,其上制作许多互相绝缘的金属电极,相邻电极之间仅隔极小的距离,保证相邻势阱耦合及电荷转移。对于可移动的电荷信号都将力图向表面势大的位置移动。为保证信号电荷按确定方向和路线转移,在各电极上所加的电压严格满足相位要求。下面以三相(也有二相和四相)时钟脉冲控制方式为例说明电荷定向转移的过程。把 MOS 光敏元电极分成三组,在其上面分别施加三个相位不同的控制电压 Φ_1、Φ_2、Φ_3,见图 8-25(b),控制电压 Φ_1、Φ_2、Φ_3 的波形见图 8-25(a)所示。

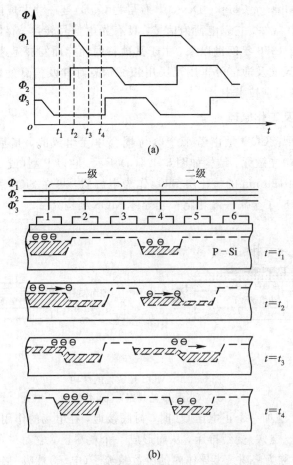

图 8-25 三相 CCD 时钟电压与电荷转移的关系
(a) 三相时钟脉冲波形;(b) 电荷转移过程

当 $t=t_1$ 时，Φ_1 相处于高电平，Φ_2、Φ_3 相处于低电平，在电极 1、4 下面出现势阱，存储了电荷。在 $t=t_2$ 时，Φ_2 相也处于高电平，电极 2、5 下面出现势阱。由于相邻电极之间的间隙很小，电极 1、2 及 4、5 下面的势阱互相耦合，使电极 1、4 下的电荷向电极 2、5 下的势阱转移。随着 Φ_1 电压下降，电极 1、4 下的势阱相应变浅。在 $t=t_3$ 时，有更多的电荷转移到电极 2、5 下的势阱内。在 $t=t_4$ 时，只有 Φ_2 处于高电平，信号电荷全部转移到电极 2、5 下的势阱内。随着控制脉冲的变化，信号电荷便从 CCD 的一端转移到终端，实现了电荷的耦合与转移。

(3) 电荷信号输出结构　电荷信号输出结构的作用是将 CCD 中的信号电荷变换为电流或电压输出，图 8-26 是 CCD 输出端结构示意图。它实际上是在 CCD 阵列的末端衬底上制作一个输出二极管，当输出二极管加上反向偏压时，转移到终端的电荷在时钟脉冲作用下移向输出二极管，被二极管的 PN 结所收集，在负载 R_L 上就形成脉冲电流 I_o。输出电流的大小与信号电荷大小成正比，并通过负载电阻 R_L 变为信号电压 U_o 输出。

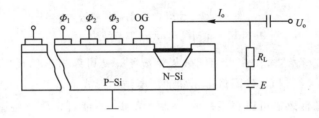

图 8-26　CCD 输出端结构

2. CCD 固态图像传感器

电荷耦合器件用于固态图像传感器中，作为摄像或像敏的器件。

CCD 固态图像传感器由感光部分和移位寄存器组成。感光部分利用 MOS 光敏元的光电转换功能将投射到光敏元上的光学图像（即光强的空间分布）转换为与光强成正比的、大小不等的电荷包空间分布，然后利用移位寄存器的移位功能将光生电荷"图像"转移出来，从输出电路上检测到幅度与光生电荷包成正比的电脉冲序列，从而将照射在 CCD 上的光学图像转换为电信号图像。

根据光敏元件排列形式的不同，CCD 固态图像传感器可分为线型和面型两种。

(1) 线型 CCD 图像传感器　线型 CCD 图像传感器是由一列 MOS 光敏元和一列 CCD 移位寄存器构成的，光敏元与移位寄存器之间有一个转移控制栅，基本结构如图 8-27(a) 所示。转移控制栅控制光电荷向移位寄存器转移，一般使信号转移时间远小于光积分时间。在光积分周期里，各个光敏元中所积累的光电荷与该光敏元上所接收的光照强度和光积分时间成正比，光电荷存储于光敏单元的势阱中。当转移控制栅开启时，各光敏元收集的信号电荷并行地转移到 CCD 移位寄存器的相应单元。当转移控制栅关闭时，MOS 光敏元阵列又开始下一行的光电荷积累。同时，在移位寄存器上施加时钟脉冲，将已转移到 CCD 移位寄存器内的上一行的信号电荷由移位寄存器串行输出，如此重复上述过程。

图 8-27(b) 为双行结构图。光敏元中的信号电荷分别转移到上下方的移位寄存器中，然后在时钟脉冲的作用下向终端移动，在输出端交替合并输出。这种结构与长度相同的单行结构相比较，可以获得高出两倍的分辨率；同时由于转移次数减少一半，使 CCD 电荷转

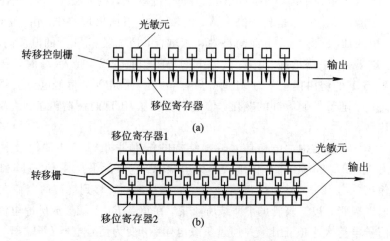

图 8 - 27 线型 CCD 图像传感器
(a) 单行结构；(b) 双行结构

移损失大为减少；双行结构在获得相同效果情况下，又可缩短器件尺寸。由于这些优点，双行结构已发展成为线型 CCD 图像传感器的主要结构形式。

线型 CCD 图像传感器可以直接接收一维光信息，不能直接将二维图像转变为视频信号输出，为了得到整个二维图像的视频信号，就必须用扫描的方法。

线型 CCD 图像传感器主要用于测试、传真和光学文字识别技术等方面。

（2）面型 CCD 图像传感器　按一定的方式将一维线型光敏元及移位寄存器排列成二维阵列，即可以构成面型 CCD 图像传感器。

面型 CCD 图像传感器有三种基本类型：线转移型、帧转移型和隔离转移型，如图 8 - 28 所示。

图 8 - 28(a)为线转移面型 CCD 图像传感器的结构图。它由行扫描发生器、感光区和输出寄存器等组成。行扫描发生器将光敏元件内的信息转移到水平（行）方向上，驱动脉冲将信号电荷一位位地按箭头方向转移，并移入输出寄存器，输出寄存器亦在驱动脉冲的作用下使信号电荷经输出端输出。这种转移方式具有有效光敏面积大、转移速度快、转移效率高等特点，但电路比较复杂，易引起图像模糊。

图 8 - 28(b)为帧转移面型 CCD 图像传感器的结构图。它由光敏元面阵（感光区）、存储器面阵和输出移位寄存器三部分构成。图像成像到光敏元面阵，当光敏元的某一相电极加有适当的偏压时，光生电荷将被收集到这些光敏元的势阱里，光学图像变成电荷包图像。当光积分周期结束时，信号电荷迅速转移到存储器面阵，经输出端输出一帧信息。当整帧视频信号自存储器面阵移出后，就开始下一帧信号的形成。这种面型 CCD 图像传感器的特点是结构简单，光敏元密度高，但增加了存储区。

图 8 - 28(c)所示结构是用得最多的一种结构形式。它将光敏元与垂直转移寄存器交替排列。在光积分期间，光生电荷存储在感光区光敏元的势阱里；当光积分时间结束时，转移栅的电位由低变高，信号电荷进入垂直转移寄存器中。随后，一次一行地移动到输出移位寄存器中，然后移位到输出器件，在输出端得到与光学图像对应的一行行视频信号。这

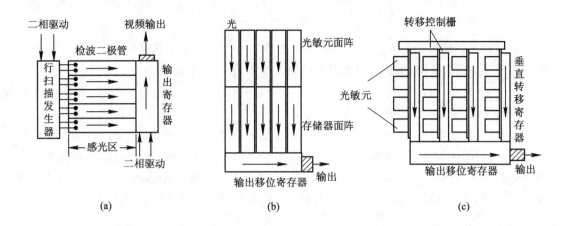

图 8-28 面型 CCD 图像传感器结构
(a) 线转移型；(b) 帧转移型；(c) 隔离转移型

种结构的感光单元面积减小，图像清晰，但单元设计复杂。

面型 CCD 图像传感器主要用于图像的传感，如固体摄像器件、图像存储和图像处理器件。

8.1.6 位置敏感器件(PSD)

位置敏感器件(Position Sensitive Detector，简称 PSD)是一种对其感光面上入射光点位置敏感的器件，也称为坐标光电池，其输出信号与光点在光敏面上的位置有关。

PSD 具有高灵敏度、高分辨率、响应速度快和配置电路简单等优点，在位置坐标的精确测量、位置变化检测、位置跟踪、工业自动控制等领域得到了越来越广泛的应用。

1. PSD 结构及工作原理

PSD 的基本结构如图 8-29 所示。PSD 一般为 PIN 结构，上面为 P 层，下面为 N 层，在 P 层和 N 层之间有一层高电阻率的本征半导体 I 层，它们制作在同一硅片上。P 层是光敏层，也是一个均匀的电阻层，在 P 层表面电阻层的两端各设置一输出极。当入射光照射到 PSD 的光敏层时，在入射位置上产生与入射辐射

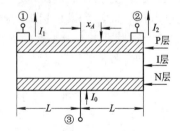

图 8-29 PSD 基本结构示意图

成正比的信号电荷，此电荷形成的光电流通过 P 型电阻层分别由电极①和电极②输出。设电极①②距光敏面中心点的距离分别为 L，光束入射点的位置距中心点的距离为 x_A，流过两电极的电流分别为 I_1 和 I_2，则流过 N 层上电极③的电流 I_0 为 I_1 与 I_2 之和，即 $I_0=I_1+I_2$。电流 I_1、I_2 分别为

$$I_1 = \frac{L-x_A}{2L}I_0 \tag{8-3}$$

$$I_2 = \frac{L+x_A}{2L}I_0 \tag{8-4}$$

由上面两式可得

$$x_A = \frac{I_2 - I_1}{I_2 + I_1} L \tag{8-5}$$

由式(8-5)即可确定光斑能量中心相对于器件中心位置 x_A，它只与 I_1、I_2 电流的差值及总电流 I_0 之间的比值有关，与入射光能的大小无关。

2. PSD 类型

PSD 有两种：一维 PSD 和二维 PSD。

一维 PSD 主要用来测量光点在一维方向上的位置或位置移动量。图 8-30 为 SI543 型一维 PSD 的结构及等效电路。图中，①②为信号电极，③为公共电极，它的感光面大多为细长的矩形条。图(b)中，R_{sh} 为并联电阻，I_p 为电流源，也就是光敏面的光生电流，V_D 为理想二极管，R_D 为定位电阻，C_j 为结电容，它是决定器件响应速度的主要因素。

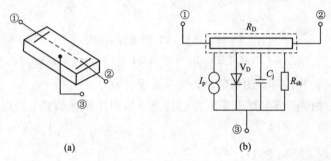

图 8-30　SI543 型一维 PSD 的结构及等效电路
(a) 原理结构；(b) 等效电路

图 8-31 为一维 PSD 的位置转换电路原理图。光电流 I_1 经反向放大器 A_1 放大后，分别送给放大器 A_3 与 A_4，而光电流 I_2 经反向放大器 A_2 放大后也分别送给放大器 A_3 与 A_4。放大器 A_3 为加法电路，完成光电流 I_1 与 I_2 相加的运算；放大器 A_4 为减法电路，完成光电流 I_1 与 I_2 相减的运算；放大器 A_5 用来调整运算后信号的相位。图中反馈电阻 R_f 的阻值大小取决于入射光点的光强以及后续电路的最大输出电压。所有运放均采用低漂移运算放大器。

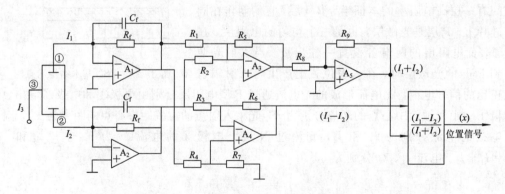

图 8-31　一维 PSD 的位置转换电路原理图

二维 PSD 用来测定光点在平面上的二维 (x, y) 坐标。图 8-32 是二维 PSD 的结构及等效电路，它的感光面是方形的。在 PIN 硅片的光敏面上设置相互垂直的两对电极，对应于电极 X_3、X_4、Y_1、Y_2 的电流分别为 I_x、I_x'、I_y、I_y'，作为位移信号输出。

第 8 章 光电式传感器

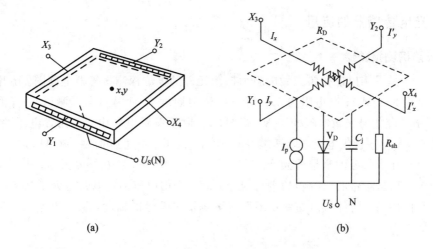

图 8-32 二维 PSD 的结构及等效电路
(a) 外形结构；(b) 等效电路

二维的光电能量中心位置表达式可从一维位置表达式中得到，即

$$\begin{cases} x = \dfrac{I_x - I'_x}{I'_x + I_x} L \\ y = \dfrac{I_y - I'_y}{I'_y + I_y} L \end{cases} \tag{8-6}$$

图 8-33 是二维 PSD 的位置转换电路原理图。转换电路先对 PSD 输出的光电流进行电流—电压转换并放大，再根据位置表达式进行加法、减法和除法运算，得到光点的位置信号。

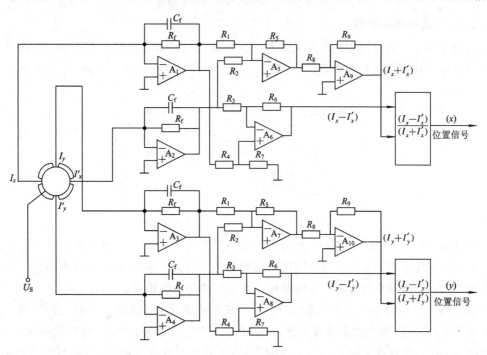

图 8-33 二维 PSD 的位置转换电路原理图

8.1.7 光电传感器的应用

1. 火焰探测报警器

图 8-34 是采用以硫化铅光敏电阻为探测元件的火焰探测报警器电路图。硫化铅光敏电阻的暗电阻为 1 MΩ，亮电阻为 0.2 MΩ（在辐射照度 0.01 W/m² 下测试），峰值响应波长为 2.2 μm。硫化铅光敏电阻处于 V_1 管组成的恒压偏置电路中，其偏置电压约为 6 V，电流约为 6 μA。V_1 管集电极电阻两端并联 68 μF 的电容，可以抑制 100 Hz 以上的高频，使其成为只有几十赫兹的窄带放大器。V_2、V_3 构成二级负反馈互补放大器，火焰的闪动信号经二级放大后送给中心（控制）站进行报警处理。采用恒压偏置电路是为了在更换光敏电阻或长时间使用后，器件阻值的变化不至于影响输出信号的幅度，保证火焰探测报警器能长期稳定地工作。

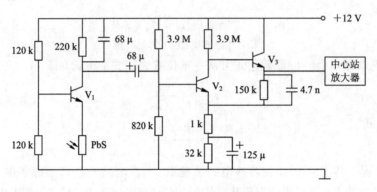

图 8-34 火焰探测报警器电路图

2. 光电式纬线探测器

光电式纬线探测器是应用于喷气织机上，判断纬线是否断线的一种探测器。图 8-35 为光电式纬线探测器电路原理图。

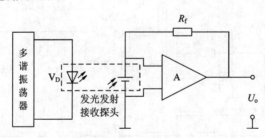

图 8-35 光电式纬线探测器电路原理图

当纬线在喷气作用下前进时，红外发光管 V_D 发出的红外光经纬线反射，由光电池接收，如光电池接收不到反射信号，则说明纬线已断。因此可利用光电池的输出信号，通过后续电路放大、脉冲整形等，控制机器是正常运转还是关机报警。

由于纬线线径很小，又是摆动着前进，形成光的漫反射，削弱了反射光的强度，而且还伴有背景杂散光，因此要求该探测器具有高的灵敏度和分辨率。为此，红外发光管 V_D 采用占空比很小的强电流脉冲供电，这样既能保证发光管使用寿命，又能在瞬间有强光射出，以提高检测灵敏度。一般来说，光电池输出信号比较小，需经放大、脉冲整形，以提高分辨率。

3. 燃气器具中的脉冲点火控制器

由于燃气是易燃、易爆气体,所以对燃气器具中的点火控制器的要求是安全、稳定、可靠。为此电路中有这样一个功能,即打火确认针产生火花,才可以打开燃气阀门,否则燃气阀门关闭,这样就能保证使用燃气器具的安全性。

图 8-36 为燃气器具中高压打火确认电路原理图。在高压打火时,火花电压可达 1 万多伏,这个脉冲高电压对电路工作影响极大,为了使电路正常工作,采用光电耦合器 V_B 进行电平隔离,大大增加了电路抗干扰能力。当高压打火针对打火确认针放电时,光电耦合器中的发光二极管发光,耦合器中的光敏三极管导通,经 V_1、V_2、V_3 放大,驱动强吸电磁阀,将气路打开,燃气碰到火花即燃烧。若高压打火针与打火确认针之间不放电,则光电耦合器不工作,V_1 等不导通,燃气阀门关闭。

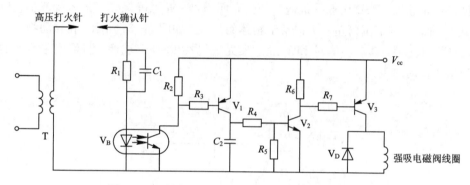

图 8-36 燃气热水器的高压打火确认电路原理图

4. CCD 图像传感器的应用

CCD 图像传感器在许多领域内获得了广泛的应用。前面介绍的电荷耦合器件(CCD)具有将光像转换为电荷分布,以及电荷的存储和转移等功能,所以它是构成 CCD 固态图像传感器的主要光敏器件,取代了摄像装置中的光学扫描系统或电子束扫描系统。

CCD 图像传感器具有高分辨率和高灵敏度,具有较宽的动态范围,这些特点决定了它可以广泛应用于自动控制和自动测量,尤其适用于图像识别技术。CCD 图像传感器在检测物体的位置、工件尺寸的精确测量及工件缺陷的检测方面有独到之处。下面是一个利用 CCD 图像传感器进行工件尺寸检测的例子。

图 8-37 为应用线型 CCD 图像传感器测量物体尺寸的检测系统。物体成像聚焦在图像传感器的光敏面上,视频处理器对输出的视频信号进行存储和数据处理,整个过程由微机控制完成。

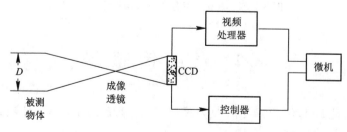

图 8-37 CCD 图像传感器工件尺寸检测系统

根据光学几何原理,可以推导被测物体尺寸的计算公式,即

$$D = \frac{np}{M} \quad (8-7)$$

式中:n——覆盖的光敏像素数;
p——像素间距;
M——倍率。

微机可对多次测量求平均值,精确得到被测物体的尺寸。任何能够用光学成像的零件都可以用这种方法实现不接触的在线自动检测。

5. PSD 的应用

PSD 是检测受光面上点状光束的重心(强度中心)位置的光敏器件。在应用时,PSD 的前面设置聚光透镜,PSD 应选择最适宜的受光面积,这样可确保光点进入受光面。例如测量在 PSD 前面一定范围内左右方向移动物体的位置,如图 8-38 所示。在移动物体上安装发光二极管(LED),移动物体时 LED 通过聚光透镜在 PSD 上成像,测量该移动点的像即可得到物体移动的距离。

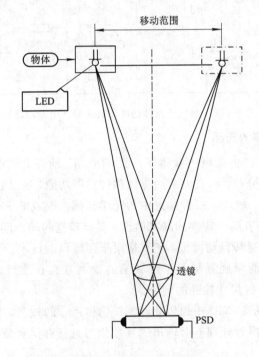

图 8-38 测量在左右方向移动物体的位置

8.2 光纤传感器

光纤传感器是 20 世纪 70 年代中期发展起来的一种新技术,它是伴随着光纤及光通信技术的发展而逐步形成的。

光纤传感器和传统的各类传感器相比有一定的优点,如不受电磁干扰,体积小,重量

轻,可绕曲,灵敏度高,耐腐蚀,高绝缘强度,防爆性好,集传感与传输于一体,能与数字通信系统兼容等。光纤传感器能用于温度、压力、应变、位移、速度、加速度、磁、电、声和PH值等70多个物理量的测量,在自动控制、在线检测、故障诊断、安全报警等方面具有极为广泛的应用潜力和发展前景。

8.2.1 光纤结构及其传光原理

1. 光纤结构

光导纤维简称光纤,它是一种特殊结构的光学纤维,结构如图8-39所示。中心的圆柱体叫纤芯,围绕着纤芯的圆形外层叫包层。纤芯和包层通常由不同掺杂的石英玻璃制成。纤芯的折射率 n_1 略大于包层的折射率 n_2,光纤

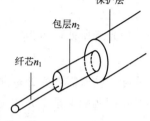

图8-39 光纤的基本结构

的导光能力取决于纤芯和包层的性质。在包层外面还常有一层保护套,多为尼龙材料,以增加机械强度。

2. 光纤传光原理

众所周知,光在空间是直线传播的。在光纤中,光的传输限制在光纤中,并随着光纤能传送很远的距离,光纤的传输是基于光的全内反射。设有一段圆柱形光纤,如图8-40所示,它的两个端面均为光滑的平面。当光线射入一个端面并与圆柱的轴线成 θ_i 角时,在端面发生折射进入光纤后,又以 φ_i 角入射至纤芯与包层的界面,光线有一部分透射到包层,一部分反射回纤芯。但当入射角 θ_i 小于临界入射角 θ_c 时,光线就不会透射出界面,而全部被反射,光在纤芯和包层的界面上反复逐次全反射,呈锯齿波形状在纤芯内向前传播,最后从光纤的另一端面射出,这就是光纤的传光原理。

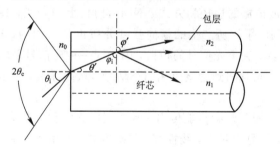

图8-40 光纤的传光原理

根据斯涅尔(Snell)光的折射定律,由图8-40可得

$$n_0 \sin\theta_i = n_1 \sin\theta' \qquad (8-8)$$

$$n_1 \sin\varphi_i = n_2 \sin\varphi' \qquad (8-9)$$

式中,n_0 为光纤外界介质的折射率。

若光在纤芯和包层的界面上发生全反射,则界面上的光线临界折射角 $\varphi_c = 90°$,即 $\varphi' \geq \varphi_c = 90°$,而

$$n_1 \sin\theta' = n_1 \sin\left(\frac{\pi}{2} - \varphi_i\right) = n_1 \cos\varphi_i = n_1 \sqrt{1 - \sin\varphi_i^2}$$

$$= n_1 \sqrt{1 - \left(\frac{n_2}{n_1}\sin\varphi'\right)^2} \qquad (8-10)$$

当 $\varphi' = \varphi_c = 90°$ 时,有

$$n_1 \sin\theta' = \sqrt{n_1^2 - n_2^2} \qquad (8-11)$$

所以,为满足光在光纤内的全内反射,光入射到光纤端面的入射角 θ_i 应满足:

$$\theta_i \leqslant \theta_c = \arcsin\left(\frac{1}{n_0}\sqrt{n_1^2 - n_2^2}\right) \qquad (8-12)$$

一般光纤所处环境为空气,则 $n_0 = 1$,这样式(8-12)可表示为

$$\theta_i \leqslant \theta_c = \arcsin\sqrt{n_1^2 - n_2^2} \qquad (8-13)$$

实际工作时需要光纤弯曲,但只要满足全反射条件,光线仍然继续前进。可见这里的光线"转弯"实际上是由光的全反射所形成的。

8.2.2 光纤基本特性

1. 数值孔径(NA)

数值孔径(NA)定义为

$$\text{NA} = \sin\theta_c = \frac{1}{n_0}\sqrt{n_1^2 - n_2^2} \qquad (8-14)$$

数值孔径是表征光纤集光本领的一个重要参数,即反映光纤接收光量的多少。其意义是:无论光源发射功率有多大,只有入射角处于 $2\theta_c$ 的光锥角内,光纤才能导光。如入射角过大,光线便从包层逸出而产生漏光。光纤的 NA 越大,表明它的集光能力越强,一般希望有大的数值孔径,这有利于提高耦合效率。但数值孔径过大,会造成光信号畸变,所以要适当选择数值孔径的数值,如石英光纤数值孔径一般为 0.2~0.4。

2. 光纤模式

光纤模式是指光波传播的途径和方式。不同入射角度的光线,在界面反射的次数是不同的,传递的光波之间的干涉所产生的横向强度分布也是不同的,这就是传播模式不同。在光纤中传播模式很多不利于光信号的传播,因为同一种光信号采取很多模式传播将使一部分光信号分为多个不同时间到达接收端的小信号,从而导致合成信号的畸变,因此希望光纤信号模式数量要少。

一般纤芯直径为 2~12 μm,只能传输一种模式的光纤称为单模光纤。这类光纤的传输性能好,信号畸变小,信息容量大,线性好,灵敏度高,但由于纤芯尺寸小,制造、连接和耦合都比较困难。纤芯直径较大(50~100 μm),传输模式较多的光纤称为多模光纤。这类光纤的性能较差,输出波形有较大的差异,但由于纤芯截面积大,故容易制造,连接和耦合比较方便。

3. 光纤传输损耗

光纤传输损耗主要来源于材料吸收损耗、散射损耗和光波导弯曲损耗。

目前常用的光纤材料有石英玻璃、多成分玻璃、复合材料等。在这些材料中,由于存在杂质离子、原子的缺陷等都会吸收光,从而造成材料吸收损耗。

散射损耗主要是由于材料密度及浓度不均匀引起的,这种散射与波长的四次方成反比,因此散射随着波长的缩短而迅速增大。所以可见光波段并不是光纤传输的最佳波段,在近红外波段(1~1.7 μm)有最小的传输损耗,因此长波长光纤已成为目前发展的方向。

光纤拉制时粗细不均匀,造成纤维尺寸沿轴线变化,同样会引起光的散射损耗。另外,纤芯和包层界面的不光滑、污染等,也会造成严重的散射损耗。

光波导弯曲损耗是使用过程中可能产生的一种损耗。光波导弯曲会引起传输模式的转换,激发高阶模进入包层产生损耗。当弯曲半径大于 10 cm 时,损耗可忽略不计。

8.2.3 光纤传感器

1. 光纤传感器的工作原理及组成

光纤具有良好的传光特性,可用于信息传递,不需要其他中间介质把待被测量与光纤内的光特性变化联系起来。当外界信号即待被测量作用于光纤时,引起光特征参量发生变化,即入射光的一些特征参量受被测量的调制,利用光探测器测量出射光特征参量的变化达到测量被测量的目的,这就是光纤传感器的基本工作原理。图 8-41 所示为光纤传感器的传感原理图。

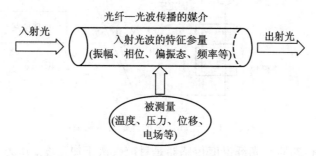

图 8-41 光纤传感器的传感原理图

传感型和传光型传感器组成见图 8-42。由光源发出的光通过源光纤引到敏感元件,被测参数作用于敏感元件,在光的调制区内,使光的某一性质受到被测量的调制,调制后的光信号经接收光纤耦合到光探测器,将光信号转换为电信号。

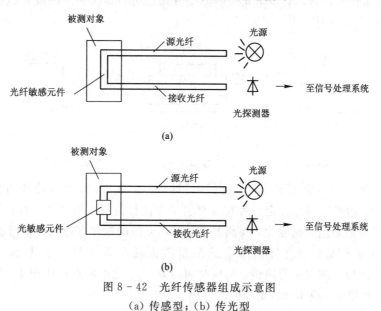

图 8-42 光纤传感器组成示意图
(a) 传感型;(b) 传光型

2. 光纤传感器的应用

光纤传感器由于它的独特性能而受到广泛的重视,它的应用正在迅速地发展。下面我们介绍几种主要的光纤传感器。

(1) 光纤加速度传感器　光纤加速度传感器的组成结构如图 8-43 所示。它是一种简谐振子的结构形式。激光束通过分光板后分为两束光,透射光作为参考光束,反射光作为测量光束。当传感器感受加速度时,由于质量块 M 对光纤的作用,从而使光纤被拉伸,引起光程差的改变。相位改变的激光束由单模光纤射出后与参考光束会合产生干涉效应。激光干涉仪干涉条纹的移动可由光电接收装置转换为电信号,经过信号处理电路处理后便可以正确地测出加速度值。

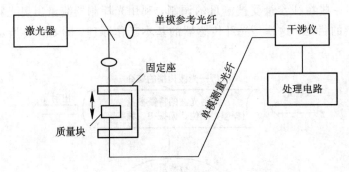

图 8-43　光纤加速度传感器结构简图

(2) 光纤温度传感器　光纤温度传感器是目前仅次于加速度、压力传感器而被广泛使用的光纤传感器。根据工作原理它可分为相位调制型、光强调制型和偏振光型等。这里仅介绍一种光强调制型的半导体光吸收型光纤传感器,图 8-44 为这种传感器的结构原理图。传感器是由半导体光吸收器、光纤、光源和包括光探测器在内的信号处理系统等组成的。光纤是用来传输信号,半导体光吸收器是光敏感元件,在一定的波长范围内,它对光的吸收随温度 T 变化而变化。

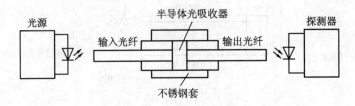

图 8-44　半导体光吸收型光纤温度传感器结构原理图

图 8-45 为半导体的光透过率特性。半导体材料的光透过率特性曲线随温度的增加向长波方向移动,如果适当地选定一种在该材料工作波长范围内的光源,那么就可以使透过半导体材料的光强随温度而变化,探测器检测输出光强的变化即达到测量温度的目的。

这种半导体光吸收型光纤传感器的测量范围随半导体材料和光源而变,一般在 $-100 \sim 300$ ℃ 温度范围内进行测量,响应时间约为 2 s。它的特点是体积小、结构简单、时间响应快、工作稳定、成本低、便于推广应用。

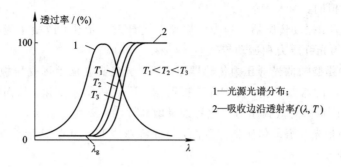

图 8-45 半导体的光透过率特性

(3) 光纤旋涡流量传感器　光纤旋涡流量传感器是将一根多模光纤垂直地装入管道，当液体或气体流经与其垂直的光纤时，光纤受到流体涡流的作用而振动，振动的频率与流速有关。测出频率就可知流速。这种流量传感器结构示意图如图 8-46 所示。

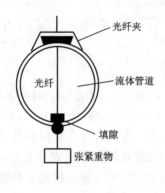

图 8-46 光纤旋涡流量传感器

当流体运动受到一个垂直于流动方向的非流线体阻碍时，根据流体力学原理，在某些条件下，在非流线体的下游两侧产生有规则的旋涡，其旋涡的频率 f 与流体的流速可表示为

$$f = S_t \frac{v}{d} \tag{8-15}$$

式中：v——流体流速；

　　　d——流体中物体的横向尺寸大小；

　　　S_t——斯特罗哈尔（Strouhal）系数，它是一个无量纲的常数，仅与雷诺数有关。

式(8-15)是旋涡流量计测量流量的基本理论依据。旋涡流量计工作原理将在第 15 章流量测量中介绍。

在多模光纤中，光以多种模式进行传输，在光纤的输出端，各模式的光就形成了干涉图样，这就是光斑。一根没有外界扰动的光纤所产生的干涉图样是稳定的，当光纤受到外界扰动时，干涉图样的明暗相间的斑纹或斑点发生移动。如果外界扰动是流体的涡流引起的，那么干涉图样斑纹或斑点就会随着振动的周期变化来回移动，这时测出斑纹或斑点的移动，即可获得对应于振动频率 f 的信号，根据式(8-15)推算流体的流速 v。

这种流体传感器可测量液体和气体的流量，因为传感器没有活动部件，测量可靠，而且对流体流动不产生阻碍作用，因此压力损耗非常小。这些特点是孔板、涡轮等许多传统流量计所无法比拟的。

(4) 光纤压力、振动传感器　压力和振动使光纤发生形变，改变了光在光纤中的传输特性，图 8-47 为光纤压力和振动传感器。

图 8-47(a)是微扭曲光纤压力传感器原理图，光纤夹在波浪形受压板之间，受压板使光纤生成许多细小的弯曲形变，使光纤的折射率、形状和尺寸变化，从而导致光纤的传播速度改变，这种传感器对低频压力变化特别灵敏。

图 8-47(b)是光纤振动传感器原理图，将光纤弯成 U 形，在 U 形前端加振动时，引起输出光的振幅调制。

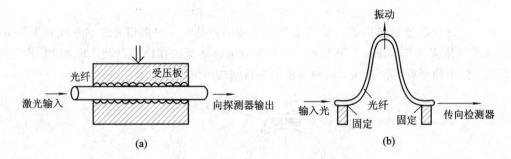

图 8-47　光纤压力和振动传感器结构原理图
(a) 微扭曲光纤压力传感器；(b) 光纤振动传感器

(5) 光纤位移传感器　图 8-48 为反射式光纤位移传感器原理图。光源发射的光耦合到输入光纤，从输入光纤射出的光经被测物体的表面直接或间接反射后，反射光由接收光纤收集，传送到光探测器并转换成电信号输出，接收光纤输出的光强取决于被测物体和探头之间的距离，属于光强度调制型传感器。

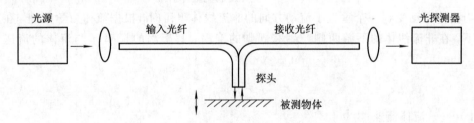

图 8-48　反射式光纤位移传感器原理图

思考题和习题

8-1　光电效应有哪几种？相对应的光电器件各有哪些？

8-2　试述光敏电阻、光敏二极管、光敏晶体管和光电池的工作原理，在实际应用时各有什么特点？

8-3　光电耦合器分为哪两类？各有什么用途？

8-4　试述光电开关的工作原理(拟定光电开关用于自动装配流水线上工件的计数装置检测系统)。

8-5　如何理解电荷耦合器件有"电子自扫描"作用？

8-6　光在光纤中是怎样传输的？对光纤及入射光的入射角有什么要求？

8-7　光纤数值孔径 NA 的物理意义是什么？对 NA 取值大小有什么要求？

8-8　当光纤的 $n_1=1.46$，$n_2=1.45$，如光纤外部介质的 $n_0=1$，求光在光纤内产生全内反射时入射光的最大入射角 θ_c 的值。

8-9　根据图 8-44 和图 8-45，说明半导体光吸收型光纤温度传感器的工作原理。

第 9 章 半导体传感器

半导体传感器是典型的物理型传感器,它通过某些材料的物理变化来实现被测量的直接转换。半导体传感器测量时没有相对运动,结构简单,灵敏度高,功耗低,安全可靠,易于微型化,容易实现传感器的集成化和智能化。缺点是线性范围窄,输出特性易受温度影响而产生漂移,需采取补偿措施。

凡使用半导体为敏感元件的传感器都属于半导体传感器,前面章节已介绍了压阻式、霍尔式及光敏式等半导体传感器,本章主要介绍气敏传感器、湿敏传感器和色敏传感器。

9.1 半导体气敏传感器

9.1.1 概述

随着科学技术的进步、工业化的发展及人类生活的相应变化,在不同的场合排放出气体的种类、数量日益增多。这些气体许多是易燃易爆(如煤矿瓦斯、天然气、液化石油气、氢气等)或者对于人体有毒害的(如一氧化碳、氟利昂、氨气等),如果泄漏到空气中,就会污染环境,影响生态平衡,甚至导致爆炸、火灾、中毒等事故发生。为了防止事故的发生,保护人类的生存环境,对各种有毒、有害气体的探测,对大气污染、工业废气的监控以及对人居环境的检测提出了更高的要求。

气敏传感器是用来检测气体类别、浓度和成分的传感器。由于气体种类繁多,性质各不相同,不可能用一种传感器检测所有类别的气体,因此,能实现气-电转换的传感器种类很多,按构成气敏传感器可分为半导体气敏传感器和非半导体气敏传感器两大类。目前实际使用较多的是半导体气敏传感器。

半导体气敏传感器是利用待测气体与半导体表面接触时产生的电导率等物理性质变化来检测气体的。按照半导体与气体相互作用时产生的变化是限于半导体表面还是深入到半导体内部,半导体气敏传感器可分为表面控制型和体控制型。前者半导体表面吸附的气体与半导体间发生电子接收,结果使半导体的电导率等物理性质发生变化,但内部化学组成不变;后者半导体与气体的反应使半导体内部组成发生变化,从而使电导率变化。按照半导体变化的物理特性,半导体气敏传感器可分为电阻型和非电阻型。电阻型是利用敏感材料接触气体时,其阻值变化来检测气体的成分或浓度的;非电阻型是利用其它参数,如二极管伏安特性和场效应晶体管的阈值电压变化来检测被测气体的。表 9-1 所示为半导体气敏传感器的分类。

表 9 – 1 半导体气敏传感器的分类

类 型		主要物理特性	检测气体	气敏元件
电阻型	表面控制型	电阻	可燃性气体	氧化锡、氧化锌
	体控制型		酒精 可燃性气体 氧气	氧化镁，氧化锌 氧化钛、氧化钴
非电阻型	表面控制型	二极管整流特性	氢气 一氧化碳 酒精	铂—硫化镉 铂—氧化钛
		晶体管特性	氢气、硫化氢	铂栅、钯栅 MOS 场效应管

气敏传感器是暴露在各种成分的气体中使用的，由于检测现场温度、湿度的变化很大，又存在大量粉尘和油雾等，所以其工作条件较恶劣，而且气体会与传感元件的材料发生化学反应，产生的化学反应物附着在元件表面，往往会使其性能变差。因此，对气敏元件有下列要求：能长期稳定工作，重复性好，响应速度快，共存物质产生的影响小等。用半导体气敏元件组成的气敏传感器主要用于工业上的天然气、煤气，石油化工等部门的易燃、易爆、有毒等有害气体的监测、预报和自动控制。

9.1.2　半导体气敏传感器的机理

半导体气敏传感器是利用气体在半导体表面的氧化和还原反应导致敏感元件阻值变化的原理制成的。当半导体器件被加热到稳定状态，在气体接触半导体表面而被吸附时，被吸附的分子首先在表面物性自由扩散，失去运动能量，一部分分子被蒸发掉，另一部分残留分子产生热分解而固定在吸附处（化学吸附）。当半导体的功函数小于吸附分子的亲和力（气体的吸附和渗透特性）时，吸附分子将从器件夺得电子而变成负离子吸附，半导体表面呈现电荷层。例如氧气等具有负离子吸附倾向的气体被称为氧化型气体或电子接收性气体。如果半导体的功函数大于吸附分子的离解能，吸附分子将向器件释放出电子，而形成正离子吸附。具有正离子吸附倾向的气体有 H_2、CO、碳氢化合物和醇类，它们被称为还原型气体或电子供给性气体。

当氧化型气体吸附到 N 型半导体上，还原型气体吸附到 P 型半导体上时，半导体载流子减少，使电阻值增大。当还原型气体吸附到 N 型半导体上，氧化型气体吸附到 P 型半导体上时，载流子增多，使半导体电阻值下降。

图 9 – 1 示出了气体接触 N 型半导体时所产生的器件阻值变化情况。由于空气中的含氧量大体上是恒定的，因此氧的吸附量也是恒定的，器件阻值也相对固定。若气体浓度发生变化，其阻值也将变化。

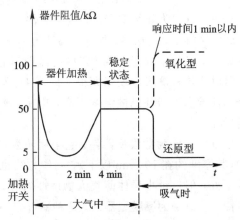

图 9 – 1　N 型半导体吸附气体时器件的阻值变化图

根据这一特性,可以从阻值的变化得知吸附气体的种类和浓度。半导体气敏时间(响应时间)一般不超过 1 min。N 型材料有 SnO_2、ZnO、TiO 等,P 型材料有 MoO_2、CrO_3 等。

9.1.3 半导体气敏传感器的类型及结构

1. 电阻型半导体气敏传感器

半导体气敏传感器一般由三部分组成:敏感元件、加热器和外壳。按其制造工艺来分有烧结型、薄膜型和厚膜型三类。它们的典型结构如图 9-2 所示。

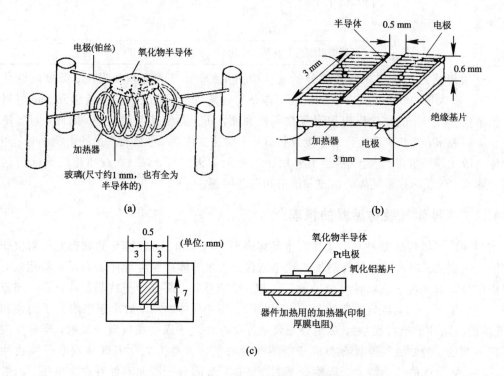

图 9-2 气敏半导体传感器的器件结构
(a) 烧结型器件;(b) 薄膜型器件;(c) 厚膜型器件

图 9-2(a)为烧结型器件。这类器件以 SnO_2 半导体材料为基体,将铂电极和加热丝埋入 SnO_2 材料中,用加热、加压、温度为 700~900℃ 的制陶工艺烧结成形。因此,被称为半导体陶瓷,简称半导瓷。半导瓷内的晶粒直径为 1 μm 左右,晶粒的大小对电阻有一定影响,但对气体检测灵敏度则无很大的影响。烧结型器件制作方法简单,器件寿命长;但由于烧结不充分,器件机械强度不高,电极材料较贵重,电性能一致性较差,因此应用受到一定限制。

图 9-2(b)为薄膜型器件。它采用蒸发或溅射工艺,在石英基片上形成氧化物半导体薄膜(其厚度约在 100 nm 以下),制作方法也很简单。实验证明,SnO_2 半导体薄膜的气敏特性最好,但这种半导体薄膜为物理性附着,因此器件间性能差异较大。

图 9-2(c)为厚膜型器件。这种器件是将氧化物半导体材料与硅凝胶混合制成能印制的厚膜胶,再把厚膜胶印制到装有电极的绝缘基片上,经烧结制成的。这种工艺制成的元件机械强度高,离散度小,适合大批量生产。

这些器件全部附有加热器,它的作用是将附着在敏感元件表面上的尘埃、油雾等烧掉,加速气体的吸附,从而提高器件的灵敏度和响应速度。加热器的温度一般控制在 200~400℃左右。由于加热方式一般有直热式和旁热式两种,因而形成了直热式和旁热式气敏器件。

直热式气敏器件的结构及符号如图 9-3 所示。直热式气敏器件是将加热丝、测量丝直接埋入 SnO_2 或 ZnO 等粉末中烧结而成的,工作时加热丝通电,测量丝用于测量器件阻值。这类器件制造工艺简单、成本低、功耗小,可以在高电压回路下使用,但热容量小,易受环境气流的影响,测量回路和加热回路间没有隔离而相互影响,加热丝与 SnO_2 烧结体之间由于热膨胀系数差异,容易造成接触不良的现象。直热式气敏器件现已很少在实际中使用。

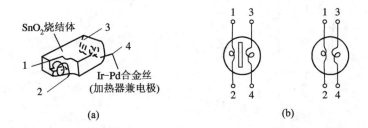

图 9-3 直热式气敏器件的结构及符号
(a) 结构;(b) 符号

旁热式气敏器件的结构及符号如图 9-4 所示,它的特点是将加热丝放置在一个陶瓷管内,管外涂梳状金电极作测量极,在金电极外涂上 SnO_2 等材料。旁热式结构的气敏传感器克服了直热式结构的缺点,使测量极和加热极分离,而且加热丝不与气敏材料接触,避免了测量回路和加热回路的相互影响,器件热容量大,降低了环境温度对器件加热温度的影响,所以这类结构器件的稳定性、可靠性都较直热式器件好,国产 QM-N5 型和日本费加罗 TGS#812、813 型等气敏传感器都采用这种结构。

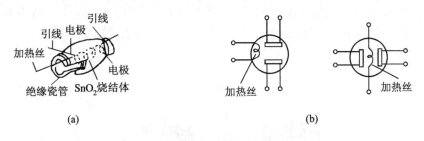

图 9-4 旁热式气敏器件的结构及符号
(a) 结构;(b) 符号

2. 非电阻型半导体气敏传感器

非电阻型气敏器件也是半导体气敏传感器之一。它是利用 MOS 二极管的电容—电压特性的变化以及 MOS 场效应晶体管(MOSFET)的阈值电压的变化等物性而制成的气敏元件。由于这类器件的制造工艺成熟,便于器件集成化,因而其性能稳定且价格便宜。利用特定材料还可以使器件对某些气体特别敏感。

(1) MOS 二极管气敏器件 MOS 二极管气敏器件制作过程是在 P 型半导体硅片上,

利用热氧化工艺生成一层厚度为 50～100 nm 的二氧化硅（SiO_2）层，然后在其上面蒸发一层钯（Pd）的金属薄膜，作为栅电极，如图 9-5(a)所示。由于 SiO_2 层电容 C_a 固定不变，而 Si 和 SiO_2 界面电容 C_s 是外加电压的函数（其等效电路如图 9-5(b)所示），因此由等效电路可知，总电容 C 也是栅偏压的函数。其函数关系称为该类 MOS 二极管的 $C-U$ 特性，如图 9-5(c)中的曲线 a 所示。钯对氢气（H_2）特别敏感，当钯吸附了 H_2 以后，会使钯的功函数降低，导致 MOS 管的 $C-U$ 特性向负偏压方向平移，如图 9-5(c)中的曲线 b 所示。根据这一特性可测定 H_2 的浓度。

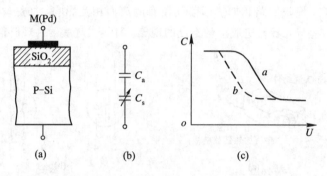

图 9-5 MOS 二极管结构和等效电路
(a) 结构；(b) 等效电路；(c) $C-U$ 特性

(2) MOS 场效应晶体管气敏器件　钯－MOS 场效应晶体管（Pd－MOSFET）的结构如图 9-6 所示。由于 Pd 对 H_2 有很强的吸附性，当 H_2 吸附在 Pd 栅极上时，会引起 Pd 的功函数降低。由 MOSFET 工作原理可知，当栅极（G）、源极（S）之间加正向偏压 U_{GS}，且 $U_{GS} > U_T$（阈值电压）时，栅极氧化层下面的硅从 P 型变为 N 型。这个 N 型区将源极和漏极连接起来，形成导电通道，即为 N 型沟道。此时，MOSFET 进入工作状态。若此时，在源（S）、漏（D）极之间加电压 U_{DS}，则源极和漏极之间有电流（I_{DS}）流通。I_{DS} 随 U_{DS} 和 U_{GS} 的大小而变化，其变化规律即为 MOSFET 的伏安特性。当 $U_{GS} < U_T$ 时，MOSFET 的沟道未形成，故无漏源电流。U_T 的大小除了与衬底材料的性质有关外，还与金属和半导体之间的功函数有关。Pd-MOSFET 气敏器件就是利用 H_2 在钯栅极上吸附后引起阈值电压 U_T 下降这一特性来检测 H_2 浓度的。

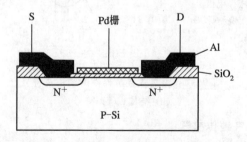

图 9-6 钯—MOS 场效应晶体管的结构

9.1.4 半导体气敏传感器的应用

半导体气敏传感器由于具有灵敏度高、响应时间和恢复时间快、使用寿命长以及成本低等优点，得到了广泛的应用。用于可燃性气体和瓦斯泄漏报警，有毒气体的检测、容器或管道的泄漏检漏、环境监测(粉尘、油雾)等。利用半导体气敏传感器制成的各种检测仪器,如气体成分检测仪、气体(瓦斯)报警器、环境空气净化器等,可检测易燃、易爆、有毒、有害的各种气体,广泛应用于工厂、矿山、宾馆、娱乐场所、家庭等。表 9-2 给出了半导体气敏传感器的应用举例。

表 9-2 半导体气敏传感器的各种检测对象气体

分 类	检测对象气体	应用场所等
爆炸性气体	液化石油气、城市用煤气 甲烷 可燃性煤气	家庭 煤矿 办事处
有毒气体	一氧化碳(不完全燃烧的煤气) 硫化氢、含硫的有机化合物 卤素、卤化物、氨气等	煤气灶 (特殊场所) (特殊场所)
环境气体	氧气(防止缺氧) 二氧化碳(防止缺氧) 水蒸气(调节温度、防止结露) 大气污染(SO_x,NO_x等)	家庭、办公室 家庭、办公室 电子设备、汽车 温室
工业气体	氧气(控制燃烧、调节空气燃料比) 一氧化碳(防止不完全燃烧) 水蒸气(食品加工)	发电机、锅炉 发电机、锅炉 电炊灶
其它	呼出气体中的酒精、烟等	—

9.2 湿敏传感器

湿度是指大气中的水蒸气含量,通常采用绝对湿度和相对湿度两种方法表示。绝对湿度是指在一定温度和压力条件下,每单位体积的混合气体中所含水蒸气的质量,单位为 g/m^3,一般用符号 AH 表示。相对湿度是指气体的绝对湿度与同一温度下达到饱和状态的绝对湿度之比,一般用符号%RH 表示。相对湿度给出大气的潮湿程度,它是一个无量纲的量,在实际使用中多使用相对湿度这一概念。

湿敏传感器是能够感受外界湿度变化,并通过器件材料的物理或化学性质变化,将湿度转化成有用信号的器件。湿度检测较之其它物理量的检测显得困难,这首先是因为空气中水蒸气含量要比空气少得多;另外,液态水会使一些高分子材料和电解质材料溶解,一部分水分子电离后与溶入水中的空气中的杂质结合成酸或碱,使湿敏材料不同程度地受到腐蚀和老化,从而丧失其原有的性质;再者,湿信息的传递必须靠水对湿敏器件直接接触来完成,因此湿敏器件只能直接暴露于待测环境中,不能密封。通常,对湿敏器件有下列要求:在各种气体环境下稳定性好,响应时间短,寿命长,有互换性,耐污染和受温度影响小等。微型化、集成化及廉价是湿敏器件的发展方向。

人们的生活、工农业生产都与周围环境的湿度密切相关,湿敏传感器在环境气象监测、室内环境湿度、仓储、温室种植、水果食用菌保鲜、食品防霉等方面具有越来越重要的作用。

下面介绍一些现已发展比较成熟的湿敏传感器。

9.2.1 氯化锂湿敏电阻

氯化锂湿敏电阻是利用吸湿性盐类潮解,离子导电率发生变化而制成的测湿元件。它由引线、基片、感湿层与金电极组成,如图 9-7 所示。

氯化锂通常与聚乙烯醇组成混合体,在氯化锂(LiCl)溶液中,Li 和 Cl 均以正负离子的形式存在,而 Li^+ 对水分子的吸引力强,离子水合程度高,其溶液中的离子导电能力与溶液的离子数目成正比。当溶液置于一定温湿场中时,若环境相对湿度高,溶液将吸收水分,使溶液中导电的离子数目增加,因此,其溶液电阻率降低。反之,环境相对湿度变低时,溶液中导电的离子数减少,其电阻率增加,从而实现对湿度的测量。氯化锂湿敏电阻的电阻—湿度特性曲线如图 9-8 所示。

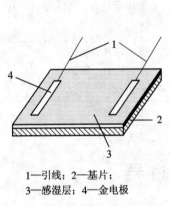

1—引线;2—基片;
3—感湿层;4—金电极

图 9-7 氯化锂湿敏电阻结构示意图　　图 9-8 氯化锂湿敏电阻的电阻—湿度特性曲线

由图 9-8 可知,在 50%～80% 相对湿度范围内,电阻与湿度的变化呈线性关系。为了扩大湿度测量的线性范围,可以将多个氯化锂(LiCl)含量不同的器件组合使用,如将测量范围分别为(10%～20%)RH、(20%～40%)RH、(40%～70%)RH、(70%～90%)RH 和(80%～99%)RH 五种器件配合使用,就可自动地转换完成整个湿度范围的湿度测量。

氯化锂湿敏电阻的优点是滞后小,不受测试环境风速影响,检测精度高达±5%,但其耐热性差,不能用于露点以下测量,器件性能重复性不理想,使用寿命短。

9.2.2 半导体陶瓷湿敏电阻

通常,用两种以上的金属氧化物半导体材料混合烧结而成为多孔陶瓷。这些材料有 $ZnO-LiO_2-V_2O_5$ 系、$Si-Na_2O-V_2O_5$ 系、$TiO_2-MgO-Cr_2O_3$ 系、Fe_3O_4 等,前三种和粉末型 Fe_3O_4 材料的电阻率随湿度增加而下降,故称为负特性湿敏半导体陶瓷,而烧结型 Fe_3O_4 材料的电阻率随湿度增加而增大,故称为正特性湿敏半导体陶瓷。半导体陶瓷以下简称半导瓷。

1. 负特性湿敏半导瓷的导电机理

由于水分子中的氢原子具有很强的正电场,当水在半导瓷表面吸附时,就有可能从半导瓷表面俘获电子,使半导瓷表面带负电。如果该半导瓷是 P 型半导体,则由于水分子吸附使表面电势下降,将吸引更多的空穴到其表面,于是,其表面层的电阻下降。若该半导瓷为 N 型,则由于水分子的附着使表面电势下降,如果表面电势下降较多,则不仅使表面层的电子耗尽,同时吸引更多的空穴到表面层,有可能使表面层的空穴浓度大于电子浓度,出现所谓的表面反型层,这些空穴称为反型载流子。它们同样可以在表面迁移而表现出电导特性。因此,由于水分子的吸附,使 N 型半导瓷材料的表面电阻下降。由此可见,不论是 N 型还是 P 型半导瓷,其电阻率都随湿度的增加而下降。图 9-9 表示了几种负特性半导瓷的电阻与湿度之间的关系。

2. 正特性湿敏半导瓷的导电机理

正特性湿敏半导瓷的导电机理的解释:可以认为这类材料的结构、电子能量状态与负特性材料有所不同,当水分子附着半导瓷的表面使电势变负时,导致其表面层电子浓度下降,但这还不足以使表面层的空穴浓度增加到出现反型程度,此时仍以电子导电为主,于是,表面电阻将由于电子浓度下降而加大。这类半导瓷材料的表面电阻将随湿度的增加而加大。如果对某一种半导瓷,它的晶粒间的电阻并不比晶粒内电阻大很多,那么表面层电阻的加大对总电阻并不起多大作用。不过,通常湿敏半导瓷材料都是多孔的,表面电导占的比例很大,故表面层电阻的升高,必将引起总电阻值的明显升高。但是,由于晶体内部低阻支路仍然存在,正特性湿敏半导瓷的总电阻值的升高没有负特性材料的阻值下降得那么明显。例如烧结型 Fe_3O_4 湿敏电阻具有正特性,图 9-10 给出了 Fe_3O_4 正特性半导瓷湿敏电阻阻值与湿度的关系曲线。从图 9-9 与图 9-10 可以看出,当相对湿度从 0%RH 变化到 100%RH 时,负特性材料的阻值均下降 3 个数量级,而正特性材料的阻值只增大了约一倍。

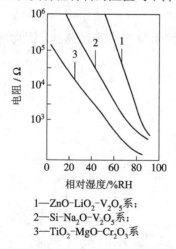
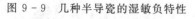

1—ZnO-LiO_2-V_2O_5 系;
2—Si-Na_2O-V_2O_5 系;
3—TiO_2-MgO-Cr_2O_3 系

图 9-9 几种半导瓷的湿敏负特性

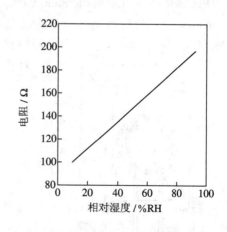

图 9-10 Fe_3O_4 半导瓷的正湿敏特性

3. 典型半导瓷湿敏元件

(1) $MgCr_2O_4$-TiO_2 湿敏元件　氧化镁复合氧化物—二氧化钛湿敏材料通常制成多孔陶瓷型"湿—电"转换器件,它是负特性半导瓷,$MgCr_2O_4$ 为 P 型半导体,它的电阻率低,阻值温度特性好,结构如图9-11所示。在 $MgCr_2O_4 - TiO_2$ 陶瓷片的两面涂覆有多孔金电极,金电极与引线烧结在一起。为了减少测量误差,在陶瓷片外设置由镍铬丝制成的加热线圈,以便对器件加热清洗,排除恶劣气氛对器件的污染。整个器件安装在陶瓷基片上,电极引线一般采用铂-铱合金。

$MgCr_2O_4 - TiO_2$ 陶瓷湿度传感器的相对湿度与电阻值之间的关系如图9-12所示。传感器的电阻值既随所处环境的相对湿度的增加而减小,又随周围环境温度的变化而有所变化。

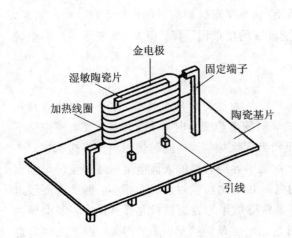

图9-11 $MgCr_2O_4 - TiO_2$ 陶瓷湿度传感器的结构

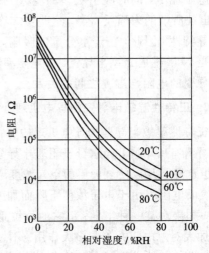

图9-12 $MgCr_2O_4 - TiO_2$ 陶瓷湿度传感器的相对湿度与电阻的关系

(2) $ZnO - Cr_2O_3$ 湿敏元件 $ZnO - Cr_2O_3$ 湿敏元件的结构是将多孔材料的金电极烧结在多孔陶瓷圆片的两表面上,并焊上铂引线,然后将敏感元件装入有网眼过滤的方形塑料外壳中用树脂固定,其结构如图9-13所示。

$ZnO - Cr_2O_3$ 传感器能连续稳定地测量湿度,而无须加热除污装置,因此功耗低于0.5 W,体积小,成本低,是一种常用的测湿传感器。

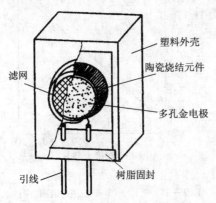

图9-13 $ZnO - Cr_2O_3$ 陶瓷湿敏传感器结构

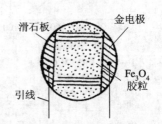

图9-14 Fe_3O_4 湿敏元件构造

(3) 四氧化三铁(Fe_3O_4)湿敏元件 四氧化三铁湿敏元件由基片、金电极和感湿膜组成,器件构造如图9-14所示。基片材料选用滑石瓷,光洁度为▽10~11,该材料的吸水率低,机械强度高,化学性能稳定。基片上制作一对梭状金电极,然后将预先配制好的 Fe_3O_4 胶体液涂覆在梭状金电极的表面,进行热处理和老化。Fe_3O_4 胶粒之间的接触呈凹状,粒子间的空隙使薄膜具有多孔性,当空气相对湿度增大时,Fe_3O_4 胶粒(感湿膜)吸湿,由于水分子的附着,强化颗粒之间的接触,降低粒间的电阻和增加更多的导流通路,所以元件阻值减小。当处于干燥环境中时,胶粒脱湿,粒间接触面减小,元件阻值增大。当环境温度不同时,涂覆膜上所吸附的水分也随之变化,使梭状金电极之间的电阻产生变化。图9-15 和图 9-16 分别为国产 MCS 型 Fe_3O_4 湿敏元件的电阻—湿度特性和温度—湿度特性。

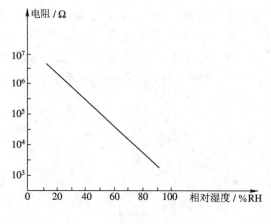

图 9-15　MCS 型 Fe_3O_4 湿敏器件的电阻—湿度特性

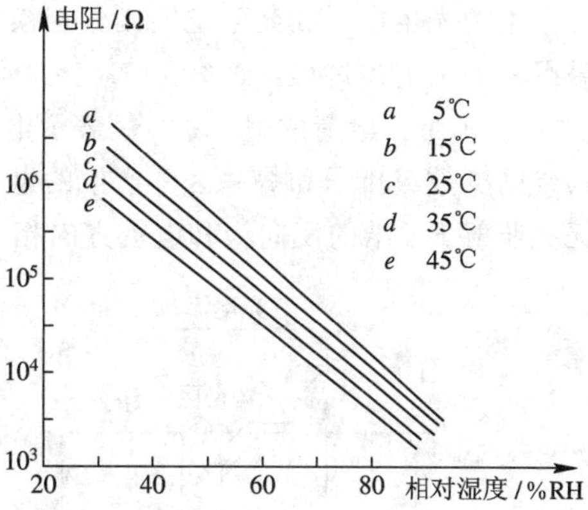

图 9-16　MCS 型 Fe_3O_4 湿敏器件的温度—湿度特性

Fe_3O_4 湿敏器件在常温、常湿下性能比较稳定,有较强的抗结露能力,测湿范围广,有较为一致的湿敏特性和较好的温度—湿度特性,但器件有较明显的湿滞现象,响应时间长,吸湿过程(60%RH→98%RH)需 2 min,脱湿过程(98%RH→12%RH)需 5~7 min。

9.3　色敏传感器

半导体色敏传感器是半导体光敏传感器件中的一种,是基于内光电效应将光信号转换为电信号的光辐射探测器件。不管是光电导器件还是光生伏特效应器件,它们检测的都是一定波长范围内光的强度,或者说光子的数目,而半导体色敏器件则可用来直接测量从可见光到近红外波段内单色辐射的波长。半导体色敏器件是近年来出现的一种新型光敏器件。

9.3.1　半导体色敏传感器的基本原理

半导体色敏传感器相当于两只结构不同的光敏二极管的组合,故又称光敏双结二极管,其结构及等效电路如图 9-17 所示。为了说明色敏传感器的工作原理,有必要回顾光敏二极管的工作原理。

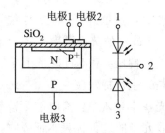

图 9-17　半导体色敏传感器结构和等效电路图

1. 光敏二极管的工作原理

用半导体硅制造的光敏二极管在受光照射时，若入射光子的能量 $h\nu$ 大于硅的禁带宽度 E_g，则光子就激发价带中的电子跃迁到导带而产生一对电子—空穴。这些由光子激发而产生的电子—空穴统称为光生载流子。光敏二极管的基本部分是一个 PN 结，产生的光生载流子只要能扩散到势垒区的边界，其中少数载流子（专指 P 区中的电子和 N 区的空穴）就受势垒区强电场的吸引而被拉向对面区域，这部分少数载流子对电流作出贡献。多数载流子（P 区中的空穴或 N 区中的电子）则受势垒区电场的排斥而留在势垒区的边缘。在势垒区内产生的光生电子和光生空穴则分别被电场扫向 N 区和 P 区，它们对电流也有贡献。用能带图来表示上述过程，如图 9-18(a) 所示。图中 E_c 表示导带底能量；E_v 表示价带顶能量。"○"表示带正电荷的空穴；"·"表示电子。I_L 表示光电流，它由势垒区两边能运动到势垒边缘的少数载流子和势垒区中产生的电子—空穴对构成，其方向是由 N 区流向 P 区，即与无光照射 PN 结的反向饱和电流方向相同。

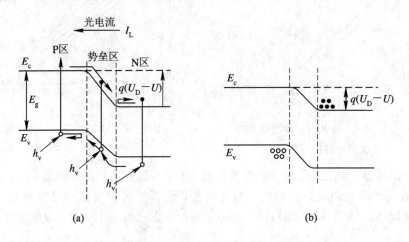

图 9-18 光照下的 PN 结
(a) 光生电子和空穴的运动，光电流产生；(b) 外电路开路，光生电压出现

当 PN 结外电路短路时，这个光电流将全部流过短接回路，即从 P 区和势垒区流入 N 区的光生电子将通过外短接回路全部流到 P 区电极处，与 P 区流出的光生空穴复合。因此，短接时外回路中的电流是 I_L，其方向由 P 端经外接回路流向 N 端。这时，PN 结中的载流子浓度保持平衡值，势垒高度（图 9-18(a) 中的 $q(U_D-U)$）亦无变化。

当 PN 结开路或接有负载时，势垒区电场收集的光生载流子便要在势垒区两边积累，从而使 P 区电位升高，N 区电位降低，造成一个光生电动势，如图 9-18(b) 所示。该电动势使原 PN 结的势垒高度下降为 $q(U_D-U)$。其中 U 即光生电动势，它相当于在 PN 结上加了正向偏压。只不过这是由光照形成的，而不是电源馈送的，这称为光生电压，这种现象就是光生伏特效应。

光在半导体中传播时的衰减是由于价带电子吸收光子而从价带跃迁到导带的结果，这种吸收光子的过程称为本征吸收。硅的本征吸收系数随入射光波长变化的曲线如图 9-19 所示。由图可见，红外部分吸收系数小，紫外部分吸收系数大。这就表明，波长短的光子衰减快，穿透深度较浅，而波长长的光子则能进入硅的较深区域。

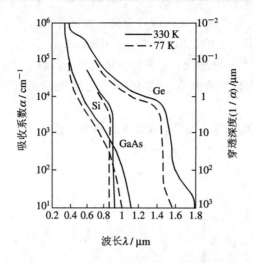

图 9 - 19 吸收系数随波长的变化

对于光电器件而言,还常用量子效率来表征光生电子流与入射光子流的比值大小。其物理意义是指单位时间内每入射一个光子所引起的流动电子数。根据理论计算,可以得到 P 区在不同结深时量子效率随波长变化的曲线,如图 9 - 20 所示。图中 x_j 表示结深。浅的 PN 结有较好的蓝紫光灵敏度,深的 PN 结则有利于红外灵敏度的提高。半导体色敏器件正是利用了这一特性。

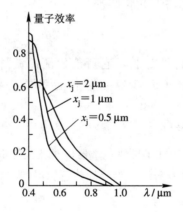

图 9 - 20 量子效率随波长的变化

2. 半导体色敏传感器工作原理

在图 9 - 17 中所表示的 P^+ - N - P 不是晶体管,而是结深不同的两个 PN 结二极管,浅结的二极管是 P^+N 结;深结的二极管是 PN 结。当有入射光照射时,P^+、N、P 三个区域及其间的势垒区中都有光子吸收,但效果不同。如上所述,紫外光部分吸收系数大,经过很短距离已基本吸收完毕。在此,浅结的光电二极管对紫外光的灵敏度高,而红外部分吸收系数较小,这类波长的光子主要在深结区被吸收。因此,深结的那只光电二极管对红外光的灵敏度较高。这就是说,在半导体中不同的区域对不同的波长分别具有不同的灵敏度。这一特性给我们提供了将这种器件用于颜色识别的可能性,也就是可以用来测量入射光的波长。将两只结深不同的光电二极管组合,就构成了可以测定波长的半导体色敏器件。在具体应用时，应先对该色敏器件进行标定，也就是说，测定不同波长的光照下该器件中两只光电二极管短路电流的比值 I_{SD2}/I_{SD1}。I_{SD1} 是浅结二极管的短路电流，它在短波区较大；I_{SD2} 是深结二极管的短路电流，它在长波区较大。因而二者的比值与入射单色光波长的关系就可以确定。根据标定的曲线，实测出某一单色光时的短路电流比值，即可确定该单色光的波长。

图 9-21 表示了不同结深二极管的光谱响应曲线。图中，V_{D1} 代表浅结二极管，V_{D2} 代表深结二极管。

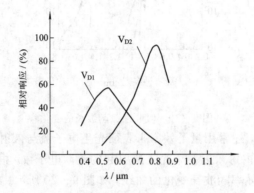

图 9-21 硅色敏管中 V_{D1} 和 V_{D2} 的光谱响应曲线

9.3.2 半导体色敏传感器的基本特征

1. 光谱特性

半导体色敏器件的光谱特性是表示它所能检测的波长范围，不同型号之间略有差别。图 9-22(a)给出了国产 CS—1 型半导体色敏器件的光谱特性，其波长范围是 400～1000 nm。

2. 短路电流比—波长特性

短路电流比—波长特性是表征半导体色敏器件对波长的识别能力，是赖以确定被测波长的基本特性。图 9-22(b)所示为 CS—1 型半导体色敏器件的短路电流比—波长特性曲线。

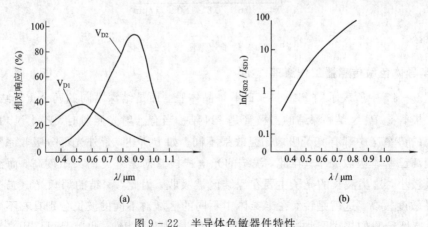

图 9-22 半导体色敏器件特性
(a) 光谱特性；(b) 短路电流比—波长特性

3. 温度特性

由于半导体色敏器件测定的是两只光电二极管短路电流之比,而这两只光电二极管是做在同一块材料上的,具有相同的温度系数,这种内部补偿作用使半导体色敏器件的短路电流比对温度不十分敏感,所以通常可不考虑温度的影响。

9.4 半导体传感器的应用

9.4.1 实用酒精测试仪

图 9-23 所示为实用酒精测试仪的电路。只要被试者向测试仪吹一口气,便可显示出醉酒的程度,确定被试者是否适宜驾驶车辆。该测试仪的气体传感器选用二氧化锡气敏元件。

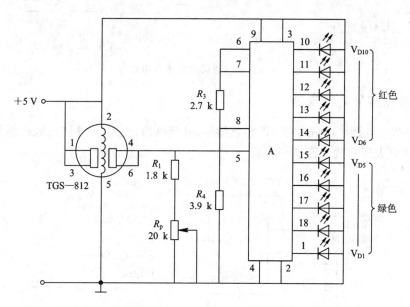

图 9-23 酒精测试仪电路

当气体传感器探测不到酒精时,加在 A 的第 5 脚电平为低电平;当气体传感器探测到酒精时,其内阻变低,从而使 A 的第 5 脚电平变高。A 为显示驱动器,它共有 10 个输出端,每个输出端可以驱动一个发光二极管。显示驱动器 A 根据第 5 脚电压高低来确定依次点亮发光二极管的级数,酒精含量越高则点亮二极管的级数越大。上面 5 个发光二极管为红色,表示超过安全水平。下面 5 个发光二极管为绿色,代表安全水平,酒精含量不超过 0.05%。

9.4.2 直读式湿度计

图 9-24 是直读式湿度计电路,其中 RH 为氯化锂湿度传感器。由 V_1、V_2、T_1 等组成测湿电桥的电源,其振荡频率为 250~1000 Hz。电桥输出经变压器 T_2、C_3 耦合到 V_3,经

V_3 放大后的信号,由 $V_{D1} \sim V_{D4}$ 桥式整流后,输入给微安表,指示出由于相对湿度的变化引起的电流改变,经标定并把湿度显示在微安表盘上,就成为一个简单而实用的直读式湿度计了。

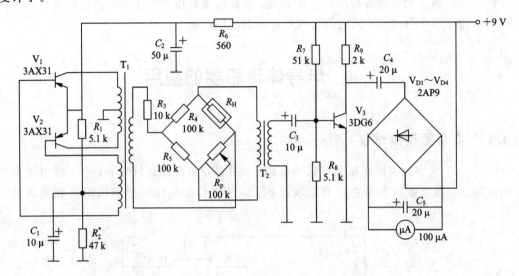

图 9-24 直读式湿度计电路

9.4.3 彩色信号处理电路

图 9-25 所示为检测光波长(即彩色信号)处理电路。它由半导体色敏传感器、两路对数放大器电路及运算放大器 A_3 构成。

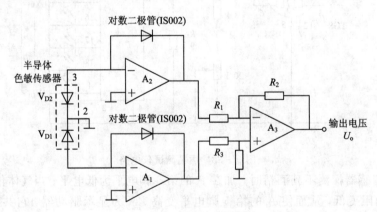

图 9-25 彩色信号处理电路

要识别色彩,必须获得两只光电二极管的短路电流比。故采用对数放大器电路,在电流较小的时候,二极管两端加上的电压和流过电流之间存在近似对数关系,即 A_1、A_2 的输出分别与 $\ln I_{SD1}$、$\ln I_{SD2}$ 成比例,A_3 取出它们的差,输出为

$$U_o = C(\ln I_{SD2} - \ln I_{SD1}) = C \ln\left(\frac{I_{SD2}}{I_{SD1}}\right)$$

其正比于短路电流比 I_{SD2}/I_{SD1} 的对数。其中 C 为比例常数。将电路输出电压经 A/D 变换、处理后即可判断出与电平相对应的波长(即颜色)。

思考题和习题

9-1 简述气敏元件的工作原理。

9-2 为什么多数气敏元件都附有加热器?

9-3 什么叫湿敏电阻?湿敏电阻有哪些类型?各有什么特点?

9-4 根据半导体色敏传感器的结构和等效电路,试述其工作原理。

9-5 何谓短路电流比?它与波长的关系如何?

9-6 根据图9-25,说明用色敏传感器测量光波波长(即颜色)的工作原理。

9-7 图9-23为酒精测试仪电路,A是显示驱动器。问:

① TGS—812是什么传感器?

② TGS—812的2、5脚是传感器哪个部分?有什么作用?

③ 分析电路工作原理,调节电位器R_p有什么意义?

9-8 分析题9-8图所示的汽车驾驶室挡风玻璃自动去湿装置原理。(图中,R_S为加热器,R_H为湿敏电阻。)

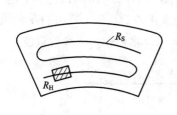
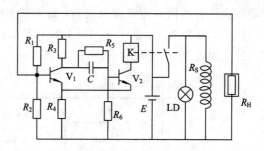

题9-8图

第10章 超声波传感器

超声波技术是一门以物理、电子、机械及材料学为基础的通用技术。它是通过超声波产生、传播及接收的物理过程完成的。超声波具有聚束、定向、反射、透射等特性。按超声振动辐射大小不同大致可分为:用超声波使物体或物性变化的功率应用,称之为功率超声;用超声波获取若干信息,称之为检测超声。这两种超声的应用都必须借助于超声波探头(换能器或传感器)来实现。

目前,超声波技术广泛应用于冶金、船舶、机械、医疗等各个部门的超声探伤、超声清洗、超声焊接、超声检测和超声医疗等方面,并取得了很好的社会效益和经济效益。

10.1 超声波及其物理性质

振动在弹性介质内的传播称为波动,简称波。频率在 $16\sim 2\times 10^4$ Hz 之间,能为人耳所闻的机械波,称为声波;低于 16 Hz 的机械波,称为次声波;高于 2×10^4 Hz 的机械波,称为超声波,如图 10-1 所示。频率在 $3\times 10^8\sim 3\times 10^{11}$ Hz 之间的波,称为微波。

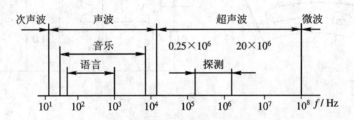

图 10-1 声波的频率界限图

当超声波由一种介质入射到另一种介质时,由于在两种介质中传播速度不同,在介质界面上会产生反射、折射和波型转换等现象。

10.1.1 超声波的波型及其传播速度

声源在介质中的施力方向与波在介质中的传播方向不同,声波的波型也不同。通常有:

① 纵波:质点振动方向与波的传播方向一致的波,它能在固体、液体和气体介质中传播;

② 横波:质点振动方向垂直于波的传播方向的波,它只能在固体介质中传播;

③ 表面波:质点的振动介于横波与纵波之间,沿着介质表面传播,其振幅随深度增加而迅速衰减的波,表面波只在固体的表面传播。

超声波的传播速度与介质密度和弹性特性有关。超声波在气体和液体中传播时,由于不存在剪切应力,剪切模量为零,所以超声波在气体和液体中传播没有横波,只能传播纵波,其传播速度 c 为

$$c = \sqrt{\frac{1}{\rho B_a}} \qquad (10-1)$$

式中：ρ——介质的密度；

B_a——绝对压缩系数。

上述的 ρ、B_a 都是温度的函数，使超声波在介质中的传播速度随温度的变化而变化。

超声波在空气中的传播速度较慢，环境温度为 20℃ 时，超声波的纵波传播速度约为 344 m/s（电磁波的传播速度为 3×10^8 m/s）。超声波在液体中的纵波传播速度为 900～1900 m/s。在固体中，纵波、横波及表面波三者的声速有一定的关系，通常横波的声速为纵波声速的一半，表面波声速为横波声速的 90%。

10.1.2 超声波的反射和折射

超声波从一种介质传播到另一种介质，在两个介质的分界面上一部分被反射，另一部分透射过界面，在另一种介质内部继续传播。这样的两种情况称之为超声波的反射和折射，如图 10-2 所示。

由物理学知识知，当波在界面上产生反射时，入射角 α 的正弦与反射角 α' 的正弦之比等于波速之比。当波在界面处产生折射时，入射角 α 的正弦与折射角 β 的正弦之比等于入射波在第一介质中的波速 c_1 与折射波在第二介质中的波速 c_2 之比，即

$$\frac{\sin\alpha}{\sin\beta} = \frac{c_1}{c_2} \qquad (10-2)$$

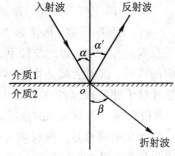

图 10-2 超声波的反射和折射

超声波的反射系数和透射系数可分别由如下两式求得：

$$R = \frac{I_r}{I_0} = \left(\frac{\dfrac{\cos\beta}{\cos\alpha} - \dfrac{\rho_2 c_2}{\rho_1 c_1}}{\dfrac{\cos\beta}{\cos\alpha} + \dfrac{\rho_2 c_2}{\rho_1 c_1}}\right)^2 \qquad (10-3)$$

$$T = \frac{I_t}{I_0} = \frac{4\rho_1 c_1 \cdot \rho_2 c_2 \cdot \cos^2\alpha}{(\rho_1 c_1 \cos\beta + \rho_2 c_2)^2} \qquad (10-4)$$

式中：I_0、I_r、I_t——分别为入射波、反射波、透射波的声强；

α、β——分别为超声波的入射角和折射角；

$\rho_1 c_1$、$\rho_2 c_2$——分别为两介质的声阻抗，其中 c_1 和 c_2 分别为反射波和折射波的速度。

当超声波垂直入射界面，即 $\alpha=\beta=0$ 时，则

$$R = \left(\frac{1 - \dfrac{\rho_2 c_2}{\rho_1 c_1}}{1 + \dfrac{\rho_2 c_2}{\rho_1 c_1}}\right)^2 \qquad (10-5)$$

$$T = \frac{4\rho_1 c_1 \cdot \rho_2 c_2}{(\rho_1 c_1 + \rho_2 c_2)^2} \qquad (10-6)$$

由式 (10-5) 和式 (10-6) 可知，若 $\rho_2 c_2 \approx \rho_1 c_1$，则反射系数 $R \approx 0$，透射系数 $T \approx 1$，此

时超声波几乎没有反射,全部从第一介质透射入第二介质;若 $\rho_2 c_2 \gg \rho_1 c_1$,则反射系数 $R \approx 1$,超声波在界面上几乎全反射,透射极少。同理,当 $\rho_1 c_1 \gg \rho_2 c_2$ 时,反射系数 $R \approx 1$,超声波在界面上几乎全反射。如:在 20℃ 水温时,水的特性阻抗为 $\rho_1 c_1 = 1.48 \times 10^6$ kg/(m²·s),空气的特性阻抗为 $\rho_2 c_2 = 0.000\,429 \times 10^6$ kg/(m²·s),$\rho_1 c_1 \gg \rho_2 c_2$,故超声波从水介质中传播至水气界面时,将发生全反射。

10.1.3 超声波的衰减

超声波在介质中传播时,随着传播距离的增加,能量逐渐衰减,其衰减的程度与超声波的扩散、散射及吸收等因素有关。其声压和声强的衰减规律为

$$P_x = P_0 e^{-ax} \tag{10-7}$$

$$I_x = I_0 e^{-2ax} \tag{10-8}$$

式中:P_x、I_x——距声源 x 处的声压和声强;

x——声波与声源间的距离;

α——衰减系数,单位为 Np/cm(奈培/厘米)。

在理想介质中,超声波的衰减仅来自超声波的扩散,即随超声波传播距离增加而引起声能的减弱。散射衰减是指超声波在介质中传播时,固体介质中的颗粒界面或流体介质中的悬浮粒子使超声波产生散射,其中一部分声能不再沿原来的传播方向运动,而形成散射。散射衰减与散射粒子的形状、尺寸、数量、介质的性质和散射粒子的性质有关。吸收衰减是由于介质黏滞性,使超声波在介质中传播时造成质点间的内摩擦,从而使一部分声能转换为热能,通过热传导进行热交换,导致声能损耗。

10.2 超声波传感器概述

利用超声波在超声场中的物理特性和各种效应而研制的装置称为超声波传感器、换能器或探测器。

超声波发射器和接收器简称为超声波探头。超声波探头按其工作原理可分为压电式、磁致伸缩式、电磁式等,其中以压电式最为常用。

压电式超声波探头常用的材料是压电晶体和压电陶瓷。它是利用压电材料的压电效应来工作的:逆压电效应将高频电振动转换成高频机械振动,从而产生超声波,可作为发射探头;而正压电效应是将超声振动波转换成电信号,可作为接收探头。

超声波探头结构如图 10-3 所示,它主要由压电晶片、吸收块(阻尼块)、保护膜、引线等组

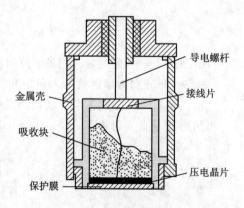

图 10-3 压电式超声波探头结构

成。压电晶片多为圆板形,厚度为 δ。超声波频率 f 与其厚度 δ 成反比。压电晶片的两面镀有银层,作导电的极板。阻尼块的作用是降低晶片的机械品质,吸收声能量。如果没有阻

尼块,当激励的电脉冲信号停止时,晶片将会继续振荡,加长超声波的脉冲宽度,使分辨率变差。

10.3 超声波传感器的应用

10.3.1 超声波物位传感器

超声波物位传感器是利用超声波在两种介质的分界面上的反射特性制成的。如果从发射超声脉冲开始,到接收探头接收到反射波为止的这个时间间隔为已知,就可以求出分界面的位置,利用这种方法可以对物位进行测量。根据发射和接收探头的功能,传感器又可分为单探头和双探头。单探头的传感器发射和接收超声波使用同一个探头,而双探头的传感器发射和接收各由一个探头担任。

图 10-4 给出了几种超声波传感器测量液位的原理图。超声波发射和接收探头可设置在液体介质中,让超声波在液体介质中传播,如图 10-4(a)所示。由于超声波在液体中衰减比较小,所以即使发射的超声脉冲幅度较小也可以传播。超声波发射和接收探头也可以安装在液面的上方,让超声波在空气中传播,如图 10-4(b)所示。这种方式便于安装和维修,但超声波在空气中的衰减比较厉害。

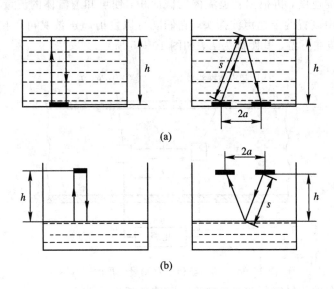

图 10-4 超声波传感器测量液位的原理图
(a) 超声波在液体中传播;(b) 超声波在空气中传播

对于单探头来说,超声波从发射器到液面,又从液面反射到探头的时间为

$$t = \frac{2h}{c} \tag{10-9}$$

则

$$h = \frac{ct}{2} \tag{10-10}$$

式中:h——探头距液面的距离;

c——超声波在介质中传播的速度。

对于如图 10-4 所示的双探头，超声波从发射到接收经过的路程为 $2s$，而

$$s = \frac{ct}{2} \qquad (10-11)$$

因此液位高度为

$$h = \sqrt{s^2 - a^2} \qquad (10-12)$$

式中：s——超声波从反射点到探头的距离；

a——两探头间距之半。

从以上公式中可以看出，只要测得超声波脉冲从发射到接收的时间间隔，便可以求得待测的物位。

超声波物位传感器具有精度高和使用寿命长的特点，但若液体中有气泡或液面发生波动，便会产生较大的误差。在一般使用条件下，它的测量误差为 $\pm 0.1\%$，检测物位的范围为 $10^{-2} \sim 10^4$ m。

10.3.2 超声波流量传感器

超声波流量传感器的测定方法是多样的，如传播速度变化法、波速移动法、多普勒效应法、流动听声法等。但目前应用较广的主要是超声波传播速度变化法。

超声波在流体中传播时，在静止流体和流动流体中的传播速度是不同的，利用这一特点可以求出流体的速度，再根据管道流体的截面积，便可知道流体的流量。

如果在流体中设置两个超声波探头，它们既可以发射超声波又可以接收超声波，一个装在上游，一个装在下游，其距离为 L，如图 10-5 所示。

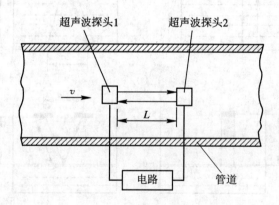

图 10-5　超声波传感器测量流量的原理图

如设顺流方向的传播时间为 t_1，逆流方向的传播时间为 t_2，流体静止时的超声波传播速度为 c，流体流动速度为 v，则

$$t_1 = \frac{L}{c+v} \qquad (10-13)$$

$$t_2 = \frac{L}{c-v} \qquad (10-14)$$

超声波传播时间差为

$$\Delta t = t_2 - t_1 = \frac{2Lv}{c^2 - v^2} \qquad (10-15)$$

从上式便可得到流体的流速,由于 $c \gg v$,上式可写成

$$v = \frac{c^2}{2L}\Delta t \tag{10-16}$$

在实际应用中,超声波探头安装在管道的外部,从管道的外面透过管壁发射和接收超声波,从而不会给管道内流动的流体带来影响,如图 10-6 所示。

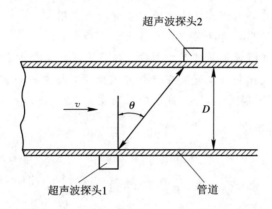

图 10-6 超声波探头安装位置

此时超声波的传输时间将由下式确定:

$$t_1 = \frac{\dfrac{D}{\cos\theta}}{c + v\sin\theta} \tag{10-17}$$

$$t_2 = \frac{\dfrac{D}{\cos\theta}}{c - v\sin\theta} \tag{10-18}$$

超声波流量传感器具有不阻碍流体流动的特点,可测的流体种类很多,不论是非导电的流体、高黏度的流体,还是浆状流体,只要能传输超声波,都可以进行测量。超声波流量计可用来对自来水、工业用水、农业用水等进行测量,还适用于下水道、农业灌渠、河流等流速的测量。

10.3.3 超声波无损探伤

利用超声波可以探测金属内部的缺陷,这是一种非破坏性的检测。当材料内部有缺陷时,材料内部的不连续性造成超声波传输的障碍,超声波通过这种障碍时只能透射一部分声能。在无损检测中,十分细小的微裂纹即可构成超声波不能透过的阻挡层。利用此原理即可构成缺陷的透射检测法。如图 10-7 所示,在检测时,把超声发射探头置于试件的一端,而把接收探头置于试件的另一端,并保证探头和试件之间有良好的耦合,以及两个探头在一条直线上,这样从检测接收的超声波强度就可获得材料内部的缺陷信息。在超声波波束的通道中出现任何缺陷都会使接收信号下降甚至完全消失,这就表明试件中有缺陷存在。

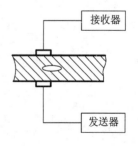

图 10-7 透射法检测缺陷

思考题和习题

10-1 超声波在介质中的传播具有哪些特性？

10-2 图10-3中，超声波探头的吸收块起什么作用？

10-3 超声波物位测量有几种方式？各有什么特点？

10-4 简述超声波测量流量的工作原理，并推导出数学表达式。

10-5 已知超声波探头垂直安装在被测介质底部，超声波在被测介质中的传播速度为1460 m/s，测得时间间隔为28 μs，试求物位高度。

第11章 微波传感器

微波传感器是继超声波、激光、红外和核辐射等传感器之后的一种新型的非接触式传感器。微波是介于红外线与无线电波之间的电磁辐射，具有电磁波的性质。它不仅用于微波通信、卫星发送等无线通信，而且在雷达、导弹诱导、遥感、射电望远镜等方面也有应用。由于微波与物质的相互作用，在工业中，微波传感器对材料无损检测及物位检测具有独到之处。在地质勘探方面，微波断层扫描成为地质及地下工程的得力助手。所以微波传感器在工业、农业、地质勘探、能源、材料、国防、公安、生物医学、环境保护、科学研究等方面具有广泛的应用前景。

11.1 微波概述

微波是波长为 1 m～1 mm 的电磁波，对应的波段频率范围为 300 MHz～3000 GHz。在实际应用中，把微波波段细分为分米波段(300～3000 MHz)、厘米波段(3～30 GHz)、毫米波段(30～300 GHz)。

微波有电磁波的性质，但它又不同于普通无线电波和光波，是一种相对波长较长的电磁波。微波波段之所以要从射频频谱中分离出来单独研究，是由于微波波段有着不同于其它波段的重要特点：

(1) 似光性和似声性　微波波段的波长与无线电设备的线长度及地球上的一般物体(如飞机、舰船、火箭、导弹、建筑物等)的尺寸相当或小得多，这样，当微波照射到这些物体上时，将产生显著的反、折射，就与光线的反、折射一样。同时，微波传播的特性也和几何光学相似，能像光线一样直线传播，容易集中，即具有似光性。这样，利用微波就可以制作方向性极好、体积小的天线设备，用于接收地面上或宇宙空间中各种物体反射回来的微弱信号，从而确定该物体的方位与距离，这是雷达和导航技术的基础。

微波的波长与无线电设备尺寸相当的特点，使微波又体现出与声波相似的特征，即具有似声性。例如，微波波导类似于声学中的传声筒；喇叭天线和缝隙天线类似于声学喇叭、箫和笛；微波谐振腔类似于声学共鸣箱等。

(2) 分析方法的独特性　由于微波的频率很高，波长很短，因而在低频电路中被忽略了的一些现象和效应(例如趋肤效应、辐射效应、相位滞后现象等)在微波波段不可忽略。这样，低频电路中常用的集中参数元件电阻、电感、电容已不适用，电压、电流在微波波段甚至失去了唯一性意义。因此用它们已无法对微波传输系统进行完全描述，而要建立一套新的能够描述这些现象和效应的理论方法——电磁场理论的场与波传输的分析方法。

(3) 共度性　电子在真空管内的渡越时间(10^{-9} s 左右)与微波的振荡周期(10^{-9}～10^{-15} s)相当的这一特性称为共度性，利用该特性可以做成各种微波电真空器件，得到微波振荡源。

(4) 穿透性　微波照射于介质物体时,能深入物质内部的特点称为穿透性,例如微波是射频波谱中唯一能穿透电离层的电磁波(除光波外),因而成为人类探测外层空间的"宇宙窗口";微波可以穿透云雾、雨、植被、积雪和地表层,具有全天候和全天时的工作能力,成为遥感技术的重要波段;微波能够穿透生物体,成为医学透热疗法的重要手段;毫米波还能穿透等离子体,使远程导弹和航天器重返大气层,是实现通信和末端制导的重要手段。

(5) 信息性　微波波段可载的信息容量是非常巨大的,即便是在很小的相对带宽内,其可用的频带也是很宽的,可达数百甚至上千兆赫兹。所以现代多路通信系统,包括卫星通信系统,几乎无例外地工作在微波波段。此外,微波信号还可提供相位信息、极化信息、多普勒频率信息,这在目标探测、遥感、目标特征分析等应用中是十分重要的。

(6) 非电离性　微波量子能量不够大,因而不会改变物质分子的内部结构或破坏分子的化学键,所以微波和物体之间的作用是非电离的。而由物理学可知,分子、原子和原子核在外加电磁场的周期力作用下所呈现的许多共振现象都发生在微波范围,因此微波为探索物质的内部结构和其基本特性提供了有效的研究手段。

11.2　微波传感器概述

11.2.1　微波传感器的分类

微波传感器是利用微波特性来检测某些物理量的器件或装置。由发射天线发出微波,此波遇到被测物体时将被吸收或反射,使微波功率发生变化。若利用接收天线,接收到通过被测物体或由被测物体反射回来的微波,并将它转换为电信号,再经过信号调理电路,即可以显示出被测量,实现了微波检测。根据微波传感器的原理,微波传感器可以分为反射式和遮断式两类。

1. 反射式微波传感器

反射式微波传感器是通过检测被测物反射回来的微波功率或经过的时间间隔来测量被测量的。通常它可以测量物体的位置、位移、厚度等参数。

2. 遮断式微波传感器

遮断式微波传感器是通过检测接收天线收到的微波功率大小来判断发射天线与接收天线之间有无被测物体或被测物体的厚度、含水量等参数的。

11.2.2　微波传感器的组成

微波传感器通常由微波发射器(即微波振荡器)、微波天线及微波检测器三部分组成。

1. 微波振荡器及微波天线

微波振荡器是产生微波的装置。由于微波波长很短,即频率很高(300 MHz～300 GHz),要求振荡回路中具有非常微小的电感与电容,因此不能用普通的电子管与晶体管构成微波振荡器。构成微波振荡器的器件有调速管、磁控管或某些固态器件,小型微波振荡器也可以采用体效应管。

由微波振荡器产生的振荡信号需要用波导管(管长为 10 cm 以上,可用同轴电缆)传输,并通过天线发射出去。为了使发射的微波具有尖锐的方向性,天线要具有特殊的结构。常用的天线如图 11-1 所示,其中有喇叭形天线(图(a)、(b))、抛物面天线(图(c)、(d))、介质天线与隙缝天线等。

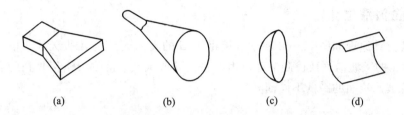

图 11-1 常用的微波天线
(a) 扇形喇叭天线; (b) 圆锥形喇叭天线; (c) 旋转抛物面天线; (d) 抛物柱面天线

喇叭形天线结构简单,制造方便,可以看做是波导管的延续。喇叭形天线在波导管与空间之间起匹配作用,可以获得最大能量输出。抛物面天线使微波发射方向性得到改善。

2. 微波检测器

电磁波作为空间的微小电场变动而传播,所以使用电流-电压特性呈现非线性的电子元件作为探测它的敏感探头。与其它传感器相比,敏感探头在其工作频率范围内必须有足够快的响应速度。作为非线性的电子元件,在几兆赫兹以下的频率通常可用半导体 PN 结,而对于频率比较高的可使用肖特基结。在灵敏度特性要求特别高的情况下可使用超导材料的约瑟夫逊结检测器、SIS 检测器等超导隧道结元件,而在接近光的频率区域可使用由金属-氧化物-金属构成的隧道结元件。

微波检测器性能参数有:频率范围、灵敏度-波长特性、检测面积、FOV(视角)、输入耦合率、电压灵敏度、输出阻抗、响应时间常数、噪声特性、极化灵敏度、工作温度、可靠性、温度特性、耐环境性等。

11.2.3 微波传感器的特点

微波传感器作为一种新型的非接触传感器具有如下特点:

① 有极宽的频谱(波长=1.0 mm~1.0 m)可供选用,可根据被测对象的特点选择不同的测量频率;

② 在烟雾、粉尘、水汽、化学气氛以及高、低温环境中对检测信号的传播影响极小,因此可以在恶劣环境下工作;

③ 介质对微波的吸收与介质的介电常数成比例,水对微波的吸收作用最强;

④ 时间常数小,反应速度快,可以进行动态检测与实时处理,便于自动控制;

⑤ 测量信号本身就是电信号,无须进行非电量的转换,从而简化了传感器与微处理器间的接口,便于实现遥测和遥控;

⑥ 微波无显著辐射公害。

微波传感器存在的主要问题是零点漂移和标定尚未得到很好的解决。其次,使用时外界环境因素影响较多,如温度、气压、取样位置等。

11.3 微波传感器的应用

11.3.1 微波液位计

微波液位计原理如图 11-2 所示。相距为 S 的发射天线与接收天线,相互成一定角度。波长为 λ 的微波信号从被测液面反射后进入接收天线。接收天线接收到的微波功率的大小将随着被测液面的高低不同而异。

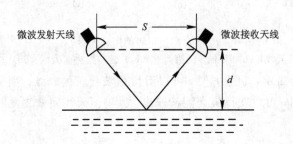

图 11-2 微波液位计原理

11.3.2 微波湿度传感器

水分子是极性分子,常态下成偶极子形式杂乱无章地分布着。在外电场作用下,偶极子会形成定向排列。当微波场中有水分子,偶极子受场的作用而反复取向,不断从电场中得到能量(储能),又不断释放能量(放能),前者表现为微波信号的相移,后者表现为微波衰减。这个特性可用水分子自身介电常数 ε 来表征,即

$$\varepsilon = \varepsilon' + \alpha \varepsilon'' \tag{11-1}$$

式中:ε'——储能的度量;

ε''——衰减的度量;

α——常数。

ε' 与 ε'' 不仅与材料有关,还与测试信号频率有关,所以极性分子均有此特性。一般干燥的物体,如木材、皮革、谷物、纸张、塑料等,其 ε' 在 1~5 范围内,而水的 ε' 则高达 64,因此如果材料中含有少量水分子,其复合 ε' 将显著上升,ε'' 也有类似性质。

使用微波传感器,测量干燥物体与含一定水分的潮湿物体所引起的微波信号的相移与衰减量,就可以换算出物体的含水量。

图 11-3 给出了测量酒精含水量的仪器框图,图中,MS 产生的微波功率经分功率器分成两路,再经衰减器 A_1、A_2 分别注入两个完全相同的转换器 T_1、T_2 中。其中,T_1 放置无水酒精,T_2 放置被测样品。相位与衰减测定仪(PT、AT)分别反复接通两电路(T_1 和 T_2)输出,自动记录与显示它们之间的相位差与衰减差,从而确定样品酒精的含水量。

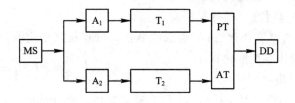

图 11-3 酒精含水量测量仪框图

对于颗粒状物料,由于其形状各异、装料不均匀等因素影响,测量其含水量时,对微波传感器要求较高。

11.3.3 微波测厚仪

微波测厚仪是利用微波在传播过程中遇到被测物体金属表面被反射,且反射波的波长与速度都不变的特性进行测厚的。

微波测厚仪原理图如图 11-4 所示,在被测金属物体上下两表面各安装一个终端器。微波信号源发出的微波,经过环行器 A、上传输波导管传输到上终端器,由上终端器发射到被测物体上表面上,微波在被测物体上表面全反射后又回到上终端器,再经过传输导管、环行器 A、下传输波导管传输到下终端器。由下终端器发射到被测物体下表面的微波,经全反射后又回到下终端器,再经过传输导管回到环行器 A。因此被测物体的厚度与微波传输过程中的行程长度有密切关系,当被测物体厚度增加时,微波传输的行程长度便减小。

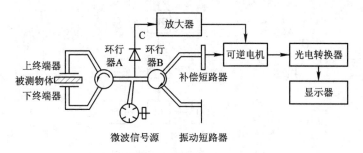

图 11-4 微波测厚仪原理图

一般情况下,微波传输的行程长度的变化非常微小。为了精确地测量出这一微小变化,通常采用微波自动平衡电桥法,前面讨论的微波传输行程作为测量臂,而完全模拟测量臂微波的传输行程设置一个参考臂(图 11-4 右部)。若测量臂与参考臂行程完全相同,则反相叠加的微波经过检波器 C 检波后,输出为零。若两臂行程长度不同,两路微波叠加后不能相互抵消,经检波器后便有不平衡信号输出。此不平衡差值信号经放大后控制可逆电机旋转,带动补偿短路器产生位移,改变补偿短路器的长度,直到两臂行程长度完全相同,放大器输出为零,可逆电机停止转动为止。

补偿短路器的位移与被测物体厚度增加量之间的关系式为

$$\Delta S = L_B - (L_A - \Delta L_A) = L_B - (L_A - \Delta h) = \Delta h$$

式中：L_A——电桥平衡时测量臂行程长度；

L_B——电桥平衡时参考臂行程长度；

ΔL_A——被测物厚度变化 Δh 后引起的测量臂行程长度变化值；

Δh——被测物体厚度变化；

ΔS——补偿短路器位移值。

由上式可知，补偿短路器位移值 ΔS 即为被测物体厚度变化值 Δh。

11.3.4 微波辐射计(温度传感器)

任何物体，当它的温度高于环境温度时，都能够向外辐射热能。微波辐射计能测量对象的温度。普朗克公式在微波领域可近似为

$$L(\lambda, T) = \frac{2CkT}{\lambda^4} \tag{11-2}$$

就微波辐射计而言，它以一定的频带宽检测来自物体的微波辐射辉度 $L(\lambda, T)$。由于此电信号输出正比于物体的发射率 $\varepsilon(\lambda, T)$ 和绝对温度的乘积，因此微波辐射计指示的温度不是物体的真实温度，而是辉度温度 $\varepsilon(\lambda, T)T$。

图 11-5 给出了微波温度传感器的原理框图。图中 T_i 为输入(被测)温度，T_c 为基准温度，C 为环行器，BPF 为带通滤波器，LNA 为低噪声放大器，IFA 为中频放大器，M 为混频器，LO 为本机振荡器。

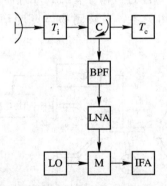

图 11-5 微波温度传感器原理框图

微波温度传感器最有价值的应用是微波遥测，将它装在航天器上，可以遥测大气对流层的状况，可以进行大地测量与探矿，可以遥测水质污染程度，确定水域范围，判断植物品种等。

11.3.5 微波测定移动物体的速度和距离

微波测定移动物体的速度和距离是利用雷达将微波发射到对象物，并接收返回的反射波的频率和相位。若对在距离发射天线为 r、以相对速度为 v 运动的物体发射微波，则由于多普勒效应，反射波的频率 f_r 发生偏移，如下式所示：

$$f_r = f_0 + f_D \tag{11-3}$$

式中，f_D 是多普勒频率，并可表示为

$$f_D = \frac{2f_0 v}{c} \quad (11-4)$$

当物体靠近靶时,多普勒频率 f_D 为正;远离靶时,f_D 为负。输入接收机的反射波的电压 u_e 可用下式表示:

$$u_e = U_e \sin\left[2\pi(f_0 + f_D)t - \frac{4\pi f_0 r}{c}\right] \quad (11-5)$$

括号内的第二项是因电波在距离 r 上往返而产生的相位滞后。用接收机将来自发射机的参照信号 $U_e \sin 2\pi f_0 t$ 与上述反射信号混合后,进行超外差检波,则可得到如下式那样的具有两频率之差,即 f_D 的差拍频率的多普勒输出信号为

$$u_d = U_d \sin\left(2\pi f_D t - \frac{4\pi f_0 r}{c}\right) \quad (11-6)$$

因此,根据测量到的差拍信号频率,可测定相对速度。但是,用此方法不能测定距离。为此考虑发射频率稍有不同的两个电波 f_1 和 f_2,这两个波的反射波的多普勒频率也稍有不同。若测定这两个多普勒输出信号成分的相位差为 $\Delta\Phi$,则可利用下式求出距离 r:

$$r = \frac{c\Delta\Phi}{4\pi(f_2 - f_1)} \quad (11-7)$$

11.3.6 微波无损检测

微波无损检测是综合利用微波与物质的相互作用,一方面微波在不连续界面处会产生反射、散射、透射;另一方面微波还能与被检材料产生相互作用,此时的微波场会受到材料中的电磁参数和几何参数的影响。通过测量微波信号基本参数的改变即可达到检测材料内部缺陷的目的。

复合材料在工艺过程中,由于增强了纤维的表面状态、树脂黏度、低分子物含量、线型高聚物向体型高聚物转化的化学反应速度、树脂与纤维的浸渍性、组分材料热膨胀系数的差异以及工艺参数控制的影响等因素,因此,在复合材料制品中难免会出现气孔、疏松、树脂开裂、分层、脱粘等缺陷。这些缺陷在复合材料制品中的位置、尺寸以及在温度和外载荷作用下对产品性能的影响,可用微波无损检测技术进行评定。

微波无损检测系统主要由天线、微波电路、记录仪等部分组成,如图 11-6 所示。当以金属介质内的气孔作为散射源,产生明显的散射效应时,最小气隙的半径与波长的关系符合下列公式:

$$Ka \approx 1$$

式中:K——$K = 2\pi/\lambda$,其中 λ 为波长;

a——气隙的半径。

当微波的工作频率为 36.5 GHz 时,$a = 1.0$ mm,也就是说,$\lambda = 6$ mm 时,可检出的孔隙的最小直径约为 2.0 mm。从原理上讲,当微波波长为 1 mm 时,可检出最小的孔径大约为 0.3 mm。通常,根据所需检测的介质中最小气隙的半径来确定微波的工作频率。

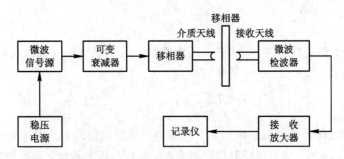

图 11-6 微波无损检测系统框图

思考题和习题

11-1 简述微波传感器的测量机理。

11-2 微波传感器有哪些特点？微波传感器如何分类？

11-3 微波辐射计是如何进行温度测量的？温度和波长之间的关系如何？

11-4 微波无损检测是如何进行检测的？

第 12 章 辐射式传感器

12.1 红外传感器

红外技术在工农业、医学、军事、科研和日常生活中的应用非常广泛,几乎普遍化。其应用在军事上的有热成像系统、搜索跟踪系统、红外辐射计、警戒系统等;在航空航天技术上的有人造卫星的遥感遥测,红外线研究天体的演化;在医学上的有红外诊断和辅助治疗;在工农业生产中的有温度探测及红外烘干等;在日常生活中的有红外取暖等。红外传感技术已经发展成为一门综合性学科。

12.1.1 红外辐射及红外辐射源

1. 红外辐射

红外辐射俗称红外线,它是一种不可见光,由于是位于可见光中红色光以外的光线,故称红外线。它的波长范围大致为 $0.76 \sim 1000 \ \mu m$,红外线在电磁波谱中的位置如图 12-1 所示。工程上又把红外线所占据的波段分为四部分,即近红外、中红外、远红外和极远红外。

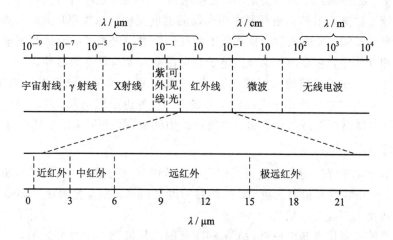

图 12-1 电磁波谱图

红外辐射的物理本质是热辐射,一个炽热物体向外辐射的能量大部分是通过红外线辐射出来的。物体的温度越高,辐射出来的红外线越多,辐射的能量就越强。红外光的本质与可见光或电磁波性质一样,具有反射、折射、散射、干涉、吸收等特性,它在真空中也以光速传播,并具有明显的波粒二相性。

红外辐射和所有电磁波一样,是以波的形式在空间直线传播的。大气是红外辐射的主要传播介质,当红外线在大气中传播时,大气层对不同波长的红外线存在不同的吸收带,红外线气体分析器就是利用该特性工作的,空气中对称的双原子气体,如 N_2、O_2、H_2 等不吸收红外线。而红外线在通过大气层时,有三个波段透过率高,它们是 $2\sim2.6~\mu m$、$3\sim5~\mu m$ 和 $8\sim14~\mu m$,统称它们为"大气窗口"。这三个波段对红外探测技术特别重要,因此红外探测器一般都工作在这三个波段(大气窗口)之内。

2. 红外辐射源

发射红外电磁波的物体和器件,皆称红外辐射源。它通常分为以下几类:

① 标准辐射源,包括绝对黑体模型、能斯脱灯和硅碳棒等,常用于实验室中红外仪器和系统标定;

② 工业用辐射源,包括碳弧灯、钨灯、电发光辐射器、电加热的杆状和面状辐射器、气体加热辐射器等;

③ 自然红外源,包括太阳、月球、行星、大气和云层等;

④ 发光二极管和半导体激光器、固体和气体激光器等;

⑤ 红外装置或系统需要探测的辐射源,包括飞机发动机、机壳或尾喷管的辐射、弹道火箭、航天飞机、人造地球卫星、机动车辆和人体等。

12.1.2 红外探测器

红外传感器一般由光学系统、探测器、信号调理电路及显示电路等组成。红外探测器是红外传感器的核心。红外探测器是利用红外辐射与物质相互作用所呈现的物理效应来探测红外辐射的。红外探测器的种类很多,按探测机理的物理效应可分为两大类:一类是器件的某些性能参数随入射的辐射通量作用引起的温度变化的热探测器;另一类是利用各种光子效应的光子探测器,即入射到探测器上的红外辐射能以光子的形式与光电探测器材料的束缚电子相互作用,从而释放出自由电子和自由空穴参与导电的器件。

光子探测器与热探测器的工作机理不同,主要区别在于对红外辐射的响应形式不同。光子探测器是将入射的红外光子直接转变为器件的传导电子或空穴,或同时转变为电子—空穴对,而没有像热探测器那样引起材料发热的中间过程,一般采用半导体材料。

1. 热探测器

热探测器是基于光辐射与物质相互作用的热效应制成的器件。热探测器探测光辐射包括两个过程,一是吸收光辐射能量后,探测器的温度升高;二是把温度升高所引起的物理特性的变化转化成相应的电信号。

热探测器的主要优点是响应波段宽,响应范围可扩展到整个红外区域,可以在常温下工作,使用方便,应用相当广泛。

按热电转换原理的不同,热探测器器件主要有四类:热释电型、热敏电阻型、热电阻型和气体型探测器。而热释电探测器在热探测器中探测率最高,频率响应最宽,所以这种探测器备受重视,发展很快,这里我们主要介绍热释电探测器。

热释电型红外探测器是根据热释电效应制成的,即电石、水晶、酒石酸钾钠、钛酸钡等晶体受热产生温度变化时,其原子排列将发生变化,晶体自然极化,在其两表面产生电荷的现象称为热释电效应。用此效应制成的"铁电体",其极化强度(单位面积上的电荷)与温度有关。当红外辐射照射到已经极化的铁电体薄片表面上时引起薄片温度升高,使其极化强度降低,表面电荷减少,这相当于释放一部分电荷,所以叫作热释电型传感器。如果将负载电阻与铁电体薄片相连,则负载电阻上便产生一个电信号输出。输出信号的强弱取决于薄片温度变化的快慢,从而反映出入射的红外辐射的强弱,热释电型红外传感器的电压响应率正比于入射光辐射率变化的速率。

2. 光子探测器

光子探测器是利用光辐射与物质相互作用的光子效应制成的器件。光子探测器利用入射光辐射的光子流与探测器材料中的电子的互相作用,改变电子的能量状态,从而引起各种电学现象。根据所产生的不同电学现象,可制成各种不同的光子探测器。光子探测器有内光电和外光电探测器两种,后者又分为光电导、光生伏特和光磁电探测器等三种。光子探测器的主要特点是灵敏度高,响应速度快,具有较高的响应频率,但探测波段较窄,一般需在低温下工作。

12.1.3 红外传感器的应用

1. 红外感应系统

前面已阐述,红外辐射的物理本质是热辐射,温度低的物体辐射的红外线波长长,温度高的物体辐射的红外线波长短。在一般常温下,所有物体都是红外辐射的发射源,如火焰、汽车、动植物、人体等都是红外辐射源,但发射的红外波长不同。红外感应实际就是根据物体因表面温度不同会发出不同波段的红外光这一特性进行检测的。

在红外感应系统中采用热释电红外传感器。图12-2为热释电红外传感器的结构图,此传感器采用金属外壳封装,顶部开有窗口,窗口处的滤光片用于滤去无用的红外线,让有用的红外线进入窗口。由于敏感元件的输出阻抗极高,而且输出电压极其微弱,因此在传感器内部装有场效应管及偏置厚膜电阻(R_G、R_S),构成信号放大及阻抗变换电路,其内部电路如图12-3所示。

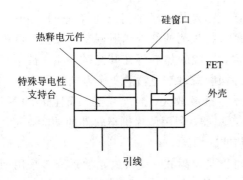

图12-2 热释电红外传感器结构图

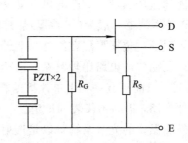

图12-3 传感器内部电路

热释电红外传感器多用于检测物体发射的红外线,其检测区呈球形,视角为70°左右。热释电红外传感器自身的接收灵敏度较低,一般检测距离仅2 m左右,但热释电红外传感器表面罩一块菲涅尔透镜后,可以提高传感器的灵敏度,扩大监视范围,检测距离可以由原来的2 m增加到10 m。图12-4为菲涅尔透镜检测示意图。在防盗报警系统中所采用的热释电传感器为双元型红外传感器,双元型红外传感器由两个极性相反的热释电元件反向串联。当移动物体发射的红外线进入透镜的监视范围时,就会产生一个交替的"盲区"和"高敏感区",使传感器的两个反向串联的热释电元件轮流感受到运动物体,而物体的红外辐射以光脉冲的形式不断改变热释电元件的温度,使它输出一串脉冲信号。若物体静止不动地站在热释电元件前,极性相反的敏感元件产生的热释电信号将相互抵消,它会无输出,这样也可以有效地防止因太阳光等红外线及环境温度变化而引起的误差,提高热释电红外传感器的抗干扰性能。

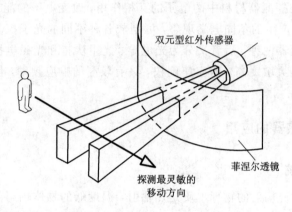

图12-4 菲涅尔透镜检测示意图

热释电红外感应系统在防盗报警、自动门、自动消防水龙头、电梯、照明控制等领域应用最为广泛。

2. 红外测温仪

红外测温仪是利用热辐射体在红外波段的辐射通量来测量温度的。当物体的温度低于1000℃时,它向外辐射的不再是可见光而是红外光了,可用红外探测器检测其温度。如采用分离出所需波段的滤光片,可使红外测温仪工作在任意红外波段。

图12-5是目前常见的红外测温仪方框图。它是一个光、机、电一体化的红外测温系统,图中的光学系统是一个固定焦距的透射系统,滤光片一般采用只允许8～14 μm 的红外辐射能通过的材料。步进电机带动调制盘转动,将被测的红外辐射调制成交变的红外辐射线。红外探测器一般为(钽酸锂)热释电探测器,透镜的焦点落在其光敏面上。被测目标的红外辐射通过透镜聚焦在红外探测器上,红外探测器将红外辐射变换为电信号输出。

红外测温仪的电路比较复杂,包括前置放大、选频放大、温度补偿、线性化、发射率(ε)调节等。目前已有一种带单片机的智能红外测温器,利用单片机与软件的功能,大大简化了硬件电路,提高了仪表的稳定性、可靠性和准确性。

红外测温仪的光学系统可以是透射式,也可以是反射式。反射式光学系统多采用凹面玻璃反射镜,并在镜的表面镀金、铝、镍或铬等对红外辐射反射率很高的金属材料。

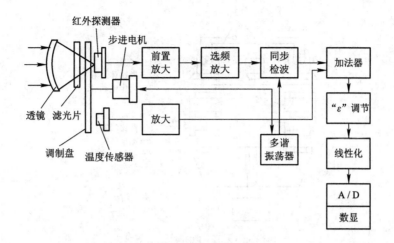

图 12-5　红外测温仪方框图

3. 红外线气体分析仪

红外线气体分析仪是根据气体对红外线具有选择性吸收的特性来对气体成分进行分析的。不同气体其吸收波段（吸收带）不同，图 12-6 给出了几种气体对红外线的透射光谱，从图中可以看出，CO 气体对波长为 $4.65\ \mu m$ 附近的红外线具有很强的吸收能力，CO_2 气体则在 $2.78\ \mu m$ 和 $4.26\ \mu m$ 附近以及波长大于 $13\ \mu m$ 的范围对红外线有较强的吸收能力。如分析 CO 气体，则可以利用 $4.65\ \mu m$ 附近的吸收波段进行分析。

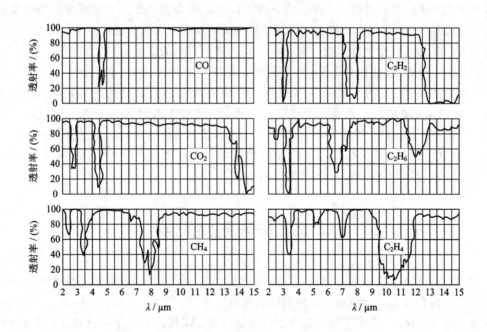

图 12-6　几种气体对红外线的透射光谱

图 12-7 是工业用红外线气体分析仪的结构原理图。该分析仪由红外线辐射光源、气室、红外探测器及电路等部分组成。

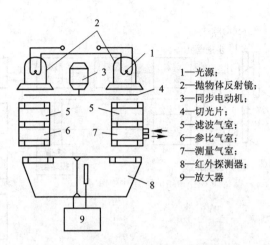

图 12-7 红外线气体分析仪结构原理图

1—光源；
2—抛物体反射镜；
3—同步电动机；
4—切光片；
5—滤波气室；
6—参比气室；
7—测量气室；
8—红外探测器；
9—放大器

光源由镍铬丝通电加热发出 $3\sim10~\mu m$ 的红外线，切光片将连续的红外线调制成脉冲状的红外线，以便于红外线检测器信号的检测。测量气室中通入被分析气体，参比气室中封入不吸收红外线的气体(如 N_2 等)。红外探测器是薄膜电容型，它有两个吸收气室，充以被测气体，当它吸收了红外辐射能量后，气体温度升高，导致室内压力增大。测量时(如分析 CO 气体的含量)，两束红外线经反射、切光后射入测量气室和参比气室，由于测量气室中含有一定量的 CO 气体，该气体对 $4.65~\mu m$ 的红外线有较强的吸收能力，而参比气室中气体不吸收红外线，这样射入红外探测器的两个吸收气室的红外线光造成能量差异，使两吸收室压力不同，测量边的压力小，于是薄膜偏向定片方向，改变了薄膜电容两电极间的距离，也就改变了电容 C。如被测气体的浓度愈大，两束光强的差值也愈大，则电容的变化量也愈大，因此电容变化量反映了被分析气体中被测气体的浓度。

图 12-7 所示结构中还设置了滤波气室，其目的是为了消除干扰气体对测量结果的影响。所谓干扰气体，是指与被测气体吸收红外线波段有部分重叠的气体，如 CO 气体和 CO_2 在 $4\sim5~\mu m$ 波段内红外吸收光谱有部分重叠，则 CO_2 的存在对分析 CO 气体带来影响，这种影响称为干扰。为此在测量边和参比边各设置了一个封有干扰气体的滤波气室，它能将与 CO_2 气体对应的红外线吸收波段的能量全部吸收，因此左右两边吸收气室的红外能量之差只与被测气体(如 CO)的浓度有关。

12.2 核辐射传感器

核辐射传感器是核辐射检测仪表的重要组成部分。它是利用放射性同位素在蜕变成另一元素时发出射线来进行测量的。利用核辐射可以精确、迅速、自动、非接触、无损检测各种参数，如线位移、角位移、板料厚度、覆盖层厚度、探伤、密闭容器的液位、转速、流体密度、强度、温度、流量、材料的成分等。核辐射传感器包括放射源、探测器以及电信号转化电路等。

12.2.1 核辐射及其性质

众所周知，各种物质都是由一些最基本的物质所组成。人们称这些最基本的物质为元素。组成每种元素的最基本单元就是原子，每种元素的原子都不是只存在一种。具有相同的核电荷数 Z 而有不同的质子数 A 的原子所构成的元素称同位素。假设某种同位素的原子核在没有外力作用下，自动发生衰变，衰变中释放出 α 射线、β 射线、γ 射线、X 射线等，这种现象称为核辐射。而放出射线的同位素称为放射性同位素，又称放射源。

实验表明，放射源的强度是随着时间按指数定理而减低的，即

$$J = J_0 e^{-\lambda t} \tag{12-1}$$

式中：J_0——开始时的放射源强度；

J——经过时间 t 后的放射源强度；

λ——放射性衰变常数。

放射性同位素种类很多，由于核辐射检测仪表对采用的放射性同位素要求它的半衰期比较长（半衰期是指放射性同位素的原子核数衰变到一半所需要的时间，这个时间又称为放射性同位素的寿命），且对放射出来的射线能量也有一定要求，因此常用的放射性同位素只有 20 种左右，例如 Sr^{90}（锶）、Co^{60}（钴）、Cs^{137}（铯）、Am^{241}（镅）等。

下面就核辐射中使用的主要射线及性质作以说明。

1. α 射线

放射性同位素原子核中可以发射出 α 粒子。α 粒子的质量为 4.002 775 u（原子质量单位），它带有正电荷，实际上即为氦原子核，这种 α 粒子流通常称作 α 射线。放射出 α 粒子后同位素的原子序数将减少两个单位而变为另一个元素。一般 α 粒子具有 40～100 MeV 的能量，寿命为几微秒到 10^{10} 年。它从核内射出的速度为 20 km/s，α 粒子的射程长度在空气中为几厘米到十几厘米。

α 射线通过气体时，使其分子或原子的轨道电子产生加速运动，如果此轨道电子获得足够大的能量，就能脱离原子成为自由电子，从而产生一对由自由电子和正离子组成的离子对，这种现象称为电离。如在相互作用中，轨道电子获得的能量还不足以使它脱离原子成为自由电子，仅使电子从低能级跃迁至较高能级，则称这种相互作用为激发。α 离子在穿经物质时，由于激发和电离，损失其动能，最后停滞在物体之中，与其中两个电子结合，成为中性的氦原子。一般说来，其电离效应较激发效应显著。

α 粒子在物质中运动时会改变运动方向，这种现象称为散射。由于散射效应，按原来方向进行的 α 粒子的数目将减少，但远小于电离和激发效应引起的 α 粒子的数目的减少。

在检测技术中，α 射线的电离效应、透射效应和散射效应都有应用，但以电离效应为主，用 α 粒子来使气体电离比其它辐射强得多。

2. β 射线

β 粒子的质量为 0.000 549 u，带有一个单位的电荷。它所带的能量为 100 keV 至几兆电子伏特。β 粒子的运动速度均较 α 粒子的运动速度高很多，在气体中的射程可达 20 m。

和 α 粒子一样，β 粒子在穿经物质时，会使组成物质的分子或原子发生电离，但与 α 射线相比，β 射线的电离作用较小。由于 β 粒子的质量比 α 粒子小很多，因此更易被散射。β

粒子在穿经物质时,由于电离、激发、散射和激发次级辐射等作用,使β粒子的强度逐渐衰减,衰减情况大致服从如下的指数规律:

$$J = J_0 e^{-\mu h} = J_0 e^{-\mu_m \rho h} \tag{12-2}$$

式中:J_0、J——β粒子穿经厚度为h、密度为ρ的吸收体前后的强度;

μ——线性吸收系数;

μ_m——质量吸收系数。

β射线与α射线相比,透射能力大,电离作用小。在检测中主要是根据β辐射吸收来测量材料的厚度、密度或重量,根据辐射的反射来测量覆盖层的厚度。

3. γ射线

原子核从不稳定的高能激发态跃迁到稳定的基态或较稳定的低能态,并且不改变其组成过程称为γ衰变(或称γ跃迁)。发生γ跃迁时所放射出的射线称为γ射线或γ光子。对于放射性同位素核衰变时放射的γ射线,或者内层轨道电子跃迁时发射的X射线,它们和物质作用的主要形式为光电效应。当一个光子和原子相碰撞时,将其能量全部交给某一轨道电子,使它脱离原子,光子则被吸收,这种现象称为光电效应。光电效应也伴随有次级辐射产生。当γ射线通过物质时,由于发生光电等效应的结果,它的强度将减弱,它也遵循如式(12-2)所示的指数衰减规律。

与β射线相比,γ射线的吸收系数小,它透过物质的能力最大,在气体中的射程为几百米,并且能穿透几十厘米的固体物质,其电离作用最小。在测量仪表中,根据γ辐射穿透力强这一特性来制作探伤仪、金属厚度计和物位计等。

12.2.2 核辐射探测器

核辐射探测器又称核辐射接收器,它是核辐射传感器的重要组成部分。核辐射探测器的作用是将核辐射信号转换成电信号,从而探测出射线的强弱和变化。由于射线的强弱和变化与测量参数有关,因此它可以探测出被测参数的大小及变化。这种探测器的工作原理或者是根据在核辐射作用下某些物质的发光效应,或者是根据当核辐射穿过它们时发生的气体电离效应。

当前常用的核辐射探测器有:电离室、正比计数管、盖革—弥勒计数管、闪烁计数器和半导体探测器等。

1. 电离室

电离室是利用射线对气体的电离作用而设计的一种辐射探测器,它的重要部分是两个电极和充满在两个电极间的气体。气体可以是空气或某些惰性气体。电离室的形状有圆柱体和方盒状。

如图12-8所示,在电离室两侧放置相互绝缘的板电极,电极间加上适当电压,放射线进入电极间的气体中,在核辐射的作用下,电离室中的气体介质即被电离,离子沿着电场的作用线移动,这时在电离室的电路中产生电离电流。核辐射强度越大,在电离室产生的离子对越多,产生的电流亦越大。电流I与两个电极间所加的电压U的关系曲线如图12-9所示(曲线1、2和3分别代表不同的辐射强度下的特性曲线)。图中线段OU_1称为线性段,在这一线段上,当电压不大时,电离室中的离子的移动速度亦不大,有部分离子在移动时就重新复合,而只有余下的部分离子能够到达电极上。电极上电压愈高,离子移动速度越快,离子复合就愈为减少,电流就会增加。线段 U_1U_2 称为饱和段,在这段上的工作电压很大,所以实际上全部生成的离子都能到达电极上。此时电流将与所加电压无关。一般电离室工作在特性曲线的饱和段,其输出电流正比于射到电离室上的核辐射强度。

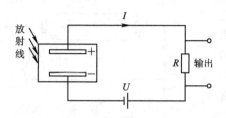

图 12-8 电离室的结构示意图

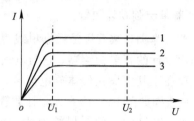

图 12-9 电离室的特性曲线

电离室内所充气体的压力、极板的大小和两极间的距离对电离电流都有较大的影响,例如增大气体压力或增大电极面积都会使电离电流增大,电离室的特性曲线也将向增大电离电流的方向移动。

在核辐射检测仪表中,有时用一个电离室,有时用两个电离室。为了使两个电离室的特性一样,以减少测量误差,通常设计成差分电离室,如图 12-10 所示。在高电阻上流过的电流为两个电离室收集的电流之差,这样可以避免高电阻、放大器、环境温度等变化而引起的测量误差。

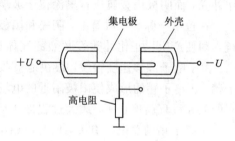

图 12-10 差分电离室

电离室主要用来探测 α、β 粒子。在同样条件下,进入电离室的 α 粒子比 β 粒子所产生的电流大 100 多倍。利用电离室测量 α、β 粒子时,其效率可以接近 100%,而测量 γ 射线时,则效率很低。这是因为 γ 射线没有直接电离的本领,它是靠从电离室的壁上打出二次电子,而二次电子起电离作用,因此,γ 射线的电离室必须密闭。一般 γ 电离室的效率只有 1‰~2‰。

2. 正比计数管

正比计数管的结构如图 12-11 所示。它是由圆筒形的阴极和作为阳极的中央芯线组成的,内封有稀有气体、氮气、二氧化碳、氢气、甲烷、丙烷等气体。当放射线射入使气体产生电离时,由于在芯线近旁电场密度高,电子碰撞被加速,在气体中获得足够的能量,碰撞其它气体分子和原子而产生新的离子对;此过程反复进行而被放大,

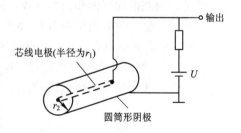

图 12-11 正比计数管的结构模型

人们将此过程称为气体放大。放大作用仅限于芯线近旁,所以可得到与放射线的入射区域无关的一定的放大倍数。由于放大而产生的阳离子迅速离开气体放大区域而产生输出脉冲。输出脉冲的大小正比于因放射线入射而产生电子、正离子对的数目,而电子、正离子对数正比于气体吸收的放射线的能量。因此,正比计数管可以探测入射放射线的能量。

正比计数管大多数是圆柱形或者球形、半球形。其阳极很细,阴极直径较大,这主要

是为了在外加电压较小的情况下,使阳极附近仍能有很强的电场,以便有足够大的气体放大倍数。

正比计数管可以在很宽的能量范围内测定入射粒子的能量,能量分辨率相当高,分辨时间很短,并且可作快速计数。

3. 盖革－弥勒计数管

盖革－弥勒计数管也是根据射线对气体的电离作用而设计的辐射探测器。它与电离室不同的地方主要在于其工作在气体放电区域,具有放大作用。其结构如图 12－12 所示。计数管以金属圆筒为阴极,以筒中心的一根钨丝或钼丝为阳极,

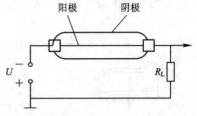

图 12－12 盖革－弥勒计数管

筒和丝之间用绝缘体隔开。计数管内充有氩、氦等气体。为了便于密封,计数管常用玻璃作外壳,而阴极用金属或石墨涂覆于玻璃表面内部或在外壳内用金属筒作阴极。

在盖革－弥勒计数管中,阴极和阳极间施加比计数管高的电压。X 射线、α 射线、β 射线入射使产生比正比计数管激烈的气体放大,原离子所在区域沿阳极传播到整个计数管内。由于电子漂移速度很快,很快地被收集,于是在阳极周围形成一层正离子,称为正离子鞘。正离子鞘的形成使阳极附近的电场变弱,直到不再能产生离子的增殖,此时原始电离的放大过程就停止了。放大过程停止后,在电场作用下,正离子鞘向阴极移动,给出一个与正离子鞘的总电荷有关,而与原始电离无关的脉冲输出。在第一次放大过程停止以及电压脉冲出现后,计数管并不回到原始的状态。由于正离子鞘到达阴极时得到一定的动能,所以正离子也能从阴极中打出次级电子。同时由于正离子鞘到达了阴极,中央阳极电场已恢复,因此这些次级电子又能引起新的离子增殖,像原先一样再产生离子鞘,再产生电压脉冲,造成所谓连续放电现象。为了克服这个问题,必须采取特殊的方法使放电猝灭。猝灭放电的方法有两种:一种是采用猝灭电路,用来降低中央丝极的电压,使其降低到发生碰撞电离所需电压以下;另一种方法是在计数管中放入少量猝灭性气体。这种自猝灭型计数管又可分为两种:一种是充惰性气体和少量酒精、乙醚或石油醚的蒸气,称为有机管;另一种是管内充惰性气体和卤素气体,称为卤素管。

盖革－弥勒计数管由于有气体放大作用,所产生的电流比电离室的离子流大好几千倍,因此它不需要高电阻,其负载电阻一般不超过 1 MΩ,输出的脉冲一般为几伏到几十伏。图 12－13 为计数管的特性曲线,在一定的核辐射照射下,当增加二极间的电压时,在一定范围内只能增加脉冲的幅度 U,而计数率 N 只有微弱的增加。

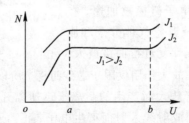

图 12－13 盖革－弥勒计数管特性曲线

图中 ab 段对应的曲线称为计数管的坪。J_1、J_2 代表入射的核辐射强度，且 $J_1>J_2$。由图可知，在外电压 U 相同的情况下，入射的核辐射强度越强，盖革－弥勒计数管内产生的脉冲数 N 越多。计数管所加电压由所加气体决定，卤素计数管为 280～400 V，有机计数管为 800～1000 V。

4. 闪烁计数器

物质受放射线的作用而被激发，在由激发态跃迁到基态的过程中，发射出脉冲状的光的现象称为闪烁现象。能产生这样发光现象的物质称为闪烁体。闪烁计数器先将辐射能变为光能，然后再将光能变为电能而进行探测，它由闪烁体和光电倍增管两部分组成，如图 12-14 所示。

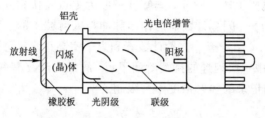

图 12-14 闪烁计数器

闪烁体的种类很多，按化学组成成分可分为有机和无机两大类，按物质形态分则可分为固态、液态和塑料等类型。通常使用的固态闪烁体中有银激活的硫化锌 ZnS(Ag)、铊激活的碘化钠 NaI(Tl)、铊激活的碘化铯 CsI(Tl)、金激活的碘化锂 LiI(Au) 等。有机闪烁体中应用最广的有蒽、芪、三联苯和萘等。通常使用的物质列于表 12-1。

表 12-1 主要的闪烁晶体及检测对象

	材　料	检测对象
无机材料	NaI(Tl 掺杂)	γ 射线
	CsI(Tl)	α、β、γ
	CsI(Na)	α、β、γ
	LiI(Au)	n
	ZnS(Ag)	α，重离子
	CaF_2(Eu)	X，β
玻璃	—	n、β、γ
气体	Xe	荷电离子
	Kr	荷电离子
	Ar	荷电离子
	He	荷电离子
有机材料	$C_{14}H_{10}$	α、β、γ，高速中性离子
	$C_{16}H_{16}N_2O_2$	α、β、γ，高速中性离子
	$C_{18}H_{14}$	α、β(低能)，高速中性离子

光电倍增管的作用为接受闪烁体发射的光子将其变为电子并将这些电子倍增放大为可

测量的脉冲。光电倍增管可以分为电场聚焦型和无聚焦型两类。在每一类中，按照次阴极的几何形状及排列方式的不同又分为几种。放射性同位素检测仪表中常用的 GDB-19 和 GDB-10 分别为直线聚焦型和百叶窗式无聚焦型。光电倍增管的基本特性有光特性、阳极的电流电压特性、光阴极的光谱响应等。入射到光阴极上的光通量 F 与阳极电流 i_a 之间的关系称为此光电倍增管的光特性，一般光电倍增管的 i_a 与光通量 F 成正比。在一定的光通量 F 中，光电倍增管的阳极电流与工作电压的关系是电流随工作电压的增加而急剧上升，上升到某一值后达到饱和。光谱响应是指光阴极发射光电子的效率随入射光波长而变化的关系。在组合闪烁计数器时，光电倍增管的光谱灵敏度范围必须和闪烁晶体发出的光谱相配合。

闪烁计数器负载电阻上产生脉冲，其幅度一般为零点几伏到几伏，较盖革-弥勒计数管的输出脉冲的幅度为小。闪烁计数器的输出脉冲与入射粒子的能量成正比，它探测 γ 射线的效率在 20%~30%，比盖革-弥勒计数管和离子室高很多；它探测 α、β 射线的效率接近 100%。由于闪烁体中一次闪烁的持续时间很短，故最大计数率一般为 $10^6 \sim 10^8$ 数量级。若输出采用电流法，则记录的辐射强度不受限制。

5. 半导体探测器

半导体探测器是近年来迅速发展起来的一种射线探测器。我们知道荷电粒子一入射到固体中就与固体中的电子产生相互作用并失去能量而停止。入射到半导体中的荷电粒子在此过程产生电子和空穴对。而 X 射线或 γ 射线由于光电效应、康普顿散射、电子对生成等而产生二次电子，此高速的二次电子经过与荷电粒子的情况相同的过程而产生电子和空穴。若取出这些生成的电荷，可以将放射线变为电信号。

就半导体而言，主要使用的是 Si 和 Ge，对 GaAs、CdTe 等材料也进行了研究。目前，开发的半导体传感器有 PN 结型传感器、表面势垒型传感器、锂漂移型传感器、非晶硅传感器等。

12.2.3 核辐射传感器的应用

1. 核辐射厚度计

透射式厚度计如图 12-15 所示，它是利用射线穿透物质的能力来制成的检测仪表。它的特点是放射源和核辐射探测器分别置于被测物体的两侧，射线穿过被测物体后射入核辐射探测器。由于物质的吸收，使得射入核辐射探测器的射线强度降低，降低的程度和物体的厚度等参数有关。如前所述，射到探测器的透射射线强度 J 和物体厚度 t 的关系为

$$J = J_0 e^{-\mu_m \rho t} \tag{12-3}$$

或

$$t = \frac{1}{\mu_m \rho} \ln \frac{J_0}{J} \tag{12-4}$$

式中：ρ——被测材料的密度；

μ_m——被测材料对所用射线的质量吸收系数；

J_0——没有被测物体时射到探测器处的射线强度。

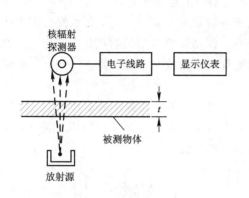 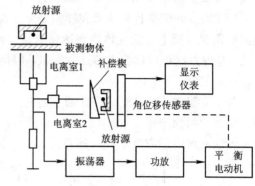

图 12-15 透射式厚度计　　　　图 12-16 零位法透射式厚度计

对于一定的放射源和一定的材料就有一定的 μ 和 ρ，则测出 J 和 J_0 即可计算确定该材料的厚度 t。放射源一般用 β、X 或 γ 射线。图 12-16 所示为零位法的透射式厚度计。放射源的 β 射线穿过被测物体射入测量电离室 1，β 射线也穿过补偿楔射入补偿电离室 2。这两个电离室接成差式电路，流过电阻上的电流为两个电离室的输出电流之差。该电流差在电阻上产生的电压降，使振荡器振荡，变为交流输出，在经放大后加在平衡电动机上，使电动机正转或反转，带动补偿楔移动，直到两个电离室接受的射线强度相等，使电阻上电压降等于零为止；根据补偿楔的移动量可测知厚度。

还可以用散射法测量厚度，用散射法测量厚度这种仪器的特点是放射源和核辐射探测器可置于被测物质的同一侧，射入的被测物质中的射线，由于和被测物质的相互作用，而使得其中的一部分射线反向折回，并进入位于与放射源同侧的核辐射探测器。射到核辐射探测器的后向散射射线强度与放射源至被测物质的距离，以及与被测物质的成分、密度、厚度和表面状态等因素有关，因此改变其中一个参数而保持其它参数不变，则测得的射线强度将仅随该参数而变化。利用这种方法可测量薄板的厚度、覆盖层厚度、材料的成分、密度等参数。这种方法的优点为非接触测量，且不损坏被测物质。

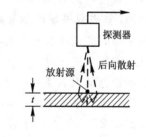

后向散射测量厚度的示意图如图 12-17 所示。射线强度与散射体厚度之间的关系式为

$$J_{散} = J_{饱和}(1 - e^{-k\rho t}) \qquad (12-5)$$

图 12-17 β 散射式厚度测量

式中：t 和 ρ——散射体的厚度和密度；

$J_{散}$ 和 $J_{饱和}$——厚度为 t 和厚度为"无限大"时的后向散射 β 射线强度；

k——与射线能量有关的系数。

2. 辐射式物位计

可以应用 γ 射线检测物位。测量物位的方法有很多，图 12-18 给出了其中一些典型的应用实例。

图 12-18(a)是定点测量的方法。将射线源 I_0 与探测器安装在同一平面上，由于气体对射线的吸收能力远比液体或固体弱，因而当物位超过和低于此平面时，探测器接收到的

射线强度发生急剧变化。可见,这种方法不能进行物位的连续测量。

图 12-18(b)是将射线源和探测器分别安装在容器的下部和上部,射线穿过容器中的被测介质和介质上方的气体后到达探测器。显然,探测器接收到的射线强弱与物位的高度有关。这种方法可对物位进行连续测量,但是测量范围比较窄(一般为 300～500 mm),测量准确度较低。

为了克服图 12-18(b)存在的上述缺点,可采用线状的射线源,如图 12-18(c)所示;或采用线状的探测器,如图 12-18(d)所示。虽然对射线源或探测器的要求提高了,但这两种方法既可以适应宽量程的需要,又可以改善线性特性。

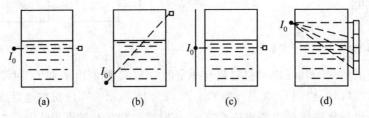

图 12-18 辐射式物位计的测量原理框图

3. X 荧光材料成分分析仪

射到物质上的核辐射所产生的次级辐射称为次级荧光射线(如特征 X 射线),荧光射线的能谱和强度与物质的成分、厚度及密度等有关。利用荧光效应可以检测覆盖层厚度、物质成分、密度和固体颗粒的粒度等参数。荧光式材料成分分析仪具有分析速度快,精度高,灵敏度高,应用范围广,成本低,易于操作等优点,已经得到广泛应用。

能量色散 X 射线荧光成分分析仪是根据初级射线从样品中激发出来的特征 X 射线荧光对材料成分进行定性分析和定量分析的。即初级射线从样品中激发出来的多种能量的各组成元素的特征 X 射线射入探测器,该探测器输出一个和射入其中的 X 射线能量成正比的脉冲,这些脉冲输给脉冲高度分析器、定标器和显示记录仪器,给出以 X 射线荧光能量为横坐标的能谱曲线,由能谱曲线的峰位置及峰面积的大小,就可以求出样品中含有什么元素及它的质量含量。

能量色散型 X 射线荧光分析仪的探头部分如图 12-19 所示。它由放射源、探测器、样品台架孔板、滤光片和安全屏蔽快门等组成。在 X 荧光分析仪中,低能 γ 射线源和 X 射线源用得最多。常用的探测器有正比计数管、闪烁计数管和锂漂移硅半导体探测器。要根据具体的场合,合理地选用。

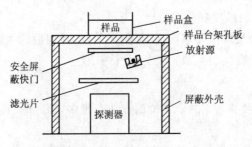

图 12-19 X 射线荧光分析仪的探头示意图

放射源、样品和探测器间的几何布置也是一个重要问题。如图 12-20 所示,将放射源表面中心点和样品表面中心点的连线方向与表面中心点的连线方向间的夹角当作散射角 θ,散射角 θ 的选择取决于所用射线能量、探测器形式和所测样品。选择合适的散射角可以使能谱曲线上的散射峰和散射光子的逃逸峰对所测荧光峰的干扰最小。最常用的散射角为 90°~180°,这种布置可使探头结构简单、尺寸较小、使用方便。

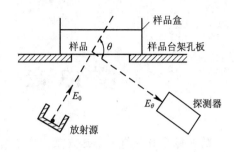

图 12-20 散射角示意图

4. CT 技术

CT(Computer Tomography)技术是计算机 X 射线断层扫描(造影术),也称计算机层析照相。它是根据计算机断层扫描,将物体横断面的投影数据经过计算机处理后得到横断面图像。

CT 装置主要由射线源和探测器组成,图 12-21 所示为其结构示意图。射线源一般为 X 射线和 γ 射线,射线透过被测物体后被探测器接收,检测信号通过电路处理后送计算机显示存储。图 12-22 所示为 CT 装置工作原理图。一排射线源发射一定强度的 X 射线和 γ 射线通过物体,被与射线源平行排列的探测器接收,射线源和探测器以体轴为中心一点点步进旋转,当一次扫描结束后,机器转动一个角度再进行下一次扫描,反复进行这样的操作,求得在各个角度上的投影数据,由计算机处理得到剖面和立体图像。

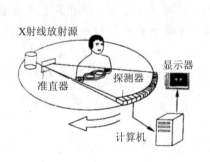

图 12-21 CT 装置结构示意图

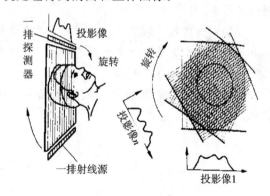

图 12-22 CT 装置工作原理图

思考题和习题

12-1 红外探测器有哪些类型?说明它们的工作原理。

12-2 什么是放射性同位素?辐射强度与什么有关系?

12-3 试说明 α、β、γ 射线的特性。

12-4 试说明用 β 射线测量物体厚度的原理。

12-5 图 12-4 所示的红外线气体分析仪中为什么要设置滤波气室?

12-6 试用核辐射原理设计一个物体探伤仪,并说明其工作原理。

第 13 章 数字式传感器

随着微型计算机的迅速发展,信号的检测、控制和处理必然进入数字化阶段。前面介绍的传感器大部分是模拟式传感器,与计算机等数字系统配接时,必须经过 A/D 转换器将模拟信号转换成数字信号。这样增加了系统的复杂性,而且 A/D 转换器的转换精度受到位数和参考电压精度的限制,系统的总精度也将受到限制。

数字式传感器能够直接将非电量转换为数字量,这样就不需要 A/D 转换,直接用数字显示。数字式传感器与模拟式传感器相比有以下优点:测量精度和分辨率高,稳定性好,抗干扰能力强,便于与微机接口,适宜远距离传输等。

数字式传感器的发展历史不长,到目前为止它的种类还不太多,主要有两种类型:一种是以编码方式产生代码型数字信号的代码型数字传感器;另一种是输出计数型离散脉冲信号的计数型数字传感器。

代码型数字传感器又称编码器,它输出的信号是数字代码,每一个代码对应一个输入量的值。这类传感器有绝对式光电编码器和接触式码盘等。计数型数字传感器又称脉冲数字传感器,它输出的脉冲数与输入量成正比。这类传感器有增量式光电(脉冲)编码器、光栅传感器等。

数字式传感器可以测线位移,也可以测角位移,还可用来计数,如计数型传感器加上计数器可用来检测输送带上的产品个数。数字式传感器在自动检测和自动控制中得到了日益广泛的应用。

本章主要介绍常用的数字式位置检测传感器,如光栅传感器、编码器和感应同步器等。

13.1 光 栅 传 感 器

光栅传感器主要用于长度和角度的精密测量以及数控系统的位置检测等,在坐标测量仪和数控机床的伺服系统中有着广泛的应用。

按工作原理和用途,光栅可分为物理光栅和计量光栅。物理光栅利用的是光栅的衍射现象,主要用于光谱分析和光波波长的检测。计量光栅利用的是光栅的莫尔条纹现象,主要用于线位移和角位移的检测。

计量光栅按应用场合不同有透射光栅和反射光栅;按用途不同有测量线位移的长光栅和测量角位移的圆光栅;按光栅的表面结构不同有幅值(黑白)光栅和相位(闪耀)光栅。除了上述光栅外,目前还研制了激光全息光栅和偏振光栅等新型光栅。本节以黑白透射光栅为例,介绍测量位移的光栅传感器。

13.1.1 光栅与莫尔条纹

1. 光栅的结构及类型

在玻璃(或金属)上均匀刻划许多黑白相间、等间距分布的细小条纹(又称为刻线),没有刻划的白的地方透光,刻划的发黑处不透光,这种具有周期性刻线分布的光学元件称为光栅,其栅线示意图如图 13-1 所示。图中,a 为栅线的宽度(不透光),b 为栅线间宽(透光),W 为光栅栅距(也称光栅常数),$W=a+b$。通常 $a=b=W/2$。对于用来测量角度或角位移的圆光栅,除了上面这些参数之外,还使用栅距角 γ,栅距角亦称节距角。栅距角 γ 是指圆光栅盘上相邻两刻线所夹的角。

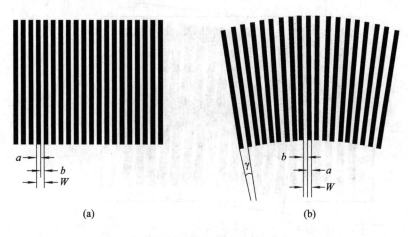

图 13-1 光栅栅线示意图
(a) 长光栅尺;(b) 圆光栅尺

刻线密度由测量精度要求决定。长光栅目前常用的刻线密度为每毫米刻 10、25、50、100、250 条线条,例如栅线间距 $W=0.02$ mm 时,其栅线密度为 50 条/mm。用于精密测量的光栅刻线密度达到每毫米 500 条线条以上。

根据栅线刻划的方向,圆光栅可分为两种:一种是径向光栅,其栅线的延长线全部通过光栅盘的圆心,如图 13-2(a)所示;另一种是切向光栅,其全部光栅与一个和光栅盘同心的、直径只有零点几到几毫米的小圆相切,如图 13-2(b)所示,切向光栅使用在精度要求比较高的场合。

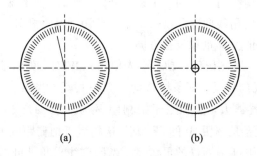

图 13-2 圆光栅栅线示意图
(a) 径向光栅;(b) 切向光栅

2. 莫尔条纹

把两块栅距相等的光栅面对面叠合在一起,为了避免摩擦,光栅之间留有间隙,并使两者的栅线之间形成一个很小的夹角 θ。图 13-3 为两光栅的栅线以很近的距离重叠的情况,在 $a-a$ 线上,两光栅的栅线透光部分与透光部分叠加,光线通过透光部分形成亮带;在 $b-b$ 线上,两光栅的不透光部分与不透光部分叠加,互相遮挡,光线透不过,形成暗带,这种由光栅重叠形成的光学图案称为莫尔条纹。所以莫尔条纹的形成可看作是两块光栅栅线相互挡光作用的结果。

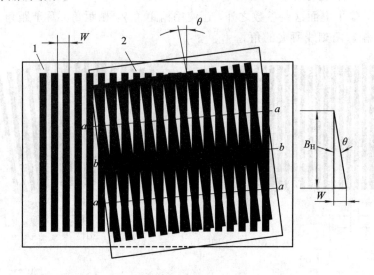

图 13-3 长光栅的莫尔条纹

两条亮带或暗带之间的距离 B_H 称为莫尔条纹间距,莫尔条纹间距 B_H 与栅距 W 和两刻线的夹角 θ 之间的关系为

$$B_H = \frac{W}{\sin\frac{\theta}{2}} \approx \frac{W}{\theta} \tag{13-1}$$

莫尔条纹具有以下三个方面的特点:

(1) 运动对应关系 莫尔条纹的移动量和移动方向与两块光栅相对的位移量和位移方向有着严格的对应关系。图 13-3 中,光栅 1 沿着刻线垂直方向向右移动一个栅距时,莫尔条纹将沿着光栅 2 的栅线向下移动一个条纹间距;反之,当光栅 1 向左移动一个栅距时,莫尔条纹将沿着光栅 2 的栅线向上移动一个条纹间距。因此根据莫尔条纹的移动量和移动方向就可以判定光栅 1 的位移量和位移方向。

(2) 位移放大作用 当光栅每移动一个光栅栅距 W 时,莫尔条纹也跟着移动一个条纹间距 B_H,如果光栅做反向移动,则条纹移动方向也相反。当 W 一定时,两光栅夹角 θ 越小,莫尔条纹间距 B_H 就越大,这相当于把栅距 W 放大了 $1/\theta$ 倍。若 $\theta=0.1°$,则 $1/\theta\approx 573$,即莫尔条纹宽度 B_H 是栅距 W 的 573 倍,这相当于把栅距放大了 573 倍,说明光栅具有位移放大作用,从而提高了测量的灵敏度。光栅刻线夹角 θ 可以调节,调节夹角 θ 可以改变莫尔条纹的间距。

(3) 误差平均效应 莫尔条纹由光栅的大量刻线形成,对线纹的刻制误差有平均抵消作用,能在很大程度上消除栅距的局部误差和短周期误差的影响。

13.1.2 光栅传感器的组成

光栅传感器是根据光栅的莫尔条纹原理进行工作的一种传感器。图13-4所示是透射式光栅传感器结构示意图。它主要由光源、透镜、光栅副和光电接收元件等组成。

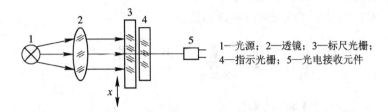

1—光源；2—透镜；3—标尺光栅；
4—指示光栅；5—光电接收元件

图13-4 透射式光栅传感器的结构示意图

光源主要供给光栅传感器工作所需的光能。

透镜主要将光源发出的点光变成平行光,通常采用单个凸透镜。

光栅副主要由标尺光栅(又称为主光栅)和指示光栅组成,是光栅传感器的核心部分,它的精度决定着整个光栅传感器系统的精度。一般标尺光栅和指示光栅刻线密度相等,指示光栅一般比标尺光栅短得多,只要能满足测量所需的莫尔条纹数量即可。测量时被测对象带动指示光栅或标尺光栅移动,使两光栅产生相对运动,所以标尺光栅的长度决定了测量范围。

光电接收元件将光栅副形成的莫尔条纹的明暗变化转换为电量输出,在光电接收元件的输出端常接有放大器,使其有足够的功率输出,以防干扰的影响。

图13-5所示为透射式长光栅传感器结构图。将光栅副置于光源和透镜的平行光束的光路中,标尺光栅和指示光栅刻面相对,两者之间留有很小的间隙,并使两光栅栅线有很小的夹角θ,则在光栅副对侧形成明暗相间的莫尔条纹。当指示光栅和标尺光栅相对移动时,莫尔条纹也产生移动。用光电接收元件接收莫尔条纹信号,经电路处理后即可得到两光栅相对移动的距离。图13-6所示为测量角位移的透射式圆光栅传感器结构图。

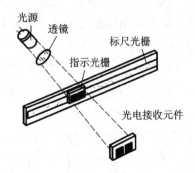
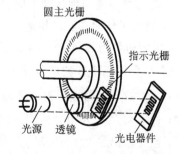

图13-5 透射式长光栅传感器结构图　　图13-6 透射式圆光栅传感器结构图

前面分析的莫尔条纹是一个明暗相间的带。从图13-3看出,两条暗带中心线之间的光强变化是从最暗到渐暗,到渐亮,一直到最亮,又从最亮经渐亮到渐暗,再到最暗的渐变过程。标尺光栅移动一个栅距W,光强变化一个周期,若用光电接收元件接收莫尔条纹

移动时光强的变化,则将光信号转换为电信号,接近于正弦周期函数(如图 13-7 所示),如以电压输出,即

$$u_o = U_o + U_m \sin\left(\frac{\pi}{2} + \frac{2\pi x}{W}\right) \tag{13-2}$$

式中:u_o——光电接收元件输出的电压信号;
U_o——输出信号中的平均直流分量;
U_m——输出信号中正弦交流分量的幅值。

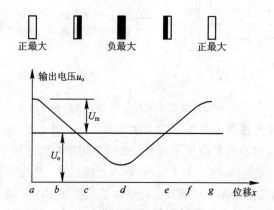

图 13-7 光栅位移与光强、输出电压的关系

由式(13-2)可见,输出电压反映了位移量的大小。

13.1.3 辨向原理和细分电路

1. 辨向原理

用光电接收元件接收莫尔条纹信号,转换为电信号,非电量转换为电量。在实际应用中,物体移动是有方向性的,因而对位移量的测量除了确定大小之外,还应确定其方向。若采用图 13-4 所示单个光电接收元件接收一固定点的莫尔条纹信号,无论标尺光栅做正向移动还是反向移动,莫尔条纹都做明暗交替变化,光电接收元件总是输出同一规律变化的电信号,此信号不能辨别运动方向。为了能够辨向,需要有相位差为 π/2 的两个电信号。图 13-8 为辨向工作原理和逻辑电路。在相隔 $B_H/4$ 间距的位置上,放置两个光电接收元件 1 和 2,得到两个相位差 π/2 的电信号 u_1 和 u_2(图中波形是消除直流分量后的交流分量),经过整形后得两个方波信号 u_1' 和 u_2'。从图中波形的对应关系可看出,当光栅沿 A 方向移动时,u_1' 经微分电路后产生的脉冲,正好发生在 u_2' 的"1"电平时,从而经 Y_1 输出一个计数脉冲;而 u_1' 经反相并微分后产生的脉冲,则与 u_2' 的"0"电平相遇,与门 Y_2 被阻塞,无脉冲输出。当光栅沿 $\overline{A}$ 方向移动时,u_1' 的微分脉冲发生在 u_2' 为"0"电平时,与门 Y_1 无脉冲输出;而 u_1' 的反相微分脉冲则发生在 u_2' 的"1"电平时,与门 Y_2 输出一个计数脉冲,则说明 u_2' 的电平状态作为与门的控制信号,来控制在不同的移动方向时,u_1' 所产生的脉冲输出。这样就可以根据运动方向正确地给出加计数脉冲或减计数脉冲,再将其输入可逆计数器,实时显示出相对于某个参考点的位移量。

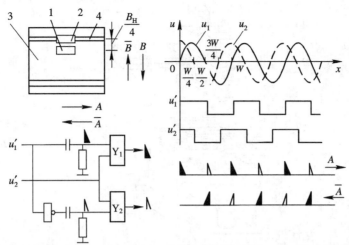

1、2—光电接收元件；3、4—光栅；$A(\overline{A})$—光栅移动方向；$B(\overline{B})$—与$A(\overline{A})$对应的莫尔条纹移动方向

图 13-8 辨向工作原理和逻辑电路

2. 细分技术

由前面讨论的光栅测量原理可知，以移过的莫尔条纹的数量来确定位移量，其分辨率为光栅栅距。为了提高分辨率和测量比栅距更小的位移量，可采用细分技术。所谓细分，就是在莫尔条纹信号变化一个周期内，发出若干个脉冲，以减小脉冲当量，如一个周期内发出 n 个脉冲，即可使测量精度提高到 n 倍，而每个脉冲相当于原来栅距的 $1/n$。由于细分后计数脉冲频率提高到了 n 倍，因此也称之为 n 倍频。细分方法有机械细分和电子细分两类。下面介绍电子细分法中常用的四倍频细分法，这种细分法也是许多其它细分法的基础。

由上述辨向原理可知，在相差 $B_H/4$ 位置上安装两个光电接收元件，可得到两个相位相差 $\pi/2$ 的电信号。若将这两个信号反相就可以得到四个依次相差 $\pi/2$ 的信号，从而可以在移动一个栅距的周期内得到四个计数脉冲，实现四倍频细分。也可以在相差 $B_H/4$ 位置上安放四个光电接收元件来实现四倍频细分。这种方法不可能得到高的细分数，因为在一个莫尔条纹的间距内不可能安装更多的光电接收元件。它有一个优点，就是对莫尔条纹产生的信号波形没有严格要求。

13.1.4 光栅传感器的应用

光栅传感器常用于长度和角度的测量，其测量精度高、分辨率高、测量范围大、动态特性好，易于实现自动控制，多用于精密机床和仪器的精密定位、长度检测、速度和振动测量等。

1. 位置检测

图 13-9 所示为光栅传感器用于机床横向和纵向进给位置的检测。指示光栅固定在工作台上，标尺光栅固定在床鞍上，当工作台沿着床鞍左右移动时，工作台移动的位移量可通过数字显示装置显示出来。床鞍前后移动的位移量用同样方法进行检测。数字显示方式代替了传统的标尺刻度读数，大大提高了加工精度和加工效率。

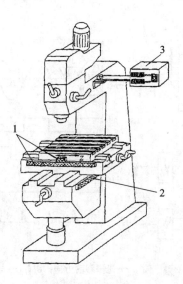

1—横向进给位置光栅检测；
2—纵向进给位置光栅检测；
3—二维数字显示装置

图 13-9　光栅传感器用于机床横向和纵向进给位置的检测

2. 位置检测及控制

图 13-10 为光栅数字传感器用于数控机床的位置检测和位置闭环控制系统框图。

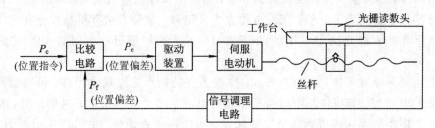

图 13-10　光栅数字传感器用于数控机床的位置检测和位置闭环控制系统框图

13.2　编　码　器

编码器是将角位移和线位移转换成数字量的一种数字传感器，它以其高精度、高分辨率和高可靠性被广泛应用于各种位移的测量。

编码器的种类很多。

根据结构形式分有直线式编码器和旋转式编码器。直线式编码器用于测量直线位移，旋转式编码器用于测量角位移。旋转式编码器是测量角度最直接、最有效的数字编码器。

根据编码方式分有增量式（脉冲盘式）编码器和绝对式（码盘式）编码器。增量式编码器的输出是一系列脉冲，需要一个计数系统对脉冲进行加减（正向或反向旋转时）累计计数，一般还需要一个基准数据，即零位基准，才能完成角位移测量。绝对式编码器不需要基准数据及计数系统,它在任意位置都可给出与位置相对应的固定数字码输出,能方便地与数字系统(如微机)连接,所以绝对式编码器才是真正的直接数字式传感器。

根据编码器的检测方式分有接触式编码器、光电式编码器和磁编码器。后两种为非接触式编码器。非接触式编码器具有非接触、体积小和寿命长,且分辨率高的特点。三种编码器相比较,光电式编码器的性价比最高,它作为精密位移传感器在自动测量和自动控制技术中得到了广泛的应用,为科学研究、军事、航天和工业生产提供了对位移量进行精密检测的手段。

下面重点介绍光电式编码器。

13.2.1 光电式编码器

1. 绝对式编码器

光电式编码器主要由安装在旋转轴上的编码圆盘(码盘)、窄缝以及安装在圆盘两边的光源和光敏元件等组成。基本结构如图 13-11 所示。码盘由光学玻璃制成,其上刻有许多同心码道,每位码道上都有按一定规律排列的透光和不透光部分,即亮区和暗区。码盘构造如图 13-12 所示,它是一个 6 位二进制码盘。当光源将光投射在码盘上时,转动码盘,通过亮区的光线经窄缝后,由光敏元件接收。光敏元件的排列与码道一一对应,对应于亮区和暗区的光敏元件输出的信号,前者为"1",后者为"0"。当码盘旋至不同位置时,光敏元件输出信号的组合,反映出按一定规律编码的数字量,代表了码盘轴的角位移大小。

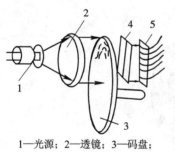

1—光源;2—透镜;3—码盘;
4—窄缝;5—光敏元件

图 13-11 光电式编码器示意图   图 13-12 码盘构造

光电式编码器中码盘的精度决定了光电式编码器的精度。码盘采用照相腐蚀法制作,要求分度精确,明暗交替处有陡峭的边缘,以便减少逻辑"0"和"1"相互转换时引起的噪声。这要求码盘材料材质精细,光学投影精确。

编码器码盘按其所用码制可分为二进制码、十进制码、格雷码(循环码)等。

对于图 13-12 所示的 6 位二进制码盘,最内圈码盘一半透光,一半不透光,最外圈一共分成 $2^6=64$ 个黑白间隔。每一个角度方位对应于不同的编码。例如零位对应于 000000(全黑);第 23 个方位对应于 010111。这样在测量时,只要根据码盘的起始和终止位置,就可以确定角位移,而与转动的中间过程无关。一个 n 位二进制码盘的最小分辨率,即能分辨的角度为 $\alpha=360°/2^n$,一个 6 位二进制码盘,其最小分辨的角度 $\alpha\approx5.6°$。

采用二进制编码器时,任何微小的制作误差,都可能造成读数的粗误差。这主要是因为当二进制码中某一较高的数码改变时，所有比它低的各位数码均需同时改变。如果由于刻划误差等原因，某一较高位提前或延后改变，就会造成粗误差。

为了消除粗误差，可用格雷码代替二进制码。表 13-1 给出了 4 位二进制码与格雷码的对照表。从表中看出，格雷码是一种无权码，从任何数变到相邻数时，仅有一位数码发生变化。如果任一码道刻划有误差，只要误差不太大，且只可能有一个码道出现读数误差，产生的误差最多等于最低位的一个比特。所以只要适当限制各码道的制造误差和安装误差，都不会产生粗误差。由于这一原因使得格雷码码盘获得了广泛的应用。图 13-13 所示的是一个 6 位的格雷码码盘。对于 n 位格雷码码盘，与二进制码一样，具有 2^n 种不同编码，最小分辨率 $\alpha = 360°/2^n$。

表 13-1　4 位二进制码与格雷码对照表

十进制数	二进制码	循环码	十进制数	二进制码	格雷码
0	0000	0000	8	1000	1100
1	0001	0001	9	1001	1101
2	0010	0011	10	1010	1111
3	0011	0010	11	1011	1110
4	0100	0110	12	1100	1010
5	0101	0111	13	1101	1011
6	0110	0101	14	1110	1001
7	0111	0100	15	1111	1000

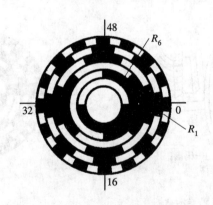

图 13-13　6 位格雷码码盘

格雷码是一种无权码，这给译码造成一定困难。通常先将它转换成二进制码然后再译码。按表 13-1 所列，可以找到格雷码和二进制码之间的转换关系为

$$\left. \begin{array}{l} R_n = C_n \\ R_i = C_i \oplus C_{i+1} \end{array} \right\} \quad (13-3)$$

或

$$C_i = R_i \oplus C_{i+1}$$

式中：R——格雷码；
　　　C——二进制码。

根据上式用与非门构成格雷码-二进制码转换器，这种转换器所用元件比较多。如采用存储器芯片可直接把格雷码转换成二进制码或任意进制码。

大多数编码器都是单盘的,全部码道在一个圆盘上,当要求有很高的分辨率时,码盘制作困难,圆盘直径增大,而且精度也难以达到。如要达到1″左右的分辨率,至少需采用20位的码盘。对于一个刻划直径为 400 mm 的 20 位码盘,其外圈间隔不到 1.2 μm,可见码盘的制作不是一件易事,而且光线经过这么窄的狭缝会产生光的衍射。这时可采用双盘编码器,它的特点是由两个分辨率较低的码盘组合成为高分辨率的编码器。

2. 增量式编码器

图 13-14 所示为增量式编码器的结构图。增量式编码器结构简单,码盘被划分成若干交替透明和不透明扇形区,它一般只有三个码道,不能直接产生几位编码输出。在码盘的两侧分别安装光源和光电接收元件,当码盘转动时,光源通过码盘上三个码道,有三个光电接收元件接收,对应输出零位脉冲(Z)、增量脉冲(A)及辨向脉冲(B)三个脉冲信号。

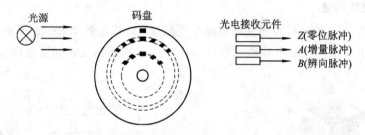

图 13-14　增量式编码器结构图

码盘最外圈码道上只有一条透光的狭缝,作为码盘的基准位置,当码盘旋转一周时,才产生一个零位脉冲,通常零位脉冲用于各轴机械原点定位。

应用时将输出的增量脉冲(A)和辨向脉冲(B)通过信号处理电路的整形、放大、细分、辨向后,变成位移和方向的测量脉冲,通过测量脉冲的个数或频率实现角度、转速或其它相关物理量的测量。

13.2.2　磁编码器

磁编码器是一种新型传感器,它主要由磁鼓与磁敏电阻元件组成,它的构成如图 13-15 所示。多极磁鼓常用的有两种:一种是塑磁磁鼓,即在磁性材料中混入适当的黏合剂,注塑成形;另一种是在铝鼓外面覆盖一层磁性材料制成。多极磁鼓产生的空间磁场由磁鼓的大小和磁层厚度决定,磁敏电阻元件通过微细加工技术而制成,磁敏电阻元件仅和与电流方向成直角的磁场有关,而和与电流方向平行的磁场无关。

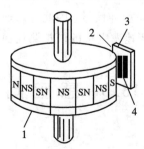

1—磁鼓；2—气隙；3—磁敏传感部件；4—磁敏电阻元件

图 13-15　磁编码器基本结构

磁编码器的码盘按照一定的编码图形，做成磁化区（导磁率高）和非磁化区（导磁率低），采用小型磁环或微型马蹄形磁芯作磁头，磁环或磁头紧靠码盘，但又不与码盘表面接触。每个磁头上绕两组绕组，原边绕组用恒幅恒频的正弦信号激励，副边绕组用于输出信号，副边绕组感应码盘上的磁化信号并将之转化为电信号，其感应电势与两绕组匝数比和整个磁路的磁导有关。当磁头对准磁化区时，磁路饱和，输出电压很低；当如磁头对准非磁化区时，它就类似于变压器，输出电压会很高，因此可以区分状态"1"和"0"。几个磁头同时输出，就形成了数码。

磁编码器精度高，寿命长，工作可靠，对环境条件要求较低。

13.2.3 编码器的应用

1. 角度位置测量

交流伺服电动机的运行需要进行角度位置测量，以确定各个时刻转子磁极相对于定子绕组转过的角度，从而控制电动机的运行。图 13-16 所示为交流伺服电动机及控制系统。

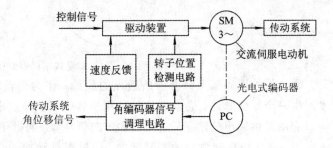

1—电动机转子轴；2—电动机壳体；
3—光电式编码器；4—三相电源连接座；
5—光电式角编码器输出(航空插头)

(a)　　　　　　　　　　　　(b)

图 13-16　交流伺服电动机及控制系统
(a) 外形；(b) 控制系统框图

光电式编码器在交流伺服电动机控制系统中提供电动机定、转子之间相互位置的数据；通过频率/电压转换电路提供速度反馈信号；并提供传动系统角位移信号，作为位置反馈信号。

2. 数字测速

由于编码器的输出信号是脉冲信号，因此可以通过测量脉冲频率或周期的方法来测量转速。如光电编码器可代替测速发电机的模拟测速而变成数字测速。

13.3　感应同步器

13.3.1　结构原理

感应同步器有直线式和旋转式两种，分别用于直线位移和角位移测量，两者原理相同。直线式(长)感应同步器由定尺和滑尺组成,如图 13-17 所示。旋转式(圆)感应同步器由定子和转子组成,如图 13-18 所示。在定尺和转子上的是连续绕组,在滑尺和定子上的则是分段绕组。分段绕组分为两组,在空间相差 90°相角,故又称为正弦、余弦绕组。工作时如果在其中一种绕组上通以交流激励电压,由于电磁耦合,在另一种绕组上就产生感应电动势,该电动势随定尺与滑尺(或转子与定子)的相对位置不同而呈正弦、余弦函数变化,再通过对此信号的检测处理,便可测量出直线或角的位移量。

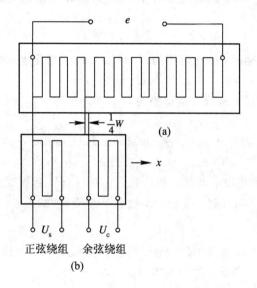

图 13-17　长感应同步器示意图
(a) 定尺;(b) 滑尺

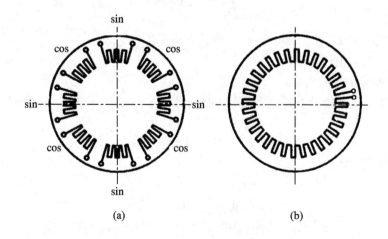

图 13-18　圆感应同步器示意图
(a) 定子;(b) 转子

13.3.2　信号处理方式

感应同步器的信号处理方式有鉴相和鉴幅两种。它们的特征是用输出感应电动势的相位或幅值来进行处理。下面以长感应同步器为例进行叙述。

1. 鉴相方式

滑尺的正弦、余弦绕组在空间位置上错开 1/4 定尺的节距，激励时加上等幅等频，相位差为 90°的交流电压，即分别以 $\sin\omega t$ 和 $\cos\omega t$ 来激励，这样，就可以根据感应电动势的相位来鉴别位移量，故叫鉴相型。

当正弦绕组单独激励时，励磁电压为 $u_s = U_m \sin\omega t$，感应电动势为

$$e_s = k\omega U_m \cos\omega t\ \sin\theta \tag{13-4}$$

式中，k 为耦合系数。

当余弦绕组单独激励时，励磁电压为 $u_c = U_m \cos\omega t$，感应电动势为

$$e_c = k\omega U_m \sin\omega t\ \cos\theta \tag{13-5}$$

按叠加原理求得定尺上总感应电动势为

$$\begin{aligned}e &= e_s + e_c \\ &= k\omega U_m \cos\omega t\ \sin\theta + k\omega U_m \sin\omega t\ \cos\theta \\ &= k\omega U_m \sin(\omega t + \theta)\end{aligned} \tag{13-6}$$

式中的 $\theta = 2\pi x/W$，称为感应电动势的相位角，它在一个节距 W 之内与定尺和滑尺的相对位移有一一对应的关系，每经过一个节距，变化一个周期（2π）。

2. 鉴幅方式

如在滑尺的正弦、余弦绕组加以同频、同相但幅值不等的交流激磁电压，则可根据感应电动势的振幅来鉴别位移量，称为鉴幅型。

加到滑尺两绕组的交流励磁电压为

$$u_s = U_s \cos\omega t \tag{13-7}$$

$$u_c = U_c \cos\omega t \tag{13-8}$$

式中：$U_s = U_m \sin\phi$；

$U_c = U_m \cos\phi$；

U_m——激励电压幅值；

ϕ——给定的电相角。

它们分别在定尺绕组上感应出的电动势为

$$e_s = k\omega U_s \sin\omega t\ \sin\theta \tag{13-9}$$

$$e_c = k\omega U_c \sin\omega t\ \cos\theta \tag{13-10}$$

定尺的总感应电动势为

$$\begin{aligned}e &= e_s + e_c \\ &= k\omega U_s \sin\omega t\ \sin\theta + k\omega U_c \sin\omega t\ \cos\theta \\ &= k\omega U_m \sin\omega t(\cos\phi\ \cos\theta + \sin\phi\ \sin\theta) \\ &= k\omega U_m \sin\omega t\ \cos(\phi - \theta)\end{aligned} \tag{13-11}$$

式中把感应同步器两尺的相对位移 $x = \theta W/2\pi$ 和感应电动势的幅值 $k\omega U_m \cos(\phi - \theta)$ 联系了起来。

13.3.3 位移测量系统

图 13-19 所示为感应同步器鉴相测量方式的数字位移测量装置方框图。脉冲发生器

输出频率一定的脉冲序列，经过脉冲—相位变换器进行 N 分频后，输出参考信号方波 θ_0 和指令信号方波 θ_1。参考信号方波 θ_0 经过激磁供电线路，转换成振幅和频率相同而相位差为 $90°$ 的正弦、余弦电压信号，给感应同步器滑尺的正弦、余弦绕组激磁。感应同步器定尺绕组中产生的感应电压，经放大和整形后成为反馈信号方波 θ_2。指令信号 θ_1 和反馈信号 θ_2 同时送给鉴相器，鉴相器既判断 θ_2 和 θ_1 相位差的大小，又判断指令信号 θ_1 的相位是超前还是滞后于反馈信号 θ_2 的相位。

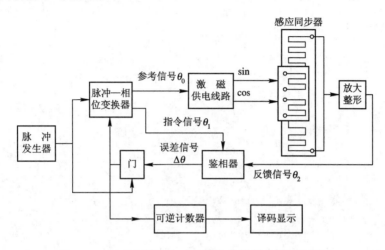

图 13-19　鉴相测量方式的数字位移测量装置方框图

假定开始时 $\theta_1=\theta_2$，当感应同步器的滑尺相对定尺平行移动时，将使定尺绕组中的感应电压的相位 θ_2（即反馈信号的相位）发生变化。此时 $\theta_1\neq\theta_2$，由鉴相器判别之后，将有相位差 $\Delta\theta=\theta_2-\theta_1$ 作为误差信号，由鉴相器输出给门电路。此误差信号 $\Delta\theta$ 控制门电路"开门"的时间，使门电路允许脉冲发生器产生的脉冲通过。通过门电路的脉冲，一方面送给可逆计数器去计数并显示出来；另一方面作为脉冲—相位变换器的输入脉冲。在此脉冲作用下，脉冲—相位变换器将修改指令信号的相位 θ_1，使 θ_1 随 θ_2 而变化。当 θ_1 再次与 θ_2 相等时，误差信号 $\Delta\theta=0$，从而门被关闭。当滑尺相对定尺继续移动时，又有 $\Delta\theta=\theta_2-\theta_1$ 作为误差信号去控制门电路的开启，门电路又有脉冲输出，供可逆计数器去计数和显示，并继续修改指令信号的相位 θ_1，使 θ_1 和 θ_2 在新的基础上达到 $\theta_1=\theta_2$。因此在滑尺相对定尺连续不断地移动过程中，就可以实现把位移量准确地用可逆计数器计数和显示出来。

思考题和习题

13-1　数字式传感器有什么特点？可分为哪几种类型？

13-2　光栅传感器的组成及工作原理是什么？

13-3　什么是光栅的莫尔条纹？莫尔条纹是怎样产生的？它具有什么特点？

13-4　试述光栅传感器中莫尔条纹的辨向和细分原理。

13-5　二进制码与循环码各有何特点？说明它们相互转换的原理。

13-6　一个 21 位的循环码码盘，其最小分辨率 θ 为多少？若每一个 θ 所对应的圆弧长度至少为 0.01 mm，那么码盘直径有多大？

13-7 感应同步器有哪几种？试述它们的工作原理。

13-8 若某光栅的栅线密度为 50 线/毫米，主光栅与指示光栅之间的夹角 $\theta=0.01$ rad。

① 求其形成的莫尔条纹间距 B_H。

② 若采用 4 只光敏二极管接收莫尔条纹信号，并且光敏二极管响应时间为 10^{-6} s，则此时光栅允许的最快运动速度 v 是多少？

第14章 智能式传感器

14.1 概 述

14.1.1 智能式传感器的概述

智能式传感器(Intelligent sensor 或 Smart sensor)自20世纪70年代初出现以来,随着微处理器技术的迅猛发展及测控系统自动化、智能化的发展,要求传感器准确度高、可靠性高、稳定性好,而且具备一定的数据处理能力,并能够自检、自校、自补偿。传统的传感器已不能满足这样的要求。另外,为制造高性能的传感器,光靠改进材料工艺也很困难,需要利用计算机技术与传感器技术相结合来弥补其性能的不足。计算机技术使传感器技术发生了巨大的变革,微处理器(或微计算机)和传感器相结合,产生了功能强大的智能式传感器。所谓智能式传感器,就是一种带有微处理机的,兼有信息检测、信号处理、信息记忆、逻辑思维与判断功能的传感器。

传感器与微处理机结合可以通过以下两个途径来实现:一是采用微处理机或微型计算机系统以强化和提高传统传感器的功能,即传感器与微处理机可分为两个独立部分,传感器的输出信号经处理和转化后由接口送到微处理机部分进行运算处理。这就是我们指的一般意义上的智能传感器,又称传感器的智能化。二是借助于半导体技术把传感器部分与信号预处理电路、输入输出接口、微处理器等制作在同一块芯片上,即成为大规模集成电路智能传感器,简称集成智能传感器。集成智能传感器具有多功能、一体化、精度高、适宜于大批量生产、体积小和便于使用等优点,它是传感器发展的必然趋势,它的实现将取决于半导体集成化工艺水平的提高与发展。

就目前来看,已有少数以组合形式出现的智能传感器作为产品投入市场,如美国Honeywell公司推出的DSTJ-3000型硅压阻式智能传感器,Par Scientific公司的1000系列数字式石英智能传感器。我国也着手智能传感器的开发与研究,主要是在现有使用的传感器中,采用先进的微处理机和微型计算机系统,使之完成第一类途径的智能化。

智能传感器因其在功能、精度、可靠性上较普通传感器有很大提高,已经成为传感器研究开发的热点。近年来,随着传感器技术和微电子技术的发展,智能传感器技术也发展很快。发展高性能的以硅材料为主的各种智能传感器已成为必然。

14.1.2 智能传感器的功能和构成

无论是传感器的智能化,还是集成智能化传感器,都是带有微机的兼具检测信息和处理信息功能的传感器,可统称为智能式传感器。和传统的传感器相比,智能化传感器具有以下功能:

① 具有逻辑判断、统计处理功能。可对检测数据进行分析、统计和修正，还可进行线性、非线性、温度、噪声、响应时间、交叉感应以及缓慢漂移等的误差补偿，提高了测量准确度。

② 具有自诊断、自校准功能。可在接通电源时进行开机自检，可在工作中进行运行自检，并可实时自行诊断测试，以确定哪一组件有故障，提高了工作可靠性。

③ 具有自适应、自调整功能。可根据待测物理量的数值大小及变化情况自动选择检测量程和测量方式，提高了检测适用性。

④ 具有组态功能。可实现多传感器、多参数的复合测量，扩大了检测与使用范围。

⑤ 具有记忆、存储功能。可进行检测数据的随时存取，加快了信息的处理速度。

⑥ 具有数据通信功能。智能化传感器具有数据通信接口，能与计算机直接联机，相互交换信息，提高了信息处理的质量。

计算机软件在智能传感器中起着举足轻重的作用。由于"电脑"的加入，智能传感器可通过各种软件对信息检测过程进行管理和调节，使之工作在最佳状态，从而增强了传感器的功能，提升了传感器的性能。此外，利用计算机软件能够实现硬件难以实现的功能，因为以软件代替部分硬件，可降低传感器的制作难度。

智能式传感器系统一般构成框图如图 14-1 所示。其中作为系统"大脑"的微型计算机，可以是单片机、单板机，也可以是微型计算机系统。

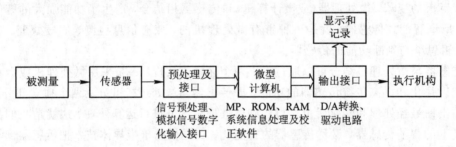

图 14-1 智能传感器的结构框图

14.2 传感器的智能化

14.2.1 传感器的智能化概念

传感器的智能化指传感器与微处理机可分为两个独立部分，传感器的输出信号经处理和转化后由接口送入微处理机部分进行运算处理。这类智能传感器主要由传感器、微处理器及其相关电路组成。传感器将被测的物理量转换成相应的电信号，送到信号调理电路中，进行滤波、放大、模-数转换后，送到微处理机中。微处理机是智能传感器的核心，它不但可以对传感器测量数据进行计算、存储、数据处理，还可以通过反馈回路对传感器进行调节。由于微处理机充分发挥各种软件的功能，可以完成硬件难以完成的任务，从而大大降低了传感器制造的难度，提高了传感器的性能，降低了成本。

微型计算机或微处理机是智能式传感器的核心。传感器的信号经一定的硬件电路处理后，以数字信号的形式进入计算机，于是计算机即可根据其内存中驻留的软件实现对测量过程的各种控制、逻辑判断和数据处理以及信息输送等功能,从而使传感器获得智能。

在智能传感器中,其控制功能、数据处理功能和数据传输功能尤为重要。实际上,为了使智能式传感器真正具有智能,控制功能就应该包括:键盘控制功能、量程自动切换功能、多路与多路通道切换功能、数据极限判断与越限报警功能、自诊断与自校正功能。例如为使智能式传感器具有自校正功能,在传感器系统设计时,可考虑预留一路模拟量输入通道作自校正用,然后通过计算机编程实现自校正。该程序执行步骤为:所用微机先向 D/A 转换口输出一个定值(固定代码),经 DAC 变换为对应的模拟电压值,再送到 A/D 通路的自校正输入端。此后,由微机启动 ADC,待 A/D 转换结束,再取回转换结果值,并与原送出的代码进行比较。如结果相符或误差在允许范围内,则认为自校正功能正常。若感觉仅在一点上进行自校正还不能说明问题,可以设置 2~3 个自校正点,如可设置其零点、中点及满刻度点为自校正点,并分三次比较。通过比较和判断,确定输入、输出以及接口等是否正常。

在数据处理功能方面,智能式传感器须具备标度变换功能、函数运算功能、系统误差消除功能、随机误差处理功能以及信号合理性判断功能。在数据传输功能方面,智能式传感器应实现各传感器之间或与其它微机系统的信息交换及传输。数据传输可采用并行和串行两种方式,无论采用哪种传输方式,都要在传送的双方配置相同的标准接口。IEEE-48 总线和 RS232 总线在并行和串行两种数据传送方式中,分别可起重要作用。

14.2.2 传感器的智能化实例

智能式应力传感器用于测量飞机机翼上各个关键部位的应力大小,并判断机翼的工作状态是否正常以及故障情况。下面以智能式应力传感器为例来说明智能式传感器的典型结构和功能,智能式应力传感器包含硬件结构和软件结构两大部分,图 14-2 是智能式应力传感器的硬件结构图。它有 6 路应力传感器和 1 路温度传感器,每一路应力传感器由 4 个应变片构成的全桥电路和前级放大器组成,用于测量应力大小。温度传感器用于测量环境温度,从而对应力传感器进行误差修正。采用 8031 单片机作为数据处理和控制单元。多路开关根据单片机发出的命令轮流选通各个传感器通道。程控放大器则在单片机的命令下分别选择不同的放大倍数对各路信号进行放大。该智能式传感器具有较强的自适应能力,它可以判断工作环境因素的变化,进行必要的修正,以保证测量的准确性。

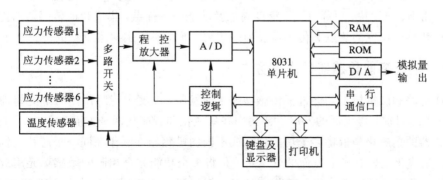

图 14-2 智能式应力传感器的硬件结构图

智能式应力传感器具有测量、程控放大、转换、处理、模拟量输出、打印键盘监控及通过串口与计算机通信的功能。其软件采用模块化和结构化的设计方法,软件结构如图 14-3 所示。主程序模块完成自检、初始化、通道选择以及各个功能模块调用的功能;信号采集模块主要完成数据采集;信号处理模块完成数据滤波、非线性补偿、信号处理、误差修正以及检索查表等功能;故障诊断模块的任务是对各个应力传感器的信号进行分析,判断飞机机翼的工作状态及是否存在损伤或故障;键盘输入及显示模块中键盘输入主要查询是否有键按下,若有键按下则反馈给主程序模块,主程序模块根据键意执行或调用相应的功能模块;显示模块主要用于显示各路传感器的数据和工作状态;输出及打印模块主要控制模拟量输出以及控制打印机完成打印任务;通信模块主要通过控制 RS232 串行通信口与上位微机通信。

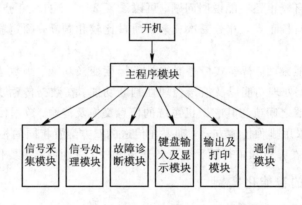

图 14-3 智能式应力传感器的软件结构图

14.3 集成智能传感器

集成智能传感器近年来发展很快。集成智能传感器主要是指利用集成电路工艺和微机械技术将传感器敏感元件与功能强大的电子线路集成在同一芯片上(或二次集成在同一外壳内),通常具有信号提取、信号处理、逻辑判断、双向通信、决策、量程切换、自检、自校准、自补偿、自诊断、计算等功能。和经典的传感器相比,集成智能传感器具有体积小、成本低、功耗小、速度快、可靠性高、精度高以及功能强等优点。集成智能传感器的优点使它成为目前传感器研究的热点和传感器发展的主要方向,必将主宰本世纪的传感器市场。

14.3.1 集成智能传感器的发展方向

集成电路和微机械工艺促进了传感器技术的发展,改变了传感器作为单纯物理量转换的传统概念。目前,传感器的发展主要集中在集成化和智能化两个方面。

传感器的集成化是指将多个功能相同或不同的敏感器件制作在同一个芯片上构成传感器阵列。集成化主要有三个方面的含义:一是将多个功能完全相同的敏感单元集成在同一个芯片上,用来测量被测量的空间分布信息,例如压力传感器阵列或我们熟知的 CCD 器件;二是对多个结构相同、功能相近的敏感单元进行集成,例如将不同气敏传感元集成在一起组成"电子鼻",利用各种敏感元对不同气体的交叉敏感效应,采用神经网络模式识别等先进数据处理技术，可以对组成混合气体的各种成分同时监测，得到混合气体的组成信息，同时提高气敏传感器的测量精度；这层含义上的集成还有一种情况是将不同量程的传感元集成在一起，可以根据待测量的大小在各个传感元之间切换，在保证测量精度的同时，扩大传感器的测量范围；三是指对不同类型的传感器进行集成，例如集成有压力、温度、湿度、流量、加速度、化学等敏感单元的传感器，能同时测到环境中的物理特性或化学参量，用来对环境进行监测。

集成电路和各种传感器的特征尺寸已达到亚微米和深亚微米量级，由于非电子元件接口未能做到同等尺寸而限制了其体积、重量、价格等的减小。智能化是将传感器（或传感器阵列）与信号处理电路和控制电路集成在同一芯片上。系统能够通过电路进行信号提取和信号处理，根据具体情况自主地对整个传感器系统进行自检、自校准和自诊断，并能根据待测物理量的大小及变化情况自动选择量程和测量工作方式。和经典的传感器相比，集成智能传感器能够减小系统的体积，降低制造成本，提高测量精度，增强传感器功能，是目前国际上传感器研究的热点，也是未来传感器发展的主流。

14.3.2 智能传感器的研究热点

1. 物理转化机理

理论上讲，有很多种物理效应可以将待测物理量转换为电学量。在智能传感器出现之前，为了数据读取的方便，人们选择物理转化机理时，被迫优先选择那些输入—输出传递函数为线性的转化机理，而舍弃掉其它传递函数为非线性，但具有长期稳定性、精确性等性质的转换机理或材料。由于智能传感器可以很容易对非线性的传递函数进行校正，得到一个线性度非常好的输出结果，从而消除了非线性传递函数对传感器应用的制约，因此一些科研工作者正在对这些稳定性好、精确度高、灵敏度高的转换机理或材料重新进行研究。例如，谐振式传感器具有高稳定性、高精度、准数字化输出等许多优点，但以前频率信号检测需要较复杂的设备，限制了谐振式传感器的应用和发展，现在利用同一硅片上集成的检测电路，可以迅速提取频率信号，使得谐振式微机械传感器成为国际上传感器领域的一个研究热点。

2. 数据融合理论

数据融合是智能传感器理论的重要领域，也是各国研究的热点。数据融合通过分析各个传感器的信息，来获得更可靠、更有效、更完整的信息，并依据一定的原则进行判断，作出正确的结论。对于由多个传感器组成的阵列，数据融合技术能够充分发挥各个传感器的特点，利用其互补性、冗余性，提高测量信息的精度和可靠性，延长系统的使用寿命，进而实现识别、判断和决策。

多传感器系统的融合中心接收各传感器的输入信息，得到一个基于多传感器决策的联合概率密度函数，然后按一定的准则作出最后决策。融合中心常用的融合方法有错误率最小化法、NP法、自适应增强学习法、广义证据处理法等。传感器数据融合是传感器技术、模式识别、人工智能、模糊理论、概率统计等交叉的新兴学科，目前还有许多问题没有解决，如最优的分布检测方法、数据融合的分布式处理结构、基于模糊理论的融合方法、神经网络应用于多传感器系统、多传感器信号之间的相互耦合、系统功能配置及冗余优化设计等,这些问题也是当今数据融合理论的研究热点。

3. CMOS 工艺兼容的传感器制造与集成封装技术

集成式微型智能传感器是受集成电路制作工艺的牵引而发展起来的,如何充分利用已经行之有效的大规模集成电路制作技术,是智能传感器降低成本,提高质量,增加效益,批量生产的最可行,最有效的途径。但传统的微机械传感器制作工艺与 CMOS 工艺兼容性较差。为了保证加工应力能完全松弛,微机械结构需要长时间的高温退火;而为了成功地实施必要的曝光,CMOS 技术需要非常平整的表面,这就造成了矛盾。因为如果先完成机械加工工序,基底的平面性将会有所牺牲;如果先完成 CMOS 工序,基底将经受高温退火。这使得传感器敏感单元与大规模集成电路进行单片集成时产生困难,限制了智能传感器向体积缩小、成本降低与生产效率提高的方向发展。为了解决这个"瓶颈"问题,目前在研究二次集成技术的同时,智能传感器的工艺研究热点集中在研制与 CMOS 工艺兼容的各种传感器结构及其制造工艺流程上。

如前所述,由于非电子元件接口未能做到同等尺寸缩微,因而限制了其体积、重量等的减小。当前,集成式微型智能传感器正朝着更高功效及轻、薄、短、小的方向发展,传统的封装技术将无法满足这些需求。对于新的集成式微型智能传感器来说,有关分离和封装问题可能是其商品化的最大障碍。现阶段,制造微机械的加工设备和工艺与制造 IC 的设备和工艺是紧密匹配的,但是,封装技术还未能达到同样高的匹配水准。虽然单片集成式微型智能传感器商品化的成功已能对传统的封装技术产生一定程度的影响,但仍需要进行广泛的改进和提高。因此,一些新封装技术的研究和开发已越来越得到人们的重视,开发更先进的封装形式及其技术也成为集成式微型智能传感器制造相关技术的研究热点。

14.3.3 集成智能传感器系统举例

从前面讨论可知,智能传感器是"电五官"与"微电脑"的有机结合,对外界信息具有检测、判断、自诊断、数据处理和自适应能力的集成一体化的多功能传感器。这种传感器还具有与主机自动对话、自行选择最佳方案的能力。它还能将已取得的大量数据进行分割处理,实现远距离、高速度、高精度的传输。目前,这类传感器虽然尚处于研究开发阶段,但是已出现不少实用的智能传感器。

1. 混合集成压力智能传感器

混合集成压力智能传感器是采用二次集成技术制造的混合智能传感器,图 14-4 是混合智能传感器的组成框图,即在同一个管壳内封装了微控制器、检测环境参数的各种传感元件、连接传感元件和控制器的各种接口/读出电路、电源管理器、晶振、电池、无线发送器等电路及器件,具有数据处理功能,并且可以根据环境参数的变化情况,自主地开始测量或者改变测试频率,具有了智能化的特点。智能传感器系统的核心是 Motorola 公司的 68HC11 微控制器(MCU),其中包含有内存、8 位 A/D、时序电路、串行通信电路。MCU 与前台传感器间内部数据传递通过内部总线进行。传感系统包括了温度传感器、压力传感器阵列、加速度传感器阵列、启动加速度计阵列、湿度传感器等多种传感器或传感器阵列。MCU 将传感器的测量数据转换为标准格式,并对数据进行储存,然后通过系统内的无线发送器或 RS232 接口传送出去。传感器由 6 V 电池供电,功耗小于 700 μW,至少能够连续工作 180 天。整个智能传感器微系统的体积仅仅为 5 cm³，相当于一个火柴盒那么大。

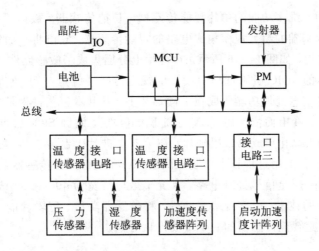

图 14-4　混合智能传感器组成框图

美国 Honeywell 公司研制的 DSTJ—3000 智能压差压力传感器，能在同一块半导体基片上用离子注入法配置扩散了压差、静压和温度三个敏感元件。整个传感器还包含转换器，多路转换器，脉冲调制器，微处理器和数字量输出接口等，并在 EPROM 中装有该传感器的特性数据，以实现非线性补偿。其结构也类同上述框架。

2. 多路光谱分析传感器

多路光谱分析传感器是目前投入使用的微电脑型传感器。这种传感器利用 CCD（电荷耦合器件）二维阵列摄像仪，将检测图像转换成时序的视频信号，在电子电路中产生与空间滤波器相应的同步信号，再与视频信号相乘后积分，改变空间滤波器参数，移动滤波器光栅以提高灵敏度，来实现二维自适应图像传感的目的。它由光学系统和微型计算机的 CPU 构成，其结构如图 14-5 所示。

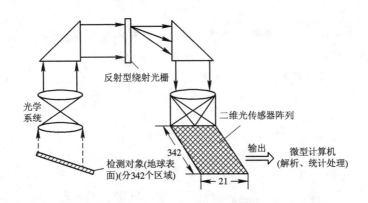

图 14-5　多路光谱分析传感器的结构示意图

多路光谱分析传感器可以装在人造卫星上，对地面进行多路光谱分析。测量获得的数据直接由 CPU 进行分析和统计处理，然后输送出有关地质、气象等各种情报。

3. 三维多功能单片智能传感器

目前已开发的三维多功能的单片智能传感器，是把传感器、数据传送、存储及运算模块集成为以硅片为基础的超大规模集成电路的智能传感器。它已将平面集成发展成三维集成，实现了多层结构，如图 14-6 所示。在硅片上分层集成了敏感元件、电源、记忆、传输等多个部分，日本的 3DIC 研制计划中设计的视觉传感器就是一例。它将光电转换等检测功能和特征抽取等信息处理功能集成在一硅基片上。其基本工艺过程是先在硅衬底上制成二维集成电路，然后在上面依次用 CDV 法淀积 SiO_2 层，腐蚀 SiO_2 后再用 CDV 法淀积多晶硅，再用激光退火晶化形成第二层硅片，在第二层硅片上制成二维集成电路，依次一层一层地做成 3DIC。目前用这种技术已制成两层 10 bit 线性图像传感器，上面一层是 PN 结光敏二极管，下面一层是信号处理电路，其光谱效应线宽为 400～700 mm。这种将二维集成发展成三维集成的技术，可实现多层结构，将传感器功能、逻辑功能和记忆功能等集成在一个硅片上，这是智能传感器的一个重要发展方向。

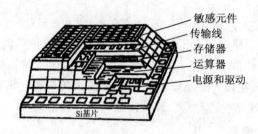

图 14-6 三维多功能单片智能传感器

思考题和习题

14-1 什么是智能传感器？它包含哪几种主要形式？应从哪些方面研究开发智能传感器？

14-2 智能传感器一般由哪些部分构成？它有哪些显著特点？

14-3 传感器的智能化与集成智能传感器有何区别？

14-4 举例说明集成智能传感器的结构和特点。

第15章 传感器在工程检测中的应用

在工业生产过程及工程检测中,为了对各种工业参数(如压力、温度、流量、物位等)进行检测与控制,首先要把这些参数转换成便于传送的信息,这就要用到各种传感器,把传感器与其它装置组合在一起,组成一个检测系统或调节系统,完成对工业参数的检测与控制。

考虑到系统中传感器与其它装置的兼容性与互换性,它们之间是用标准信号进行传输的,这标准信号都是符合国际标准的信号。国际电工委员会(IEC)规定了国际统一信号,过程控制系统的模拟直流电流信号为 4~20 mA,模拟直流电压信号为 1~5 V。对一般输出为非标准信号的传感器,需把传感器的输出信号通过变送器(或变送器功能模块电路)变换成标准信号。有了统一的信号形式和数值范围,无论是仪表还是计算机,只要有同样的输入电路或接口,就可以从各种变送器获得被测变量的信息,而且便于组成检测系统或控制系统。

下面将着重介绍工程检测中应用的传感器。

15.1 温度测量

温度是工业生产和科学实验中一个非常重要的参数。物体的许多物理现象和化学性质都与温度有关,许多生产过程都是在一定的温度范围内进行的,需要测量温度和控制温度。因此温度测量的场合及其广泛,对温度测量的准确度有更高的要求。随着科学技术的发展,使得测温技术迅速发展,如测温范围不断拓宽,测温精度不断提高,新的测温传感器不断出现,如光纤温度传感器、微波温度传感器、超声波温度传感器、核磁共振温度传感器等新颖传感器在一些领域获得了广泛的应用。

15.1.1 温度概述

1. 温度与温标

温度是表征物体冷热程度的物理量。温度不能直接加以测量,只能借助于冷热不同的物体之间的热交换,以及物体的某些物理性质随着冷热程度不同而变化的特性间接测量。

为了定量地描述温度的高低,必须建立温度标尺(温标),温标就是温度的数值表示。各种温度计和温度传感器的温度数值均由温标确定。历史上提出过多种温标,如早期的经验温标(摄氏温标和华氏温标),理论上的热力学温标,当前世界通用的是国际温标。热力学温标是以热力学第二定律为基础的一种理论温标,热力学温标确定的温度数值为热力学温度(符号为 T),单位为开尔文(符号为 K)。

国际温标是国际协议性温标,它是一个既能体现热力学温标(即保证较高的准确度),使用方便,又容易实现的温标。建立国际温标需要三个必要条件:一是要有定义温度的固定点,一般利用一些纯物质可复现的平衡态温度作为定义温度的固定点;二是要有在不同温度范围内复现温度的基准仪器,如标准铂电阻温度计、标准光学高温计等;三是要有固定点温度间的内插公式,这些公式建立了标准仪器示值与国际温标数值间的关系。国际温标自 1927 年拟定以来几经修改而不断完善,目前实行的是 1990 年的国际温标(ITS—90),它取代了早先推行的 IPTS—68。国际温标规定仍以热力学温度作为基本温度,1 K 等于水三相点热力学温度的 1/273.16。它同时定义国际开尔文温度(符号 T_{90})和国际摄氏温度(符号 t_{90}),T_{90} 和 t_{90} 之间的关系为

$$t_{90}/℃ = T_{90}/K - 273.15 \tag{15-1}$$

在实际应用中,一般直接用 t 和 T 代替 t_{90} 和 T_{90}。

2. 温度测量的主要方法和分类

(1) 温度传感器的组成　在工程中无论是简单的还是复杂的测温传感器,就测量系统的功能而言,通常由现场的感温元件和控制室的显示装置两部分组成,如图 15-1 所示。简单的温度传感器往往是把温度传感器和显示器组成一体的,对这样一种传感器一般在现场使用。

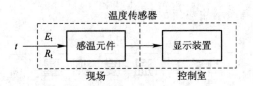

图 15-1　温度传感器组成框图

(2) 温度测量方法及分类　测量方法按感温元件是否与被测介质接触,可以分成接触式测温与非接触式测温两大类。

接触式测温是使温度敏感元件和被测介质相接触,当被测介质与感温元件达到热平衡时,温度敏感元件与被测介质的温度相等。这类温度传感器具有结构简单、工作可靠、精度高、稳定性好、价格低廉等优点,是目前应用最多的一类。

非接触式测温方法是应用物体的热辐射能量随温度的变化而变化的原理。众所周知,物体辐射能的大小与温度有关,并且以电磁波形式向四周辐射,当选择合适的接收检测装置时,便可测得被测对象发出的热辐射能量并且转换成可测量和显示的各种信号,实现温度的测量。非接触式温度传感器理论上不存在接触式温度传感器的测量滞后和应用范围上的限制,可测高温、腐蚀、有毒、运动物体及固体、液体表面的温度,不干扰被测温度场,但精度较低,使用不太方便。

温度测量方法及其常用测温仪表(传感器)见表 15-1。

表 15-1 温度测量方法及其传感器

测量方法	测温原理		温度传感器及其仪表
接触式	体积变化	（固体热膨胀）	双金属温度计
		（液体热膨胀）	玻璃管液体温度计
		（气体热膨胀）	气体温度计、充气式压力温度计
	电阻变化		金属电阻温度传感器
			半导体热敏电阻
	热电效应		贵金属热电偶（铂铑—铂、铂铑—铂铑、钨—铼等）
			普通金属热电偶（镍铬—镍硅、镍铬—铜镍等）
			非金属热电偶（石墨—碳化钛、WSi—$MoSi_2$ 等）
	频率变化		石英晶体温度传感器
	光学特性		光纤温度传感器、液晶温度传感器
	声学特性		超声波温度传感器
非接触式	热辐射	（亮度法）	光学高温计、光电亮度高温计
		（全辐射法）	全辐射高温计
		（比色法）	比色高温计
		（红外法）	红外温度传感器
	气流变化		射流温度传感器

15.1.2 膨胀式温度传感器

根据液体、固体、气体受热时产生热膨胀的原理，这类温度传感器有液体膨胀式、固体膨胀式和气体膨胀式。

1. 液体膨胀式

液体膨胀式是利用液体受热后体积膨胀的原理来测量温度的。在有刻度的细玻璃管里充入液体（称为工作液，如水银、酒精等）就构成了液体膨胀式温度计（又称玻璃管液体温度计），如图 15-2 所示。玻璃管液体温度计结构简单，使用方便，精确度高，价格低廉。这种温度计远不能算传感器，它只能就地指示温度。

玻璃管液体温度计按用途可分为工业、标准和实验室三种。工业用的玻璃管液体温度计，它一般做成内标尺式的，在玻璃管外面有金属保护套管，避免使用时碰伤。其尾部有直的或弯成 90°角及 135°角的，如图 15-3 所示。

玻璃管液体温度计还可以做成电接点式，对设定的某一温度发出开关信号或进行位式控制，有固定式和可调式

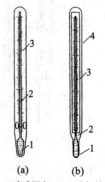

1—玻璃温包；2—毛细管；
3—刻度标尺；4—玻璃外壳

图 15-2 玻璃管液体温度计
(a) 外标尺式；(b) 内标尺式

两种。图15-4所示为可调式电接点温度计的结构图,它有两根引出线,一根与感温泡中的水银相通,另一根与毛细管中的铂丝相通。旋转顶部的调节螺母,可使毛细管内的铂丝根据设定温度上下移动,当升至设定温度时,铂丝与水银柱接通,反之断开,这种温度计既可指示,又能发出通断信号,常用于温度测量和双位控制。

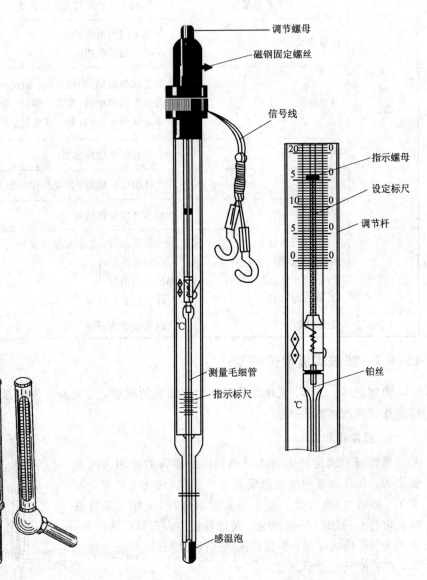

图15-3 工业用玻璃管液体温度计　　　图15-4 可调式电接点温度计

2. 固体膨胀式

固体膨胀式是利用膨胀系数不一样的两种金属,在经受同样的温度变化时,其长度的变化量不同的原理来测量温度的。长度差值 ΔL 与温度的关系为

$$\Delta L = L(\beta_1 - \beta_2)\Delta t \tag{15-2}$$

式中:L——金属材料的长度;

β_1,β_2——分别为两种金属的线膨胀系数；

Δt——温度变化量。

固体膨胀式温度计中用得比较多的是双金属温度计，双金属温度计的温度传感元件是双金属片。双金属片由两种线膨胀系数差别比较大的金属紧固结合而成，一端固定，一端自由，见图 15-5。当温度升高时，膨胀系数大的金属片伸长量大，使整个双金属片向膨胀系数小的一面金属片弯曲，温度越高，弯曲程度越大。双金属片的弯曲程度与温度的高低有对应的关系，从而可用双金属片的弯曲程度来指示温度。为提高灵敏度，常把双金属片作成螺旋形。图 15-6 为双金属温度计的结构示意图，螺旋形双金属片一端固定，另一端连接指针轴，当温度变化时，双金属片弯曲变形，通过指针轴带动指针偏转显示温度。它常用于测量 -80～600℃ 范围的温度，抗震性能好，读数方便，但精度不太高，用于工业过程测温，上下限报警和控制。

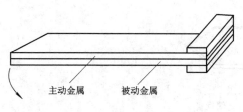

图 15-5 双金属片的基本结构

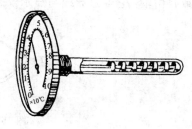

图 15-6 双金属温度计结构示意图

3. 气体膨胀式

气体膨胀式是利用封闭容器中的气体压力随温度升高而升高的原理来测温的，利用这种原理测温的温度计又称压力计式温度计，如图 15-7 所示。温包、毛细管和弹簧管三者的内腔构成一个封闭容器，其中充满工作物质(如气体常为氮气)，工作物质的压力经毛细管传给弹簧管，使弹簧管产生变形，并由传动机构带动指针，指示出被测温度的数值。温包内的工作物质也可以是液体(如甲醇、二甲苯、甘油等)或低沸点液体的饱和蒸气(如乙醚、氯乙烷、丙酮等)，温度变化时，温包内液体受热膨胀使液体或饱和蒸气的压力发生变化，属液体膨胀式的压力温度计。压力温度计结构简单，抗振及耐腐蚀性能好，与微动开关组合可作温度控制器用，但它的测量距离受毛细管长度限制，一般充液体可达 20 m，充气体或蒸气可达 60 m。

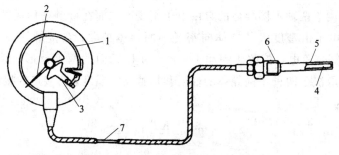

1—弹簧管；2—指针；3—传动机构；4—工作介质；
5—温包；6—螺纹连接件；7—毛细管

图 15-7 压力式温度计结构示意图

15.1.3 热电偶传感器

热电偶是工程上应用广泛的温度传感器。它具有构造简单,使用方便,准确度高,热惯性小,稳定性及复现性好,温度测量范围宽,适于信号的远传、自动记录和集中控制等优点,在温度测量中占有重要的地位。

1. 热电偶测温原理

两种不同材料的导体(或半导体)组成一个闭合回路(如图15-8所示),当两接点温度T和T_0不同时,则在该回路中就会产生电动势,这种现象称为热电效应,该电动势称为热电势。这两种不同材料的导体或半导体的组合称为热电偶,导体A、B称为热电极。两个接点,一个称热端,又称测量端或工作端,测温时将它置于被测介质中;另一个称冷端,又称参考端或自由端,它通过导线与显示仪表相连。

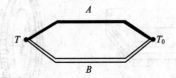

图15-8 热电偶回路

图15-9是最简单的热电偶温度传感器测温系统示意图。它由热电偶、连接导线及显示仪表构成一个测温回路。

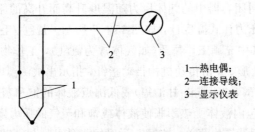

1—热电偶;
2—连接导线;
3—显示仪表

图15-9 热电偶测温系统简图

在图15-8所示的回路中,所产生的热电势由两部分组成:温差电势和接触电势。

接触电势是由于两种不同导体的自由电子密度不同而在接触处形成的电动势。两种导体接触时,自由电子由密度大的导体向密度小的导体扩散,在接触处失去电子一侧带正电,得到电子一侧带负电,扩散达到动平衡时,在接触面的两侧就形成稳定的接触电势。接触电势的数值取决于两种不同导体的性质和接触点的温度。两接点的接触电势$e_{AB}(T)$和$e_{AB}(T_0)$可表示为

$$e_{AB}(T) = \frac{KT}{e} \ln \frac{N_{AT}}{N_{BT}} \tag{15-3}$$

$$e_{AB}(T_0) = \frac{KT_0}{e} \ln \frac{N_{AT_0}}{N_{BT_0}} \tag{15-4}$$

式中:K——玻尔兹曼常数;

e——单位电荷电量;

N_{AT}、N_{BT} 和 N_{AT_0}、N_{BT_0}——温度分别为 T 和 T_0 时,A、B 两种材料的电子密度。

温差电势是同一导体的两端因温度不同而产生的一种电动势。同一导体的两端温度不同时,高温端的电子能量要比低温端的电子能量大,因而从高温端跑到低温端的电子数比从低温端跑到高温端的要多,结果高温端因失去电子而带正电,低温端因获得多余的电子而带负电,因此,在导体两端便形成温差电势。两导体的温差电势 $e_A(T, T_0)$ 和 $e_B(T, T_0)$ 由下面公式给出:

$$e_A(T, T_0) = \frac{K}{e} \int_{T_0}^{T} \frac{1}{N_{At}} \frac{d(N_{At}t)}{dt} dt \tag{15-5}$$

$$e_B(T, T_0) = \frac{K}{e} \int_{T_0}^{T} \frac{1}{N_{Bt}} \frac{d(N_{Bt}t)}{dt} dt \tag{15-6}$$

式中,N_{At} 和 N_{Bt} 分别为 A 导体和 B 导体的电子密度,是温度的函数。

在图 15-8 所示的热电偶回路中产生的总热电势为

$$E_{AB}(T, T_0) = e_{AB}(T) + e_B(T, T_0) - e_{AB}(T_0) - e_A(T, T_0) \tag{15-7}$$

在总热电势中,温差电势比接触电势小很多,可忽略不计,则热电偶的热电势可表示为

$$E_{AB}(T, T_0) = e_{AB}(T) - e_{AB}(T_0) \tag{15-8}$$

对于已选定的热电偶,当参考端温度 T_0 恒定时,$e_{AB}(T_0) = c$ 为常数,则总的热电势就只与温度 T 成单值函数关系,即

$$E_{AB}(T, T_0) = e_{AB}(T) - c = f(T) \tag{15-9}$$

这一关系式在实际测量中是很有用的,即只要测出 $E_{AB}(T, T_0)$ 的大小,就能得到被测温度 T,这就是利用热电偶测温的原理。

利用热电偶测温,还要掌握热电偶基本定律。下面引述几个常用的热电偶定律。

2. 热电偶基本定律

① 均质导体定律:由两种均质导体组成的热电偶,其热电势的大小只与两材料及两接点温度有关,与热电偶的大小尺寸、形状及沿电极各处的温度分布无关。即如材料不均匀,当导体上存在温度梯度时,将会有附加电动势产生。这条定理说明,热电偶必须由两种不同性质的均质材料构成。

② 中间导体定律:利用热电偶进行测温,必须在回路中引入连接导线和仪表,接入导线和仪表后会不会影响回路中的热电势呢?中间导体定律说明,在热电偶测温回路内,接入第三种导体时,只要第三种导体的两端温度相同,则对回路的总热电势没有影响。

图 15-10 为接入第三种导体热电偶回路的两种形式。在图 15-10(a)所示的回路中,由于温差电势可忽略不计,则回路中的总热电势等于各接点的接触电势之和,即

$$E_{ABC}(t, t_0) = e_{AB}(t) + e_{BC}(t_0) + e_{CA}(t_0) \tag{15-10}$$

当 $t = t_0$ 时,有

$$e_{BC}(t_0) + e_{CA}(t_0) = -e_{AB}(t_0) \tag{15-11}$$

将式(15-11)代入式(15-10)中得

$$E_{ABC}(t, t_0) = e_{AB}(t) - e_{AB}(t_0) = E_{AB}(t, t_0) \tag{15-12}$$

上式表明，接入第三种导体后，并不影响热电偶回路的总热电势。图 15-10(b) 所示的回路可以得到相同的结论。同理，在热电偶回路中加入第四、第五种导体后，只要加入的每一种导体两端温度相等，同样不影响回路中的总热电势。这样就可以用导线从热电偶冷端引出，并接到温度显示仪表或控制仪表，组成相应的温度测量或控制回路。

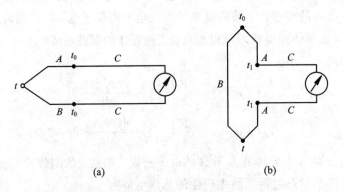

图 15-10 具有三种导体的热电偶回路

③ 中间温度定律：在热电偶测温回路中，t_c 为热电极上某一点的温度，热电偶 AB 在接点温度为 t、t_0 时的热电势 $E_{AB}(t,t_0)$ 等于热电偶 AB 在接点温度 t、t_c 和 t_c、t_0 时的热电势 $E_{AB}(t,t_c)$ 和 $E_{AB}(t_c,t_0)$ 的代数和（见图 15-11），即

$$E_{AB}(t,t_0) = E_{AB}(t,t_c) + E_{AB}(t_c,t_0) \qquad (15-13)$$

该定律是参考端温度计算修正法的理论依据，在实际热电偶测温回路中，利用热电偶这一性质，可对参考端温度不为 0℃ 的热电势进行修正。另外根据这个定律，可以连接与热电偶热电特性相近的导体 A' 和 B'（见图 15-11），将热电偶冷端延伸到温度恒定的地方，这就为热电偶回路中应用补偿导线提供了理论依据。

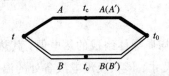

图 15-11 中间温度定律

3. 热电偶类型

理论上讲，任何两种不同材料的导体都可以组成热电偶，但为了准确可靠地测量温度，对组成热电偶的材料必须经过严格的选择。工程上用于热电偶的材料应满足以下条件：热电势变化尽量大，热电势与温度关系尽量接近线性关系，物理、化学性能稳定，易加工，复现性好，便于成批生产，有良好的互换性。

实际上并非所有材料都能满足上述要求。目前在国际上被公认比较好的热电偶材料只有几种。国际电工委员会（IEC）向世界各国推荐 8 种标准化热电偶作为工业热电偶在不同场合下使用。所谓标准化热电偶，就是它已列入工业标准化文件中，具有统一的分度表。我国已采用 IEC 标准生产热电偶，并按标准分度表生产与之相配的显示仪表。表 15-2 为我国采用的几种热电偶的主要性能和特点。表中所列的每一种热电偶中前者为热电偶的正极，后者为负极。

表 15-2 标准化热电偶的主要性能和特点

热电偶名称	分度号		允许偏差[①]		特点
	新	旧	等级	适用温度/℃	允差值(±)	
铜—铜镍	T	CK	Ⅰ	-40~350	0.5℃ 或 0.004×|t|	测温精度高,稳定性好,低温时灵敏度高,价格低廉。适用于在-200~400℃范围内测温
			Ⅱ		1℃ 或 0.0075×|t|	
镍铬—铜镍	E	—	Ⅰ	-40~800	1.5℃ 或 0.004×|t|	适用于氧化及弱还原性气氛中测温,按其偶丝直径不同,测温范围为-200~900℃。稳定性好,灵敏度高,价格低廉
			Ⅱ	-40~900	2.5℃ 或 0.0075×|t|	
铁—铜镍	J		Ⅰ	-40~750	1.5℃ 或 0.004×|t|	适用于氧化、还原气氛中测温,亦可在真空、中性气氛中测温,稳定性好,灵敏度高,价格低廉
			Ⅱ		2.5℃ 或 0.0075×|t|	
镍铬—镍硅	K	EU-2	Ⅰ	-40~1000	1.5℃ 或 0.004×|t|	适用于氧化和中性气氛中测温,按其偶丝直径不同,测温范围为-200~1300℃。若外加密封保护管,还可在还原气氛中短期使用
			Ⅱ	-40~1200	2.5℃ 或 0.0075×|t|	
铂铑$_{10}$—铂	S	LB-3	Ⅰ	0~1100 1100~1600	1℃ 1+(t-1000)×0.003	适用于氧化气氛中测温,其长期最高使用温度为1300℃,短期最高使用温度为1600℃。使用温度高,性能稳定,精度高,但价格贵
			Ⅱ	0~600 600~1600	1.5℃ 0.0025×|t|	
铂铑$_{30}$—铂铑$_6$	B	LL-2	Ⅱ	600~1700	1.5℃ 或 0.005×|t|	适用于氧化性气氛中测温,其长期最高使用温度为1600℃,短期最高使用温度为1800℃,稳定性好,测量温度高。参比端温度在0~40℃范围内可以不补偿
			Ⅲ	600~800 800~1700	4℃ 0.005×|t|	

说明:① 此栏中 t 为被测温度(℃),在同一栏给出的两种允许值中,取绝对值较大者。

表 15-3、表 15-4 分别列出了分度号为 S 型和 K 型热电偶的分度表。从表中可见,不同热电偶在相同温度下具有不同的电动势,所以不同势电偶有不同的分度表可查。

表 15-3 S 型(铂铑$_{10}$—铂)热电偶分度表

分度号:S   (参考端温度为 0℃)

测量端温度/℃	0	10	20	30	40	50	60	70	80	90
	热电动势/mV									
0	0.000	0.055	0.113	0.173	0.235	0.299	0.365	0.432	0.502	0.573
100	0.645	0.719	0.795	0.872	0.950	1.029	1.109	1.190	1.273	1.356
200	1.440	1.525	1.611	1.698	1.785	1.873	1.962	2.051	2.141	2.232
300	2.323	2.414	2.506	2.599	2.692	2.786	2.880	2.974	3.069	3.164
400	3.260	3.356	3.452	3.549	3.645	3.743	3.840	3.938	4.036	4.135
500	4.234	4.333	4.432	4.532	4.632	4.732	4.832	4.933	5.034	5.136
600	5.237	5.339	5.442	5.544	5.648	5.751	5.855	5.960	6.064	6.169
700	6.274	6.380	6.486	6.592	6.699	6.805	6.913	7.020	7.128	7.236
800	7.345	7.454	7.563	7.672	7.782	7.892	8.003	8.114	8.225	8.336
900	8.448	8.560	8.673	8.786	8.899	9.012	9.126	9.240	9.355	9.470
1000	9.585	9.700	9.816	9.932	10.048	10.165	10.282	10.400	10.517	10.635
1100	10.754	10.872	10.991	11.110	11.229	11.348	11.467	11.587	11.707	11.827
1200	11.947	12.067	12.188	12.308	12.429	12.550	12.671	12.792	12.913	13.034
1300	13.155	13.276	13.397	13.519	13.640	13.761	13.883	14.004	14.125	14.247
1400	14.368	14.489	14.610	14.731	14.852	14.973	15.094	15.215	15.336	15.456
1500	15.576	15.697	15.817	15.937	16.057	16.176	16.296	16.415	16.534	16.653
1600	16.771	16.890	17.008	17.125	17.245	17.360	17.477	17.594	17.711	17.826

表 15－4 K型(镍铬—镍硅)热电偶分度表

分度号：K　　　　　　　　　　　　　　　　　　　　　　　　　（参考端温度为0℃）

测量端温度/℃	0	10	20	30	40	50	60	70	80	90
	热电动势/mV									
－0	－0.000	－0.392	－0.777	－1.156	－1.527	－1.889	－2.243	－2.586	－2.920	－3.242
＋0	0.000	0.397	0.798	1.203	1.611	2.022	2.436	2.850	3.266	3.681
100	4.095	4.508	4.919	5.327	5.733	6.137	6.539	6.939	7.338	7.737
200	8.137	8.537	8.938	9.341	9.745	10.151	10.560	10.969	11.381	11.793
300	12.207	12.623	13.039	13.456	13.874	14.292	14.712	15.132	15.552	15.974
400	16.395	16.818	17.241	17.664	18.088	18.513	18.938	19.363	19.788	20.214
500	20.640	21.066	21.493	21.919	22.346	22.772	23.198	23.624	24.050	24.476
600	24.902	25.327	25.751	26.176	26.599	27.022	27.445	27.867	28.288	28.709
700	29.128	29.547	29.965	30.383	30.799	31.214	31.629	32.042	32.455	32.866
800	33.277	33.686	34.095	34.502	34.909	35.314	35.718	36.121	36.524	36.925
900	37.325	37.724	38.122	38.519	38.915	39.310	39.703	40.096	40.488	40.897
1000	41.269	41.657	42.045	42.432	42.817	43.202	43.585	43.968	44.349	44.729
1100	45.108	45.486	45.863	46.238	46.612	46.985	47.356	47.726	48.095	48.462
1200	48.828	49.192	49.555	49.916	50.276	50.633	50.990	51.344	51.697	52.049
1300	52.398									

另外还有一些特殊用途的热电偶，以满足特殊测温的需要。如用于测量3800℃超高温的钨镍系列热电偶，用于测量2 K～273 K超低温的镍铬－金铁热电偶等。

4. 热电偶的结构形式

为了适应不同生产对象的测温要求和条件，热电偶的结构形式有普通型热电偶、铠装热电偶和薄膜热电偶等。

(1) 普通型热电偶　普通型结构热电偶工业上使用最多，它一般由热电极、绝缘套管、保护管和接线盒组成，其结构如图15-12所示。普通型热电偶按其安装时的连接形式可分为固定螺纹连接、固定法兰连接、活动法兰连接、无固定装置等多种形式。

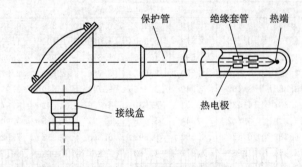

图 15－12　普通型热电偶结构

(2) 铠装热电偶　铠装热电偶又称套管热电偶。它是由热电偶丝、绝缘材料和金属套管三者经拉伸加工而成的坚实组合体，如图15-13所示。铠装热电偶的突出优点是挠性好，可以做得很细很长，使用中可随需要而任意弯曲，可以安装在难以安装常规热电偶的、结构复杂的装置上，如密封的热处理罩内或工件箱内。铠装热电偶结构坚实，抗冲击和抗震性能好，在高压及震动场合也能安全使用。铠装热电偶被广泛用在许多工业部门中。

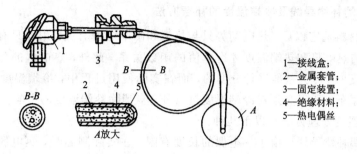

1—接线盒；
2—金属套管；
3—固定装置；
4—绝缘材料；
5—热电偶丝

图 15-13 铠装热电偶

(3) 薄膜热电偶 薄膜热电偶是由两种薄膜热电极材料用真空蒸镀、化学涂层等办法蒸镀到绝缘基板上而制成的一种特殊热电偶，如图 15-14 所示。薄膜热电偶的热接点可以做得很小（可薄到 $0.01\sim0.1\ \mu m$），具有热容量小、反应速度快等特点，热响应时间达到微秒级，适用于微小面积上的表面温度以及快速变化的动态温度测量。

1—测量端；2—绝缘基板；3、4—热电极；
5、6—引出线；7—接头夹具

图 15-14 薄膜热电偶

(4) 多点热电偶 在许多场合，有时需要同时测量几个或几十个点的温度，使用一般的热电偶则需要安装几只或几十只热电偶，此时若使用多点热电偶，则既方便又经济。常见的多点热电偶有棒状和树枝状两种，如图 15-15 所示。

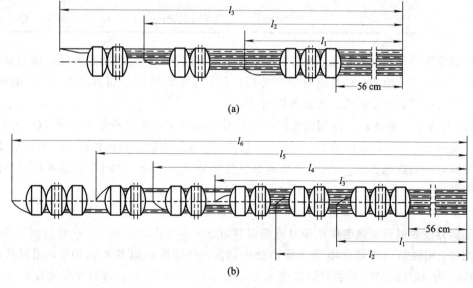

图 15-15 多点热电偶
(a) 棒状三点式热电偶；(b) 树枝状六点式热电偶

5. 热电偶的补偿导线及冷端温度的补偿方法

当热电偶材料选定以后,热电动势只与热端和冷端温度有关。因此只有当冷端温度恒定时,热电偶的热电势和热端温度才有单值的函数关系。此外,热电偶的分度表和显示仪表是以冷端温度 0℃ 作为基准进行分度的,而在实际使用过程中,冷端温度通常不为 0℃,而且往往是波动的,所以必须对冷端温度进行处理,消除冷端温度的影响。

通常冷端温度处理方法有以下几种:

(1) 热电偶补偿导线　由于热电偶的长度有限,在实际测温时,热电偶的冷端一般离热源较近,冷端温度波动较大,需要把冷端延伸到温度变化较小的地方;另外,热电偶输出的电势信号也需要传输到远离现场数十米远的控制室里的显示仪表或控制仪表。而热电偶通常做得较短,一般为 350~2000 mm,需要用导线将热电偶的冷端延伸出来。工程中采用一种补偿导线,它通常由两种不同性质的导线制成,也有正极和负极,而且在 0~100℃ 温度范围内,要求补偿导线和所配热电偶具有相同的热电特性。

常用热电偶的补偿导线列于表 15-5 中。

表 15-5　常用补偿导线

补偿导线型号	配用的热电偶分度号	补偿导线		补偿导线颜色	
		正极	负极	正极	负极
SC	S(铂铑 10-铂)	SPC(铜)	SNC(铜镍)	红	绿
KC	K(镍铬-镍硅)	KPC(铜)	KNC(铜镍)	红	蓝
KX	K(镍铬-镍硅)	KPX(镍铬)	KNX(镍硅)	红	黑
EX	E(镍铬-铜镍)	EPX(镍铬)	ENX(铜镍)	红	棕
JX	J(铁-铜镍)	JPX(铁)	JNX(铜镍)	红	紫
TX	T(铜-铜镍)	TPX(铜)	TNX(铜镍)	红	白

补偿导线也称为延伸导线。补偿导线实际上只是将热电偶的冷端温度延伸到温度变化较小或基本稳定的地方,它并没有温度补偿作用,还不能解决冷端温度不为 0℃ 的问题,所以还得采用其它冷端补偿的方法加以解决。

(2) 冷端温度修正法　冷端温度修正法是对热电偶实际测得的热电势 $E_{AB}(t, t_0)$ 根据冷端温度进行修正,修正值为 $E_{AB}(t_0, 0)$,这里的 t 为热电偶的热端温度,t_0 为冷端温度。分度表所对应的热电势 $E_{AB}(t, 0)$ 与热电偶的热电势 $E_{AB}(t, t_0)$ 之间的关系可根据中间温度定律得到

$$E_{AB}(t, 0) = E_{AB}(t, t_0) + E_{AB}(t_0, 0) \tag{15-14}$$

由热电偶分度表可得到热电偶热端对应的温度值。

例如,用镍铬-镍硅热电偶测量加热炉温度。已知冷端温度 $t_0 = 30℃$,测得热电势 $E_{AB}(t, t_0)$ 为 33.29 mV,求加热炉温度。

解:查镍铬-镍硅热电偶分度表得 $E_{AB}(30, 0) = 1.203$ mV。由式(15-14)可得

$$E_{AB}(t, 0) = E_{AB}(t, t_0) + E_{AB}(t_0, 0) = 33.29 + 1.203 = 34.493 \text{ mV}$$

由镍铬－镍硅热电偶分度表得 $t=829.5℃$。

（3）冷端0℃恒温法　在实验室及精密测量中，通常把冷端放入0℃恒温器或装满冰水混合物的容器中，以便冷端温度保持0℃，这种方法又称冰浴法。这是一种理想的补偿方法，但工业中使用极为不便。

（4）冷端温度自动补偿法（补偿电桥法）　补偿电桥法是利用不平衡电桥产生的不平衡电压 U_{ab} 作为补偿信号，自动补偿热电偶测量过程中因冷端温度不为0℃或变化而引起热电势的变化值。补偿电桥如图15-16所示，它由三个电阻温度系数较小的锰铜丝绕制的电阻 r_1、r_2、r_3 及电阻温度系数较大的铜丝绕制的电阻 r_{cu} 和稳压电源组成。补偿电桥与热电偶冷端处在同一环境温度，当冷端温度变化引起的热电势 $E_{AB}(t,t_0)$ 变化时，由于 r_{cu} 的阻值随冷端温度变化而变化，适当选择桥臂电阻和桥路电流，就可以使电桥产生的不平衡电压 U_{ab} 补偿由于冷端温度 t_0 变化引起的热电势变化量，从而达到自动补偿的目的。

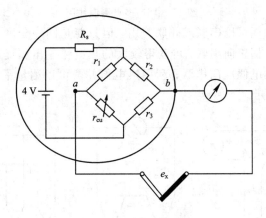

图15-16　补偿电桥

6. 热电偶测温线路

热电偶测温时，它可以直接与显示仪表（如电子电位差计、数字表等）配套使用，也可与温度变送器配套，转换成标准电流信号，图15-17为典型的热电偶测温线路。如用一台显示仪表显示多点温度时，可按图15-18连接，这样可节约显示仪表和补偿导线。

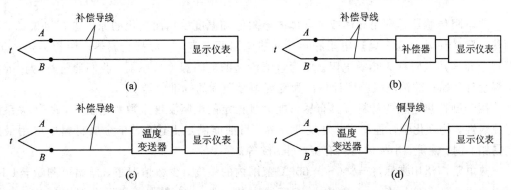

图15-17　热电偶典型测温线路
(a) 普通测温线路；(b) 带有补偿器的测温线路；(c) 具有温度变送器的测温线路；
(d) 具有一体化温度变送器的测温线路

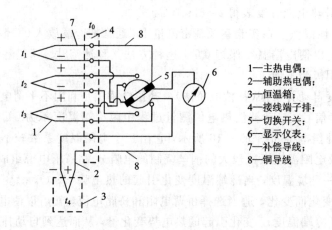

图 15-18　多点测温线路

1—主热电偶；
2—辅助热电偶；
3—恒温箱；
4—接线端子排；
5—切换开关；
6—显示仪表；
7—补偿导线；
8—铜导线

特殊情况下，热电偶可以串联或并联使用，但只能是同一分度号的热电偶，且冷端应在同一温度下。如热电偶正向串联，可获得较大的热电势输出和提高灵敏度；在测量两点温差时，可采用两只热电偶反向串联；利用热电偶并联可以测量平均温度。热电偶串、并联线路如图 15-19 所示。

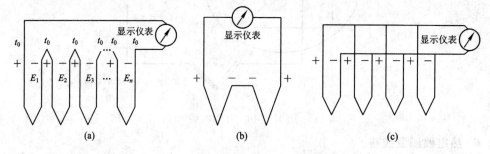

图 15-19　热电偶串、并联线路
（a）正向串联；（b）反向串联；（c）并联

15.1.4　热电阻传感器

热电阻传感器是利用导体或半导体的电阻值随温度变化而变化的原理进行测温的。常用热电阻传感器分为金属热电阻和半导体热电阻两大类，一般把金属热电阻称为热电阻，而把半导体热电阻称为热敏电阻。作为量值传递的电阻温度传感器，我们通常称为标准电阻温度计，如标准铂电阻温度计是作为复现国际温标的标准仪器。

用于制造热电阻的材料应具有尽可能大且稳定的电阻温度系数和电阻率，R-t 关系最好成线性，物理化学性能稳定，复现性好等。目前能满足上述要求，金属材料中应用最广的是铂、铜、镍等，半导体材料有锗、硅、碳等。

热电阻广泛用来测量 $-200 \sim +850$℃ 范围内的温度，少数情况下，低温可测量至 1 K，高温达 1000℃。实际使用时热电阻传感器由热电阻、连接导线及显示仪表组成，如图 15-20 所示。热电阻也可与温度变送器连接，转换为标准电流信号输出。

图 15-20 热电阻传感器

1. 常用热电阻

在实际应用中,应用得比较多的是金属热电阻,常用的金属热电阻有铂热电阻和铜热电阻。

(1) 铂热电阻　铂热电阻的特点是精度高、稳定性好、性能可靠,所以在温度传感器中得到了广泛应用。按 IEC 标准,铂热电阻的使用温度范围为 $-200\sim850℃$。

铂热电阻的特性方程为

在 $-200\sim0℃$ 的温度范围内

$$R_t = R_0[1 + At + Bt^2 + Ct^3(t-100)] \qquad (15-15)$$

在 $0\sim850℃$ 的温度范围内

$$R_t = R_0(1 + At + Bt^2) \qquad (15-16)$$

式中:R_t 和 R_0——铂热电阻分别在 $t℃$ 和 $0℃$ 时的电阻值;

A、B 和 C——常数。

在 ITS—90 中,这些常数规定为

$$A = 3.9083 \times 10^{-3}/℃$$
$$B = -5.775 \times 10^{-7}/℃^2$$
$$C = -4.183 \times 10^{-12}/℃^4$$

从上式看出,热电阻在温度 t 时的电阻值与 $0℃$ 时的电阻值 R_0 有关。目前我国规定工业用铂热电阻有 $R_0 = 10\ \Omega$ 和 $R_0 = 100\ \Omega$ 两种,它们的分度号分别为 Pt_{10} 和 Pt_{100},其中以 Pt_{100} 为常用。铂热电阻不同分度号亦有相应分度表,即 R_t-t 的关系表,这样在实际测量中,只要测得热电阻的阻值 R_t,便可从分度表上查出对应的温度值。Pt_{100} 的分度表见表 15-6。

表 15-6　铂电阻分度表

分度号:Pt_{100}　　　　　　　　　　　　　　　　　　　　　($R_0 = 100\ \Omega$)

温度/℃	0	10	20	30	40	50	60	70	80	90
	电阻/Ω									
-200	18.49									
-100	60.25	56.19	52.11	48.00	43.87	39.71	35.53	31.32	27.08	22.80
-0	100.00	96.09	92.16	88.22	84.27	80.31	76.33	72.33	68.33	64.30
+0	100.00	103.90	107.79	111.67	115.54	119.40	123.24	127.07	130.89	134.70
100	138.50	142.29	146.06	149.82	153.58	157.31	161.04	164.76	168.46	172.16
200	175.84	179.51	183.17	186.82	190.45	194.07	197.69	201.29	204.88	208.45
300	212.02	215.57	219.12	222.65	226.17	229.67	233.17	236.65	240.13	243.59
400	247.04	250.48	253.90	257.32	260.72	264.11	267.49	270.86	274.22	277.56
500	280.90	284.22	287.53	290.83	294.11	297.39	300.65	303.91	307.15	310.38
600	313.59	316.80	319.99	323.18	326.35	329.51	332.66	335.79	338.92	342.03
700	345.13	348.22	351.30	354.37	357.37	360.47	363.50	366.52	369.53	372.52
800	375.51	378.48	381.45	384.40	387.34	390.26				

铂热电阻中的铂丝纯度用电阻比 $W(100)$ 表示,即

$$W(100) = \frac{R_{100}}{R_0} \tag{15-17}$$

式中:R_{100}——铂热电阻在 100℃时的电阻值;

R_0——铂热电阻在 0℃时的电阻值。

电阻比 $W(100)$ 越大,其纯度越高。按 IEC 标准,工业使用的铂热电阻的 $W(100) \geqslant 1.3850$。目前技术水平可达到 $W(100) = 1.3930$,其对应铂的纯度为 99.9995%。电阻比还和材料的内应力有关,一般内应力越大,$W(100)$ 越小,因此在制造和使用电阻温度计时,一定要注意消除和避免产生内应力。

(2) 铜热电阻 由于铂是贵重金属,因此,在一些测量精度要求不高且温度较低的场合,可采用铜热电阻进行测温,它的测量范围为 $-50 \sim 150$℃。

铜热电阻在测量范围内其电阻值与温度的关系几乎是线性的,可近似地表示为

$$R_t = R_0(1 + \alpha t) \tag{15-18}$$

式中,α 为铜热电阻的电阻温度系数,取 $\alpha = 4.28 \times 10^{-3}$/℃。

铜热电阻有两种分度号,分别为 $Cu_{50}(R_0 = 50\ \Omega)$ 和 $Cu_{100}(R_{100} = 100\ \Omega)$。

铜热电阻线性好,价格便宜,但它测量范围窄,易氧化,不适宜在腐蚀性介质或高温下工作。

2. 热电阻的结构

工业用热电阻的结构如图 15-21 所示。它由电阻体、绝缘套管、保护套管、引线和接线盒等部分组成。

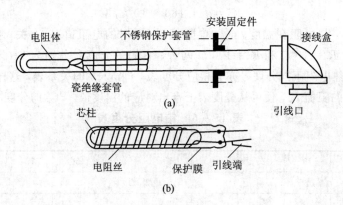

图 15-21 热电阻结构

电阻体由电阻丝和电阻支架组成。电阻丝采用双线无感绕法绕制在具有一定形状的云母、石英或陶瓷塑料支架上,支架起支撑和绝缘作用,引出线通常采用直径 1 mm 的银丝或镀银铜丝,它与接线盒柱相接,以便与外接线路相连而测量及显示温度。

用热电阻传感器进行测温时,测量电路经常采用电桥电路,热电阻 R_t 与电桥电路的连线可能很长,因而连接导线电阻 r 因环境温度变化所引起的电阻变化量较大,对测量结果有较大的影响。热电阻的连线方式有两线制、三线制和四线制三种,如图 15-22 所示。两线制接法中,热电阻的连接导线电阻在一个桥臂中,所以连线电阻对测量影响大,用于测

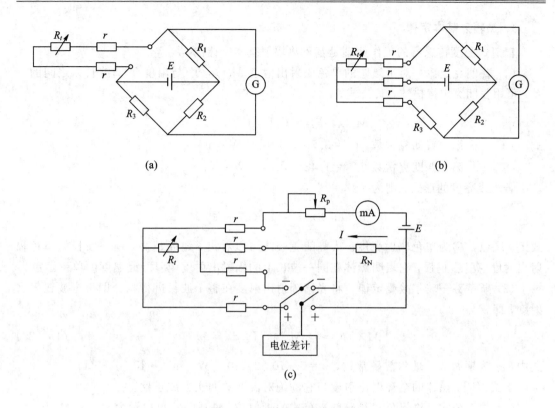

图 15-22 热电阻连线方式
（a）热电阻两线制接法；（b）热电阻三线制接法；（c）热电阻四线制接法

温精度不高的场合；三线制接法中，热电阻的连接导线电阻分布在相邻的两个桥臂中，可以减小连接导线电阻变化对测量结果的影响，测温误差小，工业热电阻通常采用三线制接法；四线制接法主要用于高精度温度检测，它在热电阻的两端各引两根连接导线，其中两根连线为热电阻提供恒定电流 I，另两根连线引至电位差计，利用电位差计测量热电阻的阻值，四线制接法可以完全消除连接导线电阻变化对测量的影响。

15.1.5 辐射式温度传感器

任何物体处于绝对零度以上时，都会以一定波长电磁波的形式向外辐射能量，只是在低温段物体的辐射能力很微弱，而随着温度的升高，辐射能也增大。辐射式温度传感器是利用物体的辐射能随温度而变化的原理进行测温的，它是一种非接触式测温传感器，测温时只需把辐射式温度传感器对准被测物体，而不必与被测物体接触。它与接触式测温相比，具有响应时间短，容易进行快速测量和动态测量；测量过程中不干扰被测物体的温度场；测温范围广，理论上讲没有测温上限，可以进行远距离遥测等优点。但辐射式温度传感器不能测量物体内部的温度，受中间环境介质影响比较大。

辐射式温度传感器根据原理不同有多种类型。如依据普朗克定律有光学高温计和光电高温计；依据全辐射定律（斯蒂芬－玻尔兹曼定律）有全辐射高温计；依据维恩定律有比色温度计等。

1. 热辐射基本定律

辐射式温度传感器的工作原理是基于热辐射基本定律的。

(1) 普朗克定律 对于黑体的单色辐射出射度 $M_0(\lambda, T)$ 与温度 T 和波长 λ 之间的关系，可用普朗克定律描述，其公式为

$$M_0(\lambda, T) = C_1 \lambda^{-5} (e^{\frac{C_2}{\lambda T}} - 1)^{-1} \tag{15-19}$$

式中：C_1——第一普朗克常数，$C_1 = 3.7418 \times 10^{-16}$ W·m；

C_2——第二普朗克常数，$C_2 = 1.4388 \times 10^{-2}$ W·K；

若写成亮度的形式，则为

$$L_0(\lambda, T) = \frac{C_1}{\pi} \lambda^{-5} (e^{\frac{C_2}{\lambda T}} - 1)^{-1}$$

式中，$L_0(\lambda, T)$ 为单色辐射亮度。从普朗克公式可以看出，温度越高，同一波长的单色辐射出射度（亮度）越强，它表明黑体在同一波长上的辐射出射度（亮度）是温度的单一函数。

(2) 斯蒂芬—玻尔兹曼定律 将光谱辐射出射度在整个波长进行积分即得全波辐射出射度，即

$$M_0(T) = \int_0^\infty M_0(\lambda, T) \, d\lambda = \sigma_0 T^4 \tag{15-20}$$

式中，σ_0 为斯蒂芬—玻尔兹曼常数，$\sigma_0 = 5.670\,32 \times 10^{-8}$ W·m^{-2}·K^{-4}。

上式表明，黑体的全辐射出射度与它的绝对温度的四次方成正比。

(3) 维恩公式 维恩公式是普朗克公式的近似式，维恩公式可表示为

$$M_0(\lambda, T) = C_1 \lambda^{-5} e^{-\frac{C_2}{\lambda T}} \tag{15-21}$$

在 3000 K 以下，维恩公式与普朗克公式的差别很小，用维恩公式代替普朗克公式，可以使计算和讨论大大简化。

2. 辐射式温度传感器

(1) 光学高温计 光学高温计的工作原理是基于普朗克定律的。物体在高温状态下会发光，当温度高于 700℃ 时就会明显发出可见光，具有一定的亮度。光学高温计就是利用各种物体在不同的温度下辐射的光谱亮度不同这一原理工作的。光学高温计是工业中应用较广的一种非接触式测温传感器，用来测量 700~3200℃ 的高温。精密光学高温计可用于科学实验中的精密温度测试，标准光学高温计被作为复现国际温标的基准仪器。

如果选一定波长（如 $\lambda = 0.65$ μm），则物体的辐射亮度与温度成单值函数关系，这是光学高温计的设计原理。图 15-23 为 WGC 型灯丝隐灭式光学高温计的外形和原理图。它是由光学系统、温度灯泡（即标准灯泡）及测量线路组成的。以标定辐射温度的灯丝亮度作为比较标准，利用光学系统，将被测物体的辐射平面移到灯丝的平面上互相比较，调节滑线电阻改变灯丝电流的大小，从而改变标准灯泡的灯丝亮度，当灯丝亮度与被测物体的亮度相当时，灯丝分辨不出即隐灭，这时灯丝的亮度就是被测物体的亮度。调节灯丝亮度的三种情况如图 15-24 所示。光学系统中的物镜是一个望远镜系统，其作用是把被测物体的像聚焦到光学高温计的灯丝平面上。红色滤光片的作用是造成一个较窄的有效波长（$\lambda = 0.65$ μm），这个波长既有较大的辐射照度，又适合人眼的视觉范围。吸收玻璃的作用是扩展量程，当被测物体温度超过 1500℃ 时，引入吸收玻璃，将使被测物体进入高温计的亮度按

比例衰减。

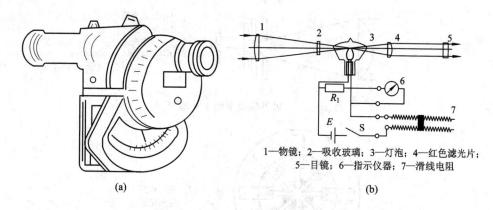

图 15-23 光学高温计的外形和原理图
(a) 外形；(b) 原理图

1—物镜；2—吸收玻璃；3—灯泡；4—红色滤光片；
5—目镜；6—指示仪器；7—滑线电阻

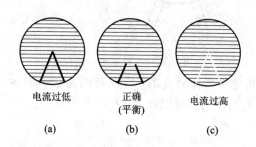

图 15-24 调节亮度时灯丝的三种情况

光学高温计是按绝对黑体的光谱辐射亮度分度的，实际物体均为非黑体，因此受被测物体发射率 ε_λ 的影响。在同一波长下黑体的光谱辐射亮度与被测物体的光谱辐射亮度相等时，黑体的温度称为被测物体在波长 λ 时的亮度温度。真实温度 T 与它的亮度温度 T_L（黑体的温度）之间有以下关系：

$$\frac{1}{T} - \frac{1}{T_L} = \frac{\lambda}{C_2} \ln\varepsilon_\lambda \tag{15-22}$$

实际测温时，光学高温计测量的温度是亮度温度，而当实际物体为非黑体时，根据上式经过修正才能得到被测物体的实际温度。

(2) 全辐射高温计　全辐射高温计依据的是斯蒂芬—玻尔兹曼定律，即测量辐射体所有波长的辐射总能量来确定物体的温度，它可用于测量 400～2000℃ 的高温。全辐射高温计由辐射感温器和显示仪表两部分组成，多为现场安装式结构。

辐射感温器的工作原理图如图 15-25 所示。聚光透镜 1 将物体发出的辐射能经过光阑 2、光阑 3 聚集到受热片 4 上，受热片上镀上一薄层铂黑，以提高吸收辐射能的能力。在受热片上装有热电堆，热电堆由 8～12 只热电偶或更多只热电偶串联而成，热电偶的热端汇集到中心一点，见图 15-26。受热片接收到辐射能使其温度升高，热电堆输出的热电势与热电堆中心点温度有确定的关系，而受热片的温度高低与其接收的辐射能有关，即和辐射体的温度有关。

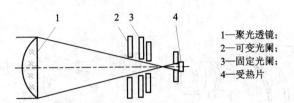

图 15-25 辐射感温器的工作原理图

1—聚光透镜；
2—可变光阑；
3—固定光阑；
4—受热片

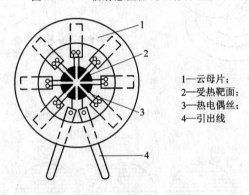

1—云母片；
2—受热靶面；
3—热电偶丝；
4—引出线

图 15-26 热电堆的结构

全辐射高温计也是按绝对黑体分度的，它测得的是辐射温度，而实际物体不是黑体，所以物体的实际温度 T 与物体的辐射温度 T_F 有以下的关系：

$$T = T_F \sqrt[4]{\frac{1}{\varepsilon_T}} \tag{15-23}$$

式中，ε_T 为物体全辐射发射率。由于 $\varepsilon_T < 1$，因此测得的辐射温度 T_F 小于物体的实际温度 T，应根据上式进行修正。

(3) 比色温度计　比色温度计是通过测量热辐射体在两个波长下的光谱辐射亮度之比来测量温度的，其特点是准确度高，响应快，可观察小目标。

当黑体与实际热辐射体的两个波长下的单色辐射亮度之比相等时，黑体的温度称为实际物体的比色温度，即

$$\frac{L_0(\lambda_1, T_s)}{L_0(\lambda_2, T_s)} = \frac{L(\lambda_1, T)}{L(\lambda_2, T)} \tag{15-24}$$

将维恩公式代入上式，得

$$\frac{1}{T} - \frac{1}{T_s} = \frac{\ln \frac{\varepsilon_{\lambda_1}}{\varepsilon_{\lambda_2}}}{C_2 \left(\frac{1}{\lambda_1} - \frac{1}{\lambda_2} \right)} \tag{15-25}$$

式中：T——热辐射体的实际温度；

T_s——黑体的温度(热辐射体的比色温度)；

ε_{λ_1}，ε_{λ_2}——分别为物体在波长为 λ_1 和 λ_2 时的发射率。

式(15-25)表示了物体的比色温度与真实温度之间的关系，对同一个物体来说，在不同波长下其发射率比较接近，所以用比色温度计测得的比色温度与物体的真实温度很接近，一般可以不必修正。

比色温度计是将被测物体的辐射变成两个不同波长的调制辐射，透射到探测元件上，然后转换成电信号并实现比值的。

此外，用红外温度传感器测温在辐射式传感器中已阐述，这里不再重复。

15.1.6 集成温度传感器

集成温度传感器是目前应用范围最广的一种集成传感器，它有模拟集成温度传感器和智能集成温度传感器之分。模拟集成温度传感器是最简单的一种集成化的、专门用来测量温度的传感器，其主要特点是功能单一、性能好、价格低、外围电路简单，是目前应用较为广泛的集成温度传感器。智能集成温度传感器采用数字化技术，能以数字形式直接输出被测温度值的传感器，它具有测温误差小、分辨率高、抗干扰能力强、能够远程传输数据、带串行总线接口等优点，是研制和开发具有高性价比的新一代温度测量系统必不可少的核心器件。下面介绍应用广泛的模拟集成温度传感器。

模拟集成温度传感器是利用晶体管 PN 结的电流电压特性与温度的关系，把感温 PN 结及有关电子线路集成在一个小硅片上，构成一个小型化、一体化的专用集成电路片。由于 PN 结受耐热性能和特性范围的限制，它只能用来测 150℃ 以下的温度。模拟集成温度传感器按照输出方式可分为电流输出式、电压输出式、周期输出式、频率输出式和比率输出式。模拟集成温度传感器的输出量与温度呈线性关系，并且能以最简的方式构成测温仪表或测温系统。模拟集成温度传感器的典型产品有电流输出型 AD590、HTS1 和电压输出型 TMP17、LM35 及 LM135 等。

1. 基本工作原理

目前在集成温度传感器中，都采用一对非常匹配的差分对管作为温度敏感元件。图 15-27 是集成温度传感器基本原理图。其中 V_1 和 V_2 是互相匹配的晶体管，I_1 和 I_2 分别是 V_1 和 V_2 管的集电极电流，由恒流源提供。V_1 和 V_2 管的两个发射极和基极电压之差 ΔU_{be} 可用下式表示：

$$\Delta U_{be} = \frac{KT}{q} \ln\left(\frac{I_1}{I_2}\frac{AE_2}{AE_1}\right) = \frac{KT}{q} \ln\left(\frac{I_1}{I_2}\gamma\right) \qquad (15-26)$$

式中：K——玻尔兹曼常数；

q——电子电荷量；

T——绝对温度；

γ——V_1 和 V_2 管发射结的面积之比。

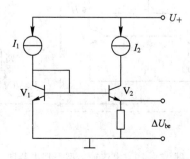

图 15-27 集成温度传感器基本原理图

从式中看出，如果保证 I_1/I_2 恒定，则 ΔU_{be} 就与温度 T 成单值线性函数关系。这就是集成温度传感器的基本工作原理，在此基础上可设计出各种不同电路以及不同输出类型的集成温度传感器。

2. 集成温度传感器的信号输出方式

(1) 电压输出型　电压输出型集成温度传感器原理电路如图 15-28 所示。当电流 I_1 恒定时，通过改变 R_1 的阻值，可实现 $I_1=I_2$，当晶体管的 $\beta \geqslant 1$ 时，电路的输出电压可由下式确定：

$$U_o = I_2 R_2 = \frac{\Delta U_{be}}{R_1} R_2 = \frac{R_2}{R_1} \cdot \frac{KT}{q} \ln\gamma \tag{15-27}$$

若取 $R_1=940\ \Omega$，$R_2=30\ \text{k}\Omega$，$\gamma=37$，则电路输出的温度系数为

$$C_T = \frac{dU_o}{dT} = \frac{R_2}{R_1} \cdot \frac{K}{q} \ln\gamma = 10\ \text{mV/K}$$

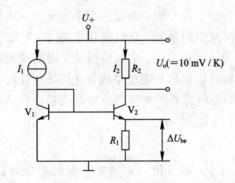

图 15-28　电压输出型原理电路图

(2) 电流输出型　图 15-29 为电流输出型集成温度传感器的原理电路图。V_1 和 V_2 是结构对称的两个晶体管，作为恒流源负载，V_3 和 V_4 管是测温用的晶体管，其中 V_3 管的发射结面积是 V_4 管的 8 倍，即 $\gamma=8$。流过电路的总电流 I_T 为

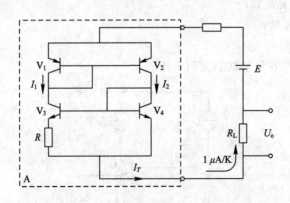

图 15-29　电流输出型原理电路图

$$I_T = 2I_1 = \frac{2\Delta U_{be}}{R} = \frac{2KT}{qR}\ln\gamma \tag{15-28}$$

上式表明，当 R 和 γ 一定时，电路的输出电流与温度有良好的线性关系。

若取 R 为 358 Ω，则电路输出的温度系数为

$$C_T = \frac{dI_T}{dT} = \frac{2K}{qR}\ln\gamma = 1 \text{ μA/K}$$

3. AD590 集成温度传感器应用实例

AD590 是应用广泛的一种电流输出型集成温度传感器，它内部有放大电路，再配上相应的外电路，可方便地构成各种应用电路。AD590 的内部电路如图 15-30 所示。芯片中，R_1 和 R_2 是采用激光修正的校准电阻，它能使 298.2 K(25℃)以下的输出电流恰好为 298.2 μA。首先由晶体管 V_8 和 V_{11} 产生与热力学温度成正比的电压信号，再通过 R_5、R_6 把电压信号转换成电流信号。为保证良好的温度特性，R_5、R_6 的电阻温度系数应非常小，R_5 和 R_6 需要在标准温度下校准，这里采用激光修正的 SiCr 薄膜电阻。V_{10} 的集电极电流能够跟随 V_9 和 V_{11} 的集电极电流的变化，使总电流达到额定值。

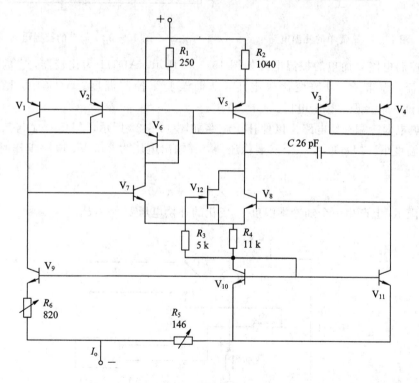

图 15-30 AD590 的内部电路

AD590 的输出阻抗大于 10 MΩ，其等效于一个高阻抗的恒流源，从而能大大减小因电源电压波动而产生的测温误差。AD590 的输出电流 I_o(μA)与热力学温度 T(K)严格成正比，热力学温度每变化 1 K，输出电流就变化 1 μA，在 298.2 K(25℃)时输出电流恰好等于 298.2 μA。

AD590 的电源电压范围为 4～30 V，可测温度范围为 -55～+150℃。

下面介绍 AD590 的几种简单应用线路。

(1) 温度测量电路 图 15-31 是一个简单的测温电路。AD590 在 25℃(298.2 K)时，理想输出电流为 298.2 μA，但实际上存在一定误差，可以在外电路中进行修正。将 AD590 串联一个可调电阻，在已知温度下调整电阻值，使输出电压 U_o 满足 1 mV/K 的关系（如 25℃时，U_o 应为 298.2 mV）。调整好以后，固定可调电阻，即可由输出电压 U_o 读出 AD590 所处的热力学温度。

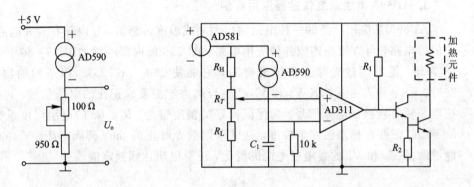

图 15-31 简单的测温电路　　图 15-32 简单的控温电路

(2) 控温电路 简单的控温电路如图 15-32 所示。AD311 为比较器，它的输出控制加热器电流，调节 R_T 可改变比较电压，从而改变了控制温度。AD581 是稳压器，为 AD590 提供一个合理的稳定电压。

(3) 热电偶冷端补偿电路 该种补偿电路如图 15-33 所示。AD590 应与热电偶冷端处于同一温度下。AD580 是一个三端稳压器，其输出电压为 2.5 V。电路工作时，调整电阻 R_2，使得

$$I_1 = t_0 \times 10^{-3} \text{（mA）}$$

这样在电阻 R_1 上产生一个随冷端温度 t_0 变化的补偿电压 $U_1 = I_1 R_1$。

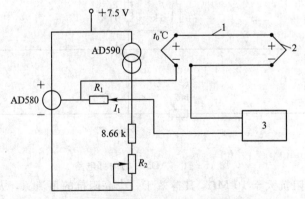

1—补偿导线；2—热电偶；3—测量仪表

图 15-33 热电偶参考端补偿电路

当热电偶冷端温度为 t_0，其热电势 $e_{AB}(t_0, 0) \approx S \cdot t_0$，$S$ 为塞贝克系数（μV/℃）。补偿时应使 U_1 与 $e_{AB}(t_0, 0)$ 近似相等，即 R_1 与塞贝克系数相等。对于不同分度号的热电偶，R_1

的阻值亦不同。

这种补偿电路灵敏、准确、可靠、调整方便,温度变化在15~35℃范围内,可获得±0.5℃的补偿精度。

15.2 压力测量

15.2.1 压力概述

压力是重要的工业参数之一,正确测量和控制压力对保证生产工艺过程的安全性和经济性有重要意义。压力及差压的测量还广泛地应用在流量和液位的测量中。

工程技术上所称的"压力"实质上就是物理学里的"压强",定义为均匀而垂直作用于单位面积上的力。其表达式为

$$P = \frac{F}{A} \tag{15-29}$$

式中:P——压力;
$\quad\quad F$——作用力;
$\quad\quad A$——作用面积。

国际单位制(SI)中定义:1牛顿力垂直均匀地作用在1平方米面积上形成的压力为1"帕斯卡"。帕斯卡简称"帕",单位符号为Pa。

过去采用的压力单位工程大气压(即 kgf/cm^2)、毫米汞柱(即 mmHg)、毫米水柱(即 mmH_2O)、物理大气压(即 atm)等均应改为法定计量单位帕,其换算关系如下:

$$1 \text{ kgf/cm}^2 = 0.9807 \times 10^5 \text{ Pa}$$
$$1 \text{ mmH}_2\text{O} = 0.9807 \times 10 \text{ Pa}$$
$$1 \text{ mmHg} = 1.333 \times 10^2 \text{ Pa}$$
$$1 \text{ atm} = 1.013\,25 \times 10^5 \text{ Pa}$$

压力有以下几种不同表示方法:

(1) 绝对压力　这是指作用于物体表面积上的全部压力,其零点以绝对真空为基准,又称总压力或全压力,一般用大写符号 P 表示。

(2) 大气压力　这是指地球表面上的空气柱重量所产生的压力,以 P_0 表示。

(3) 表压力　这是指绝对压力与大气压力之差,一般用 p 表示。测压仪表一般指示的压力都是表压力,表压力又称相对压力。

当绝对压力小于大气压力时,则表压力为负压,负压又可用真空度表示,负压的绝对值称为真空度。如测炉膛和烟道气的压力均是负压。

(4) 差压　任意两个压力之差称为差压。如静压式液位计和差压式流量计就是利用测量差压的大小来知道液位和流体流量的大小的。

测量压力的传感器很多,如前面介绍的应变式、电容式、差动变压器、霍尔式、压电式等传感器都能用来测量压力。下面介绍几种工程上常用的测压传感器或测压仪表。

15.2.2 液柱式压力计

液柱式压力计是根据流体静力学原理来测量压力的。它们一般采用水银或水为工作液,用 U 形管或单管进行测量,常用于低压、负压或压力差的测量。

图 15-34 所示的 U 形管内装有一定数量的液体,U 形管一侧通压力 p_1,另一侧通压力 p_2。当 $p_1 = p_2$ 时,左右两管的液体高度相等。当 $p_1 < p_2$ 时,两边管内液面便会产生高度差。

根据液体静力学原理可知:

$$\Delta p = p_2 - p_1 = \rho g h \quad (15-30)$$

式中:ρ——U 形管内液体的密度;
$\quad\quad g$——重力加速度;
$\quad\quad h$——U 形管左右两管液柱差。

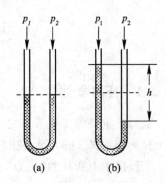

图 15-34 U 形玻璃管压力测量原理图

上式说明两管口的被测压力之差 Δp 与两管液柱差 h 成正比。

如把压力 p_1 一侧改为通大气 P_0,p_2 一侧通被测压力,则式(15-30)可改写为

$$p_2 = \rho g h \quad (15-31)$$

这样根据两管的液柱差即可得到被测压力的大小。

如果把 U 形管的一个管换成大直径的杯,即可变成如图 15-35 所示的单管或斜管。测压原理与 U 形管相同,当大容器通入被测压力 p,管中通入大气压 P_0,只是因为杯径比管径大得多,杯内液位变化可略去不计,使计算及读数更为简易,被测压力仍可写成

$$p = \rho g h$$

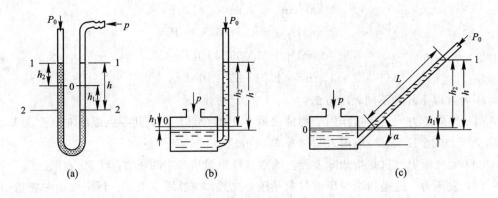

图 15-35 液柱式压力计
(a) U 形管压力计;(b) 单管压力计;(c) 倾斜式压力计

15.2.3 弹性式压力表

弹性式压力表是以弹性元件受压后所产生的弹性变形作为测量基础的。它结构简单,价格低廉,现场使用和维修都很方便,又有较宽的压力测量范围,因此在工程中获得了非常广泛的应用。

1. 弹性元件

采用不同材料、不同形状的弹性元件作为感压元件,可以适用于不同场合、不同范围的压力测量。目前广泛使用的弹性元件有弹簧管、波纹管和膜片等。图 15-36 给出了一些常用弹性元件的示意图。其中波纹膜片和波纹管多用于微压和低压测量;单圈和多圈弹簧管可用于高、中、低压和真空度的测量。

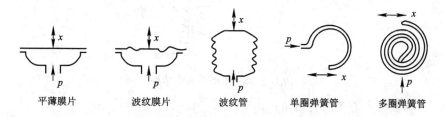

平薄膜片　　波纹膜片　　波纹管　　单圈弹簧管　　多圈弹簧管

图 15-36　弹性元件示意图

图 15-37 为利用弹性形变测压原理图。活塞缸的活塞底部加有柱状螺旋弹簧,弹簧一端固定,当通入被测压力 p 时,弹簧被压缩并产生一弹性力与被测压力平衡,在弹性形变的限度内,弹簧被压缩后产生的弹性位移量 Δx 与被测压力 p 的关系符合胡克定律,表示为

$$p = c\frac{\Delta x}{A} \tag{15-32}$$

式中:c——弹簧的刚度系数;
$\quad\quad A$——活塞的有效面积。

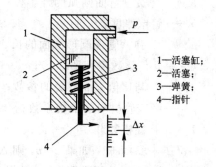

1—活塞缸;2—活塞;3—弹簧;4—指针

图 15-37　弹性元件测压原理图

当 c、A 为定值时,测量压力就变为测量弹性元件的位移量 Δx。

金属弹性元件都具有不完全弹性,即在所加作用力去除后,弹性元件会表现残余变形、弹性后效和弹性滞后等现象,这将会造成测量误差。弹性元件特性与选用的材料和负载的最大值有关。若要减小这方面的误差,应注意选用合适的材料,加工成形后进行适当的热处理,使用时应选择合适的测量范围等。

2. 弹簧管压力表

弹簧管压力表在弹性式压力表中更是历史悠久,应用广泛。弹簧管压力表中压力敏感元件是弹簧管。弹簧管的横截面呈非圆形(椭圆形或扁形),弯成圆弧形的空心管子,如图 15-38 所示。

管子的一端为封闭,作为位移输出端,另一端为开口,为被测压力输入端。当开口端通入被测压力后,非圆横截面在压力 p 作用下将趋向圆形,并使弹簧管有伸直的趋势而产生力矩,其结果使弹簧管的自由端由 B 移至 B' 而产生位移,弹簧管的中心角减小 $\Delta\theta$,如图 15-38 中虚线所示。

中心角的相对变化量 $\Delta\theta/\theta$ 与被测压力 p 有如下的函数关系:

$$\frac{\Delta\theta}{\theta} = p\,\frac{1-\mu^2}{E}\frac{R^2}{bh}\left(1-\frac{b^2}{a^2}\right)\frac{\alpha}{\beta+k^2} \tag{15-33}$$

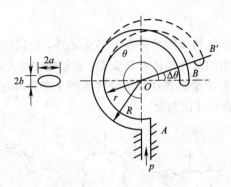

图 15-38 单圈弹簧管结构

式中：θ——弹簧管中心角的初始角；

$\Delta\theta$——受压后中心角的改变量；

R——弹簧管弯曲圆弧的外半径；

h——管壁厚度；

a、b——弹簧管椭圆形截面的长、短半轴；

k——几何常数（$k=Rh/a^2$）；

α、β——与比值 a/b 有关的参数；

μ——弹簧管材料的泊松系数；

E——弹性模数。

由式(15-33)可知，如果 $a=b$，则 $\Delta\theta=0$，这说明具有均匀壁厚的圆形弹簧管不能用作测压敏感元件。对于单圈弹簧管，中心角变化量 $\Delta\theta$ 比较小，要提高 $\Delta\theta$，可采用多圈弹簧管。

弹簧管压力表结构如图 15-39 所示。被测压力由接头 9 通入，迫使弹簧管 1 的自由端产生位移，通过拉杆 2 使扇形齿轮 3 做逆时针偏转，于是指针 5 通过同轴的中心齿轮 4 的带动而做顺时针偏转，在面板 6 的刻度标尺上显示出被测压力的数值。游丝 7 是用来克服扇形齿轮和中心齿轮所产生的仪表变差。改变调节螺钉 8 的位置（即改变机械传动的放大倍数），可以实现压力表量程的调整。

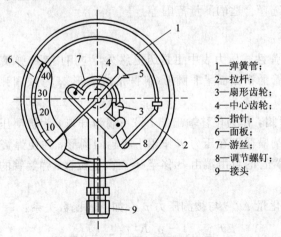

1—弹簧管；
2—拉杆；
3—扇形齿轮；
4—中心齿轮；
5—指针；
6—面板；
7—游丝；
8—调节螺钉；
9—接头

图 15-39 弹簧管压力表

弹簧管压力表结构简单，使用方便，价格低廉，使用范围广，测量范围宽，可以测量负压、微压、低压、中压和高压，因此应用十分广泛。

3. 压阻式压力传感器

压阻式压力传感器的压力敏感元件是压阻元件，它是基于压阻效应工作的。所谓压阻元件实际上就是指在半导体材料的基片上用集成电路工艺制成的扩散电阻，当它受外力作用时，其阻值由于电阻率的变化而改变。扩散电阻正常工作时需依附于弹性元件，常用的是单晶硅膜片。

图15-40是压阻式压力传感器的结构示意图。压阻芯片采用周边固定的硅杯结构，封装在外壳内。在一块圆形的单晶硅膜片上，布置四个扩散电阻，两片位于受压应力区，另外两片位于受拉应力区，它们组成一个全桥测量电路。硅膜片用一个圆形硅杯固定，两边有两个压力腔，一个和被测压力相连接的高压腔，另一个是低压腔，接参考压力，通常和大气相通。当存在压差时，膜片产生变形，使两对电阻的阻值发生变化，电桥失去平衡，其输出电压反映膜片两边承受的压差大小。

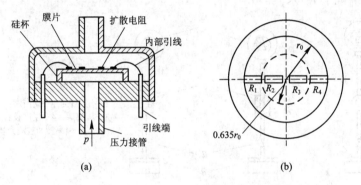

图15-40 压阻式压力传感器的结构示意图
(a) 内部结构；(b) 硅膜片示意图

压阻式压力传感器的主要优点是体积小，结构比较简单，动态响应也好，灵敏度高，能测出十几帕斯卡的微压，它是一种比较理想，目前发展较为迅速和应用较为广泛的一种压力传感器。

这种传感器测量准确度受到非线性和温度的影响，从而影响压阻系数的大小。现在出现的智能压阻压力传感器利用微处理器对非线性和温度进行补偿，它利用大规模集成电路技术，将传感器与微处理器集成在同一块硅片上，兼有信号检测、处理、记忆等功能，从而大大提高了传感器的稳定性和测量准确度。

4. 压力传感器的选用与安装

（1）压力传感器的选用　在工业生产中，对压力传感器进行选型，确定检测点与安装等是非常重要的，传感器选用的基本原则是依据实际工艺生产过程对压力测量所要求的工艺指标、测压范围、允许误差、介质特性及生产安全等因素，要经济合理，使用方便。

对弹性式压力传感器要保证弹性元件在弹性变形的安全范围内可靠的工作，在选择传感器量程时必须留有足够的余地。一般在被测压力较稳定的情况下，最大压力值应不超过满量程的3/4；在被测压力波动较大的情况下，最大压力值应不超过满量程的2/3。为了保证测量精度，被测压力最小值应不低于全量程的1/3。

如要测量高压蒸气的压力,已知蒸气压力为$(2\sim4)\times10^5$ Pa,生产中允许最大测量误差为10^4 Pa,且要求就地显示。如何选择压力表呢?根据已知条件及弹性式压力传感器的性质决定选 Y—100 型单圈弹簧管压力表,其测量范围为$(0\sim6)\times10^5$ Pa(当压力从2×10^5 Pa 变化到4×10^5 Pa 时,正好处于量程的 1/3~2/3)。要求最大测量误差小于10^4 Pa,即要求传感器的相对误差:

$$\delta_{max}\leqslant\pm\frac{10^4\text{ Pa}}{(6-0)\times10^5\text{ Pa}}=\pm1.7\%$$

所以应选精度为 1.5 级的表。

(2)压力传感器的安装　传感器测量结果的准确性,不仅与传感器本身的精度等级有关,而且还与传感器的安装、使用是否正确有关。

压力检测点应选在能准确及时地反映被测压力的真实情况处。因此,取压点不能处于流束紊乱的地方,即要选在管道的直线部分,离局部阻力较远的地方。

测量高温蒸气压力时,应装回形冷凝液管或冷凝器,以防止高温蒸气与测压元件直接接触。如图 15-41(a)所示。

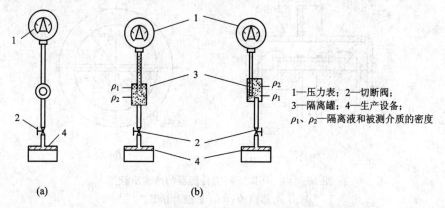

图 15-41　测量高温、腐蚀介质压力表安装示意图
(a)测量蒸气;(b)测量有腐蚀性介质

测量腐蚀、高黏度、有结晶等介质时,应加装充有中性介质的隔离罐,如图 15-41(b)所示。隔离罐内的隔离液应选择沸点高、凝固点低、化学与物理性能稳定的液体,如甘油、乙醇等。

压力传感器安装高度应与取压点相同或相近。对于图 15-42 所示情况,压力表的指示值要比管道内的实际压力高,应对取压管道的液柱附加的压力误差进行修正。

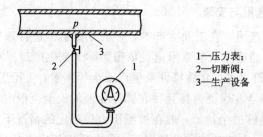

图 15-42　压力表位于生产设备下安装示意图

15.3 流量测量

15.3.1 流量概述

流量是工业生产中一个重要参数。工业生产过程中，很多原料、半成品、成品都是以流体状态出现的。流体的流量就成为决定产品成分和质量的关键，也是生产成本核算和合理使用能源的重要依据。因此流量的测量和控制是生产过程自动化的重要环节。

单位时间内流过管道某一截面的流体数量，称为瞬时流量。瞬时流量有体积流量和质量流量之分。而在某一段时间间隔内流过管道某一截面的流体量的总和，即瞬时流量在某一段时间内的累积值，称为总量或累积流量。瞬时流量有体积流量和质量流量之分。

(1) 体积流量 q_v 单位时间内通过某截面的流体的体积，单位为 m^3/s。根据定义，体积流量可用下式表示：

$$q_v = \int_A v \, dA \tag{15-34}$$

式中，v 为截面 A 中某一面积元 dA 上的流速。

如果流体在该截面上的流速处处相等，则体积流量可写成

$$q_v = vA \tag{15-35}$$

(2) 质量流量 q_m 单位时间内通过某截面的流体的质量，单位为 kg/s。根据定义，质量流量可用下式表示：

$$q_m = \int_A \rho v \, dA \tag{15-36}$$

由式(15-35)可写成

$$q_m = \rho q_v = \rho v A \tag{15-37}$$

工程上讲的流量常指瞬时流量，下面若无特别说明均指瞬时流量。

流体的密度受流体的工作状态(如温度、压力)影响。对于液体，压力变化对密度的影响非常小，一般可以忽略不计。温度对密度的影响要大一些，一般温度每变化 10℃ 时，液体密度的变化约在 1‰ 以内，所以在温度变化不是很大，测量准确度要求不是很高的情况下，往往也可以忽略不计。对于气体，密度受温度、压力变化影响较大，如在常温常压附近，温度每变化 10℃，密度变化约为 3%；压力每变化 10 kPa，密度约变化 3%。因此在测量气体流量时，必须同时测量流体的温度和压力。为了便于比较，常将在工作状态下测得的体积流量换算成标准状态下(温度为 20℃，压力为 101 325 Pa)的体积流量，用符号 q_{vN} 表示，单位为 Nm^3/s。

生产过程中各种流体的性质各不相同，流体的工作状态及流体的黏度、腐蚀性、导电性也不同，很难用一种原理或方法测量不同流体的流量。尤其工业生产过程，其情况复杂，某些场合的流体是高温、高压，有时是气液两相或液固两相的混合流体。所以目前流量测量的方法很多，测量原理和流量传感器(或称流量计)也各不相同，从测量方法上一般可分为以下三大类：

① 速度式：速度式流量传感器大多是通过测量流体在管路内已知截面流过的流速大小来实现流量测量的。它是利用管道中流量敏感元件（如孔板、转子、涡轮、靶子、非线性物体等）把流体的流速变换成压差、位移、转速、冲力、频率等对应的信号来间接测量流量的。差压式、转子、涡轮、电磁、旋涡和超声波等流量传感器都属于此类。

② 容积式：容积式流量传感器是根据已知容积的容室在单位时间内所排出流体的次数来测量流体的瞬时流量和总量的。常用的有椭圆齿轮、旋转活塞式和刮板等流量传感器。

③ 质量式：质量流量传感器有两种，一种是根据质量流量与体积流量的关系，测出体积流量再乘被测流体的密度的间接质量流量传感器，如工程上常用的采取温度、压力自动补偿的补偿式质量流量传感器。另一种是直接测量流体质量流量的直接式质量流量传感器，如热式、惯性力式、动量矩式等质量流量传感器。直接法测量具有不受流体的压力、温度、黏度等变化影响的优点，是一种正在发展中的质量流量传感器。

测量流量的传感器很多，可以满足不同的流量检测的要求。下面针对有代表性的、工业上应用较为广泛的流量传感器作以介绍，对于应用也很广泛的超声波流量传感器前面已作了介绍，不再重复。

15.3.2 差压式流量传感器

差压式流量传感器又称节流式流量传感器，它是利用管路内的节流装置，将管道中流体的瞬时流量转换成节流装置前后的压力差的原理来实现的。差压式流量传感器流量测量系统主要由节流装置和差压计（或差压变送器）组成，如图 15-43 所示。节流装置的作用是把被测流体的流量转换成压差信号，差压计则对压差信号进行测量并显示测量值，差压变送器能把差压信号转换为与流量对应的标准电信号，以供显示、记录或控制。

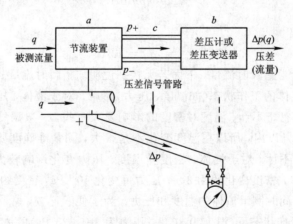

图 15-43 差压式流量传感器流量测量系统

差压式流量传感器发展较早，技术成熟而较完善，而且结构简单，对流体的种类、温度、压力限制较少，因而应用广泛。

1. 节流装置

节流装置是由节流元件、取压装置和前后直管段组成的。其中节流元件是差压式流量传感器的流量敏感检测元件，是安装在流体流动的管道中的阻力元件。常用的节流元件有孔板、喷嘴、文丘里管。它们的结构形式、相对尺寸、技术要求、管道条件和安装要求等均已标准化，故又称标准节流元件，如图 15-44 所示。其中孔板最简单又最为典型，加工制造方便，在工业生产过程中常被采用。

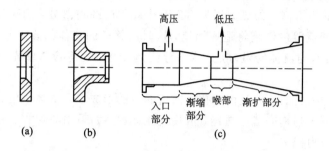

图 15-44 标准节流元件
(a) 孔板；(b) 喷嘴；(c) 文丘里管

标准节流装置按照规定的技术要求和试验数据来设计、加工、安装，无需检测和标定，可以直接投产使用，并可保证流量测量的精度。

2. 节流装置测量原理与流量方程式

（1）测量原理　在管道中流动的流体具有动压能和静压能，在一定条件下这两种形式的能量可以相互转换，但参加转换的能量总和不变。用节流元件测量流量时，流体流过节流装置前后产生压力差 $\Delta p(\Delta p = p_1 - p_2)$，且流过的流量越大，节流装置前后的压差也越大，流量与压差之间存在一定关系，这就是差压式流量传感器测量原理。

图 15-45 为孔板节流件前后流速和压力分布情况。流体流过孔板前已经开始收缩，流体随着流束的缩小，流速增大，而流体压力减小，图 15-45 中，虚线表示管道轴线上流体静压沿轴线方向的分布曲线，实线表示管壁上的静压沿轴线方向的变化曲线。由于惯性的

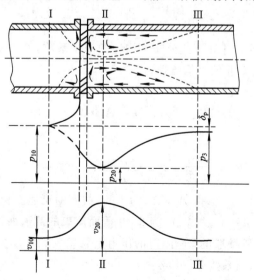

图 15-45 节流件前后流速和压力分布情况

作用,流束通过孔板后还将继续收缩,直到在节流件后Ⅱ-Ⅱ处达到最小流束截面,这时流体的平均流速达到最大值,流体压力随着流束的缩小及流速的增加而降低,直到达到最小值。而后流束逐渐扩大,在管道Ⅲ-Ⅲ处又充满整个管道,流体的速度也恢复到孔板前的流速,流体的压力又随流束的扩张而升高,最后恢复到一个稍低于原管中的压力。图中,δ_p 就是节流件造成的不可恢复的压力损失。靠近孔板前后的角落处,由于流体的黏性、局部阻力以及静压差回流等的影响将造成涡流,这时沿管壁的流体的静压变化和轴线上不同。在孔板前,由于孔板对流体的阻力,造成部分流体滞止,使得管道壁面上的静压比上游压力稍有升高。

造成流体压力损失的原因是由于孔板前后涡流的形成以及流体的沿程摩擦,使得流体的一部分机械能不可逆地变成了热能,散失在流体内。如采用喷嘴或文丘里管等节流件可大大减小流体的压力损失。

(2) 流量方程式　节流装置的流量公式是在假定所研究的流体是定常流动的理想流体的条件下,根据伯努利方程和连续性方程推导出来的,而对不符合假设条件的影响因素,则需进行修正。

图 15-45 中,当连续流动的流体流经Ⅰ-Ⅰ截面时,管中心的流速为 v_{10},静压为 p_{10},密度为 ρ_1;流体流经Ⅱ-Ⅱ截面时,管中心的流速为 v_{20},静压为 p_{20},密度为 ρ_2。对于不可压缩理想流体,流体流过节流件时,流体不对外做功,和外界没有热交换,而且节流件前后的流体密度相等,即 $\rho_1=\rho_2=\rho$。根据伯努利方程,在两截面Ⅰ、Ⅱ处,管中心流体的能量方程为

$$\frac{p_{10}}{\rho} + \frac{v_{10}^2}{2} = \frac{p_{20}}{\rho} + \frac{v_{20}^2}{2} \tag{15-38}$$

考虑流速分布的不均匀及实际流体有黏性,在流动时会产生摩擦力,其损失的能量为 $\frac{\xi}{2}v_2^2$。在两截面Ⅰ、Ⅱ处的能量方程可写成

$$\frac{p_{10}}{\rho} + \frac{C_1^2}{2}v_1^2 = \frac{p_{20}}{\rho} + \frac{C_2^2}{2}v_2^2 + \frac{\xi}{2}v_2^2 \tag{15-39}$$

式中:C_1、C_2——截面Ⅰ、Ⅱ处流速分布不均匀的修正系数,$C_1=v_{10}/v_1$,$C_2=v_{20}/v_2$;

v_1、v_2——截面Ⅰ、Ⅱ的平均流速。

由于流体流动的连续性,则

$$A_1 v_1 \rho = A_2 v_2 \rho \tag{15-40}$$

这样我们可得

$$v_2 = \frac{1}{\sqrt{C_2^2 + \xi - C_1^2 \mu^2 m^2}} \sqrt{\frac{2}{\rho}(p_{10} - p_{20})} \tag{15-41}$$

式中:m——开口截面比,$m=A_0/A_1$,A_1 为Ⅰ-Ⅰ截面的流通面积;

μ——收缩系数,$\mu=A_2/A_0$,A_2 为Ⅱ-Ⅱ截面流束的流通面积。

另外实际取压是在管壁取的,所测得的压力是管壁处的静压力,设实际取得的压力为 p_1 和 p_2,需引入一个取压系数 ψ,并取

$$\psi = \frac{p_{10} - p_{20}}{p_1 - p_2} \tag{15-42}$$

根据流量的定义,我们可以得到体积流量与压差 $\Delta p = p_1 - p_2$ 之间的流量方程式为

体积流量
$$q_v = v_2 A_2 = \alpha A_0 \sqrt{\frac{2}{\rho} \Delta p} \tag{15-43}$$

质量流量
$$q_m = v_2 A_2 \rho = \alpha A_0 \sqrt{2\rho \Delta p} \tag{15-44}$$

式中,α 为流量系数,$\alpha = \dfrac{\mu \sqrt{\psi}}{\sqrt{C_2^2 + \xi - C_1^2 \mu^2 m^2}}$。

对于可压缩流体,例如各种气体及蒸气通过节流元件时,由于压力变化必然会引起密度 ρ 的改变,即 $\rho_1 \neq \rho_2$,这时在公式中应引入流束膨胀系数 ε,可压缩性流体流束膨胀系数 ε 小于 1,如果是不可压缩性流体,则 $\varepsilon = 1$。对于可压缩性流体,规定流体密度用节流件前的流体密度 ρ_1,则流量方程式变为

$$q_v = \alpha \varepsilon A_0 \sqrt{\frac{2\Delta p}{\rho_1}} \tag{15-45}$$

$$q_m = \alpha \varepsilon A_0 \sqrt{2\rho_1 \Delta p} \tag{15-46}$$

上述流量方程式中,流量—压差关系虽然比较简单,但流量系数 α 却是一个影响因素复杂、变化范围较大的重要参数,也是节流式流量计能否准确测量流量的关键所在。流量系数 α 与节流装置的结构形式、取压方式、节流装置开孔直径、流体流动状态(雷诺数)及管道条件等因素有关。对于标准节流装置,查阅有关手册便可计算出流量系数 α 值。

3. 差压式流量检测系统

差压流量检测系统由节流装置、差压引压导管及差压计或差压变送器等组成。图 15-46 所示为一个差压式流量检测系统的结构示意图。

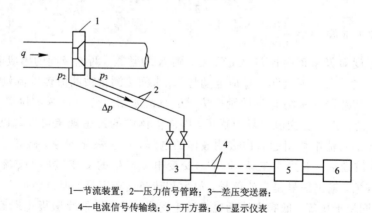

1—节流装置;2—压力信号管路;3—差压变送器;
4—电流信号传输线;5—开方器;6—显示仪表

图 15-46 差压式流量检测系统结构示意图

节流装置将被测流体的流量值变换成差压信号 Δp。节流装置输出的差压信号由压力信号管路输送到差压变送器(或差压计)。差压变送器是一个把差压信号转换成电流(或电压)的装置,它通常将差压信号转换为 4~20 mA 的标准电流信号。差压计用来直接测量差压信号并显示流量的大小。由于节流装置是一个非线性环节,因此流量显示仪表的指示标

尺也是非线性的。为了解决非线性的问题，需要在流量检测系统中增加一个非线性补偿环节，增加开方运算电路或加开方器。这样差压流量变送器的输出电流就能与流量成线性关系，流量显示仪表的指示标尺也就是线性的了。

15.3.3 电磁流量传感器

电磁流量传感器是根据法拉第电磁感应定律来测量导电性液体的体积流量的。如图15-47所示，在磁场中安置一段不导磁、不导电的管道，管道外面安装一对磁极，当有一定电导率的流体在管道中流动时就切割磁力线。与金属导体在磁场中的运动一样，在导体（流动介质）的两端也会产生感应电动势，由设置在管道上的电极导出。该感应电势大小与磁感应强度、管径大小、流体流速大小有关。即

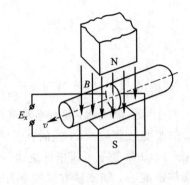

图 15-47 电磁流量传感器原理

$$E_x = BDv \tag{15-47}$$

式中：B——磁感应强度(T)；

D——管道内径，相当于垂直切割磁力线的导体长度(m)；

v——导体的运动速度，即流体的流速(m/s)；

E_x——感应电动势(V)。

体积流量 q_v 与流体流速 v 的关系为

$$q_v = \frac{1}{4}\pi D^2 v \tag{15-48}$$

将式(15-48)代入式(15-47)，可得

$$E_x = \frac{4B}{\pi D}q_v = Kq_v \tag{15-49}$$

式中，K 为仪表常数，$K = \frac{4B}{\pi D}$。

磁感应强度 B 及管道内径 D 固定不变，则 K 为常数，两电极间的感应电动势 E_x 与流量 q_v 成线性关系，便可通过测量感应电动势 E_x 来间接测量被测流体的流量 q_v 值。

电磁流量传感器的磁场有三种励磁方式：直流励磁、交流正弦波励磁和低频方波励磁。直流励磁的优点是受交流磁场干扰小，因而液体中的自感现象可以忽略不计，缺点是在电极上产生的直流电势引起管内被测液体的电解，产生极化现象，破坏了原来的测量条件。交流正弦波励磁一般采用工频(50 Hz)交变电流产生的交变磁场。交流励磁的优点是能消除极化现象，输出信号是交流信号，放大和转换比较容易，但也会带来一系列的干扰，如90°干扰、同相干扰等。低频方波励磁交流干扰影响小，又能克服极化现象，是一种比较好的励磁方式。

电磁流量传感器产生的感应电动势信号是很微小的，需通过电磁流量转换器来显示流量。常用的电磁流量转换器能把传感器的输出感应电动势信号放大并转换成标准电流(0～10 mA 或 4～20 mA)信号或一定频率的脉冲信号，配合单元组合仪表或计算机对流量进行显示、记录、运算、报警和控制等。

电磁流量传感器只能测量导电介质的流体流量。它适用于测量各种腐蚀性酸、碱、盐

溶液，固体颗粒悬浮物，黏性介质（如泥浆、纸浆、化学纤维、矿浆）等溶液；也可用于各种有卫生要求的医药、食品等部门的流量测量（如血浆、牛奶、果汁、卤水、酒类等），还可用于大型管道自来水和污水处理厂流量测量以及脉动流量测量等。

15.3.4 涡轮流量传感器

涡轮流量传感器类似于叶轮式水表，是一种速度式流量传感器。图 15-48 为涡轮流量传感器的结构示意图。它是在管道中安装一个可自由转动的叶轮，流体流过叶轮使叶轮旋转，流量越大，流速越高，则动能越大，叶轮转速也越高。测量出叶轮的转速或频率，就可确定流过管道的流体流量和总量。

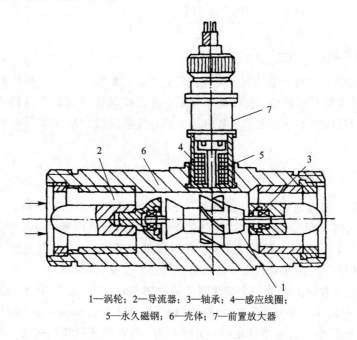

1—涡轮；2—导流器；3—轴承；4—感应线圈；
5—永久磁钢；6—壳体；7—前置放大器

图 15-48 涡轮流量传感器结构示意图

涡轮由高导磁的不锈钢制成，线圈和永久磁钢组成磁电感应转换器。测量时，当流体通过涡轮叶片与管道间的间隙时，流体对叶片前后产生压差推动叶片，使涡轮旋转，在涡轮旋转的同时，高导磁性的涡轮叶片周期性地改变磁电系统的磁阻值，使通过线圈的磁通量发生周期性的变化，因而在线圈两端产生感应电势，该电势经过放大和整形，便可得到足以测出频率的方波脉冲，脉冲的频率与涡轮转速成正比，即与流过流体的流量成正比。如将脉冲送入计数器就可求得累积总量。

在涡轮叶片的平均半径 r_c 处取断面，并将圆周展开成直线，便可画出图 15-49。

设流体速度 v 平行于轴向，叶片的切线速度 u 垂直于 v，若叶片的倾斜角为 α，便可写出

$$u = \omega r_c = v \tan\alpha$$

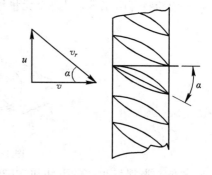

图 15-49 涡轮叶片及流体的速度分析

或

$$v = \frac{\omega\, r_c}{\tan\alpha} = \frac{2\pi n r_c}{\tan\alpha} \tag{15-50}$$

式中：n——涡轮的转速；

ω——涡轮的角速度。

设叶片缝隙间的有效流通面积为 A，则瞬时体积流量为

$$q_v = vA = \frac{2\pi n r_c}{\tan\alpha}A \tag{15-51}$$

如涡轮上叶片总数为 z，则线圈输出脉冲频率 f 就是 nz Hz，代入式(15-51)可得

$$q_v = \frac{2\pi r_c A}{z\, \tan\alpha}f = \frac{1}{\xi}f \tag{15-52}$$

式中，ξ 为仪表常数，$\xi = \dfrac{z\, \tan\alpha}{2\pi r_c A}$。

涡轮流量传感器具有安装方便、精度高（可达 0.1 级）、反应快、刻度线性及量程宽等特点，此外还具有信号易远传、便于数字显示、可直接与计算机配合进行流量计算和控制等优点。它广泛应用于石油、化工、电力等工业，气象仪器和水文仪器中也常用涡轮测风速和水速。

15.3.5 漩涡式流量传感器

漩涡式流量传感器是利用流体振荡原理工作的。目前应用的有两种：一种是应用自然振荡的卡曼漩涡列原理；另一种是应用强迫振荡的漩涡旋进原理。应用振荡原理的流量传感器，前者称为卡曼涡街流量传感器（或涡街流量传感器），后者称为旋进漩涡流量传感器。涡街流量传感器应用相对较多，这里只介绍这种流量传感器。

在流体的流动方向上放置一个非流线型的物体（如圆柱体等），物体的下游两侧有时会交替出现漩涡（见图 15-50），在物体后面两排平行但不对称的漩涡列称为卡曼涡列（也称为涡街）。漩涡的频率一般是不稳定的，实验表明，只有当两列漩涡的间距 h 与同列中相邻漩涡的间距 l 满足 $h/l = 0.281$（对于圆柱体）条件时，卡曼涡列才是稳定的。并且每一列漩涡产生的频率 f 与流速 v、圆柱体直径 d 的关系为

$$f = S_t \frac{v}{d} \tag{15-53}$$

式中，S_t 为斯特劳哈尔数，是一个无量纲的系数。

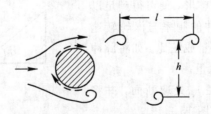

图 15-50 卡曼漩涡

S_t 主要与漩涡发生体的形状和雷诺数有关。在雷诺数为 500～150 000 的区域内，基本上是一个常数，如图 15-51 所示。对于圆柱体 $S_t = 0.20$，三角柱体 $S_t = 0.16$。工业上测量

的流速实际上几乎不超过这个范围，所以可以认为频率 f 只受流速 v 和漩涡发生体的特征尺寸 d 的支配，而不受流体的温度、压力、密度、黏度等的影响。所以当测得漩涡的频率后，就可得到流体的流速 v，即可以求得流体的体积流量 q_v。

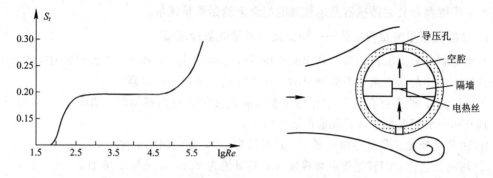

图 15-51 斯特劳哈尔数与雷诺数的关系　　图 15-52 圆柱体漩涡检测原理图

漩涡频率检测元件一般是附在漩涡发生体上。圆柱体漩涡发生体采用铂热电阻丝检测法，铂热电阻丝在圆柱体的空腔内，如图 15-52 所示。当圆柱体的右下方产生漩涡时，作为漩涡回转运动的反作用，在圆柱周围产生环流，见图 15-50 中的虚线所示。这环流的速度分量加在原来的流动上，所以圆柱体上侧有增加流速的作用，圆柱体下侧有减少流速的作用。这样，有个从下到上的升力作用到圆柱体上，结果有部分流体从下方导压孔吸入，从上方的导压孔吹出。如果把铂热电阻丝用电流加热到比流体温度高出某个温度，流体通过铂热电阻丝时，带走它的热量，从而改变它的电阻值，此电阻值的变化与发出漩涡的频率相对应，即由此便可检测出与流速成比例的频率。

三角柱漩涡发生体的漩涡频率检测原理图如图 15-53 所示。埋在三角柱正面的两只热敏电阻与其它两只固定电阻构成一个电桥，电桥通以恒定电流使热敏电阻的温度升高。由于产生漩涡处的流速较大，使热敏电阻的温度降低，阻值改变，电桥输出信号。随着漩涡交替产生，电桥输出一系列与漩涡发生频率相对应的电压脉冲。

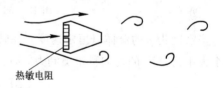

图 15-53 三角柱体漩涡检测原理图

漩涡式流量传感器在管道内没有可动部件，使用寿命长，线性测量范围宽，几乎不受温度、压力、密度、黏度等变化的影响，压力损失小，传感器的输出是与体积流量成比例的脉冲信号，这种传感器对气体、液体均适用。

15.3.6 质量流量传感器

在工业生产和产品交易中，由于物料平衡，热平衡以及储存、经济核算等人们常常需要的是质量流量，因此在测量工作中，常常将已测出的体积流量乘以密度换算成质量流量。而对于相同体积的流体，在不同温度、压力下，其密度是不同的，尤其对于气体流体，这就给质量流量的测量带来了麻烦，有时甚至难以达到测量的要求。这样便希望直接用质量流量传感器来测量质量流量，无需进行换算，这将有利于提高流量测量的准确度。

质量流量传感器大致分为两类：

① 直接式：即传感器直接反映出质量流量。

② 推导式：即基于质量流量的方程式，通过运算得出与质量流量有关的输出信号。用体积流量传感器和其它传感器及运算器的组合来测量质量流量。

1. 直接式质量流量传感器——科里奥利质量流量传感器

科里奥利质量流量传感器是利用流体在直线运动的同时，处于一个旋转系中，产生与质量流量成正比的科里奥利力而制成的一种直接式质量流量传感器。

当质量为 m 的质点在对 P 轴作角速度为 ω 旋转的管道内移动时，如图 15-54 所示，质点具有两个分量的加速度及相应的加速度力：

① 法向加速度：即向心加速度 a_r，其量值为 $\omega^2 r$，方向朝向 P 轴。

② 切向加速度：即科里奥利加速度 a_t，其量值为 $2\omega v$，方向与 a_r 垂直。

由于复合运动，在质点的 a_t 方向上作用着科里奥利力 F_c 为 $2\omega v m$，而管道对质点作用着一个反向力，其值为 $-2\omega v m$。

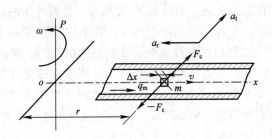

图 15-54 科里奥利力分析图

当密度为 ρ 的流体以恒定速度 v 在管道内流动时，任何一段长度为 Δx 的管道都受到一个大小为 ΔF_c 的切向科里奥利力，即

$$\Delta F_c = 2\omega v \rho A \Delta x \tag{15-54}$$

式中，A 为管道的流通内截面积。

因为质量流量 $q_m = \rho v A$，所以

$$\Delta F_c = 2\omega q_m \Delta x \tag{15-55}$$

基于上式，如直接或间接测量在旋转管道中流动流体所产生的科里奥利力就可以测得质量流量，这就是科里奥利质量流量传感器的工作原理。

然而，通过旋转运动产生科里奥利力实现起来比较困难，目前的传感器均采用振动的方式来产生，图 15-55 是科里奥利质量流量传感器结构原理图。流量传感器的测量管道是两根两端固定平行的 U 形管，在两个固定点的中间位置由驱动器施加产生振动的激励能量，在管内流动的流体产生科里奥利力，使测量管两侧产生方向相反的挠曲。位于 U 形管的两个直管管端的两个检测器用光学或电磁学方法检测挠曲量以求得质量流量。

当管道充满流体时，流体也成为转动系的组成部分，流体密度不同，管道的振动频率会因此而有所改变，而密度与频率有一个固定的非线性关系，因此科里奥利质量流量传感器也可测量流体密度。

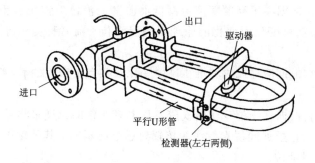

图 15-55 科里奥利质量流量传感器结构原理图

2. 推导式质量流量传感器

推导式质量流量传感器实际上是由多个传感器组合而成的质量流量测量系统，根据传感器的输出信号间接推导出流体的质量流量。组合方式主要有以下几种。

(1) 差压式流量传感器与密度传感器组合方式　差压式流量传感器的输出信号是差压信号，它正比于 ρq_v^2，若与密度传感器的输出信号进行乘法运算后再开方即可得到质量流量。即

$$\sqrt{K_1 \rho q_v^2 K_2 \rho} = \sqrt{K_1 K_2} \rho q_v = K q_m \tag{15-56}$$

(2) 体积流量传感器与密度流量传感器组合方式　能直接用来测量管道中的体积流量 q_v 的传感器有电磁流量传感器、涡轮流量传感器、超声波流量传感器等，利用这些传感器的输出信号与密度传感器的输出信号进行乘法运算即可得到质量流量。即

$$K_1 q_v K_2 \rho = K q_m \tag{15-57}$$

(3) 差压式流量传感器与体积式流量传感器组合方式　差压式流量传感器的输出差压信号 Δp 与 ρq_v^2 成正比，而体积流量传感器输出信号与 q_v 成正比，将这两个传感器的输出信号进行除法运算也可得到质量流量。即

$$\frac{K_1 \rho q_v^2}{K_2 q_v} = K q_m \tag{15-58}$$

15.4　物 位 测 量

15.4.1　物位概述

物位是指各种容器设备中液体介质液面的高低、两种不溶液体介质的分界面的高低和固体粉末状颗粒物料的堆积高度等的总称。根据具体用途它可分为液位、界位、料位等传感器。

工业上通过物位测量能正确获取各种容器和设备中所储物质的体积量和质量，能迅速正确反映某一特定基准面上物料的相对变化，监视或连续控制容器设备中的介质物位，或对物位上下极限位置进行报警。

物位传感器种类较多，按其工作原理可分为下列几种类型：

(1) 直读式　它根据流体的连通性原理来测量液位。

(2) 浮力式　它根据浮子高度随液位高低而改变或液体对浸沉在液体中的浮筒（或称沉筒）的浮力随液位高度变化而变化的原理来测量液位。前者称为恒浮力式，后者称为变浮力式。

(3) 差压式　它根据液柱或物料堆积高度变化对某点上产生的静（差）压力的变化的原理测量物位。

(4) 电学式　它根据把物位变化转换成各种电量变化的原理来测量物位。

(5) 核辐射式　它根据同位素射线的核辐射透过物料时，其强度随物质层的厚度变化而变化的原理来测量液位。

(6) 声学式　它根据物位变化引起声阻抗和反射距离变化来测量物位。

(7) 其它形式　如微波式、激光式、射流式、光纤维式传感器等等。

利用不同的检测方法检测物位的传感器很多，比如前面已作介绍的电容式物位传感器、核辐射物位传感器、超声波物位传感器及微波物位传感器等。本节将重点介绍浮力式物位传感器和静压式物位传感器。

15.4.2　浮力式液位传感器

浮力式液位传感器是利用液体浮力来测量液位的。它结构简单、使用方便，是目前应用较广泛的一种液位传感器。根据测量原理，它分为恒浮力式和变浮力式两大类型。

1. 恒浮力式液位传感器

最原始的恒浮力式液位传感器，是将一个浮子置于液体中，它受到浮力的作用漂浮在液面上，当液面变化时，浮子随之同步移动，其位置就反映了液面的高低。水塔里的水位常用这种方法指示，图15-56是水塔水位测量示意图。液面上的浮子由绳索经滑轮与塔外的重锤相连，重锤上的指针位置便可反映水位。但与直观印象相反，标尺下端代表水位高，若使指针动作方向与水位变化方向一致，应增加滑轮数目，但引起摩擦阻力增加，误差也会增大。

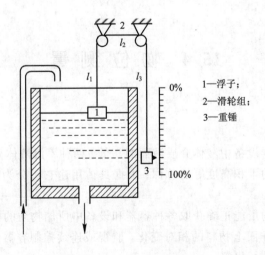

图15-56　水塔水位测量示意图

如把浮子换成浮球，测量从容器内移到容器外，浮球用杠杆直接连接浮球，可直接显示罐内液位的变化,如图15-57所示。这种液位传感器适合测量温度较高、黏度较大的液体介质,但量程范围较窄。如在该液位传感器的基础上增加机电信号变换装置,当液位变化时,浮球的上下移动通过磁钢变换成电触点(见图15-58)的上下位移。当液位高于(或低于)极限位置时,电触点4与报警电路的上下限静触点接通,报警电路发出液位报警信号。若将浮球控制器输出与容器进料或出料的电磁阀门执行机构配合,可实现阀门的自动启停,进行液位的自动控制。

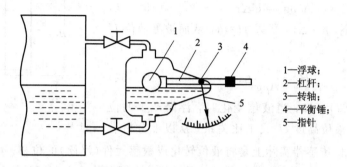

1—浮球;2—杠杆;3—转轴;4—平衡锤;5—指针

图15-57 外浮球式液位传感器

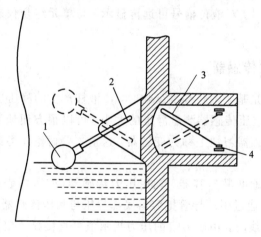

1—浮球;2、3—磁钢;4—电触点

图15-58 浮球式液位控制器

2. 变浮力式液位传感器

沉筒式液位传感器是利用变浮力的原理来测量液位的。它利用浮筒在被测液体中浸没高度不同以致所受的浮力不同来检测液位的变化。

图15-59是液位检测原理图。将一横截面积为A,质量为m的空心金属圆筒(浮筒)悬挂在弹簧上,弹簧的下端被固定,当浮筒的重力与弹簧力达到平衡时,则有

$$mg = Cx_0 \tag{15-59}$$

式中:C——弹簧的刚度;

x_0——弹簧由于浮筒重力产生的位移。

当液位高度为H时,浮筒受到液体对它的浮力作用而向上移动,设浮筒实际浸没在液

体中的长度为 h，浮筒移动的距离即弹簧的位移变化量为 Δx，即 $H = h + \Delta x$。当浮筒受到的浮力与弹簧力和浮筒的重力平衡时，有

$$mg - Ah\rho g = C(x_0 - \Delta x) \quad (15-60)$$

式中，ρ 为浸没浮筒的液体密度。

将式(15-59)代入上式，整理后便得

$$Ah\rho g = C\Delta x \quad (15-61)$$

一般情况下，$h \gg \Delta x$，所以 $H \approx h$，从而被测液位 H 可表示为

$$H = \frac{C}{A\rho g}\Delta x \quad (15-62)$$

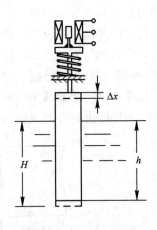

图 15-59　变浮力式液位传感器原理图

由式(15-62)可知，当液位变化时，浮筒产生的位移变化量 Δx 与液位高度 H 成正比关系。从以上分析表明，变浮力式液位传感器实际上是将液位转化成敏感元件(浮筒)的位移。如在浮筒的连杆上安装一铁芯，可随浮筒一起上下移动，通过差动变压器使输出电压与位移成正比关系。

沉筒式液位传感器适应性能好，对黏度较高的介质、高压介质及温度较高的敞口或密闭容器的液位等都能测量。对液位信号可远传显示，与单元组合仪表配套，可实现液位的报警和自动控制。

15.4.3　静压式液位传感器

静压式液位传感器是基于液位高度变化时，由液柱产生的静压也随之变化的原理来检测液位的。利用压力或差压传感器测量静压的大小，可以很方便地测量液位，而且能输出标准电流信号，这种传感器习惯上称为变送器，这里主要讨论压力或差压传感器液位测量原理。

对于上端与大气相通的敞口容器，利用压力传感器(或压力表)直接测量底部某点压力，如图 15-60 所示。通过引压导管把容器底部静压与测压传感器连接，当压力传感器与容器底部处在同一水平线时，由压力表的压力指示值可直接显示出液位的高度。压力与液位的关系为

$$H = \frac{p}{\rho g} \quad (15-63)$$

式中：H——液位高度(m)；
　　　ρ——液体的密度(kg/m^3)；
　　　g——重力加速度(m/s^2)；
　　　p——容器底部的压力(Pa)。

如果压力传感器与容器底部不在相同高度处，导压管内的液柱压力必须用零点迁移方法解决。

对于上端与大气隔绝的闭口容器，容器上部空间与大气压力大多不等，所以在工业生产中普遍采用差压传感器来测量液位，如图 15-61 所示。

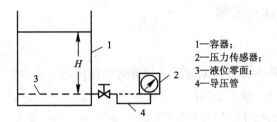

图 15 - 60　压力传感器测量液位(静压)原理图

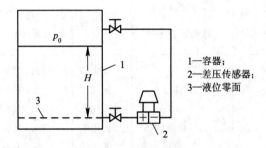

图 15 - 61　差压传感器测量液位原理图

设容器上部空间的压力为 p_0，差压传感器正、负压室所受到的压力分别为 p_+ 和 p_-，则

$$p_+ = \rho g H + p_0 \tag{15-64}$$

$$p_- = p_0 \tag{15-65}$$

因此可得正负室压差为

$$\Delta p = p_+ - p_- = \rho g H \tag{15-66}$$

由式(15-66)可知，被测液位 H 与差压 Δp 成正比。但这种情况只限于上部空间为干燥气体，而且压力传感器与容器底部在同一高度时。假如上部为蒸汽或其它可冷凝成液态的气体，则 p_- 的导压管里必然会形成液柱，这部分的液柱压力也必须要进行零点迁移。

15.5　气体成分测量

随着国民经济的快速发展，及时、准确地对易燃、易爆、有毒、有害气体进行监测、预报和自动控制已成为煤炭、石油、化工、电力等部门急待解决的重要课题；在工业生产及科学实验中，也需要检测各种气体的成分；同时，人类文明的高度发展造成的环境破坏是 21 世纪所面临的一个严肃而尖锐的问题。为了自身的生存发展，必须对大气环境中污染物的排放量进行严格检测。检测气体成分的关键部件是气体传感器。由于各种气体的物理化学特性不同，因此不同的气体需要用不同的传感器和传感技术去检测。

气体成分检测的方法主要有电化学式、热学式、光学式及半导体气敏式等。电化学式有恒电位电解式、伽伐尼电池式、氧化锆浓差电池式等；热学式有热导式、接触燃烧式等；光学式有红外吸收式等。

15.5.1 热导式气体传感器

1. 热导检测原理

热传导是同一物体各部分之间或互相接触的两物体之间传热的一种方式,表征物质导热能力的强弱用导热系数表示。不同物质其导热能力是不一样的,一般来说,固体和液体的导热系数比较大,而气体的导热系数比较小。表15-7为一些常见气体的导热系数。

表 15-7 常见气体的导热系数

气体名称	0℃时的导热系数 $\lambda_0/(W/(m \cdot K))$	0℃时的相对导热系数 $\frac{\lambda_0}{\lambda_{a0}}$	气体名称	0℃时的导热系数 $\lambda_0/(W/(m \cdot K))$	0℃时的相对导热系数 $\frac{\lambda_0}{\lambda_{a0}}$
氢气	0.1741	7.130	一氧化碳	0.0235	0.964
甲烷	0.0322	1.318	氮气	0.0219	0.897
氧气	0.0247	1.013	氩气	0.0161	0.658
空气	0.0244	1.000	二氧化碳	0.0150	0.614
氮气	0.0244	0.998	二氧化硫	0.0084	0.344

对于多组分组成的混合气体,随着组分含量的不同,其导热能力将会发生变化。如混合气体中各组分彼此之间无相互作用,实验证明混合气体的导热系数 λ 可近似用下式表示:

$$\lambda = \lambda_1 C_1 + \lambda_2 C_2 + \cdots + \lambda_n C_n = \sum_{i=1}^{n} \lambda_i C_i \tag{15-67}$$

式中:λ_i——混合气体中第 i 组分的导热系数;

C_i——混合气体中第 i 组分的体积百分含量。

若混合气体中只有两个组分,则待测组分的含量与混合气体的导热系数之间的关系可写为

$$C_1 = \frac{\lambda - \lambda_2}{\lambda_1 - \lambda_2} \tag{15-68}$$

上式表明两种气体组分的导热系数差异越大,测量的灵敏度越高。

但对于多组分($i>2$)的混合气体,由于各组分的含量都是未知的,因此应用式(15-68)时,还应满足两个条件:除待测组分外,其余组分的导热系数相等或接近;待测组分的导热系数与其余组分的导热系数应有显著的差异。

在实际测量中,对于不能满足以上条件的多组分混合气体,可以采取预处理方法。如分析烟气中的 CO_2 含量,已知烟气的组分有 CO_2、N_2、CO、SO_2、H_2、O_2 及水蒸气等。其中 SO_2、H_2 的导热系数与其它组分的导热系数相差太大,其存在会严重影响测量结果,一般将其称之为干扰气体,应在预处理时去除干扰组分,则剩余背景的气体导热系数相近,并与被测气体 CO_2 的导热系数有显著差别,这样就可用热导法分析烟气中的 CO_2 含量。

应当指出,即使是同一种气体,导热系数也不是固定不变的,气体的导热系数将随着温度的升高而增大。

2. 热导检测器

热导检测器是把混合气体导热系数的变化转换成电阻值变化的部件,它是热导传感器的核心部件,又称为热导池。

图 15-62 所示是热导池的一种结构示意图。热导池是金属制成的圆柱形气室,气室的侧壁上开有分析气体的进出口,气室中央装有一根细的铂或钨热电阻丝。热丝通以电流后产生热量,并向四周散热,当热导池内通入待分析气体时,电阻丝上产生的热量主要通过气体进行传导,热平衡时,即电阻丝所产生的热量与通过气体热传导散失的热量相等时,热丝的电阻值也维持在某一值。电阻的大小与所分析混合气体的导热系数 λ 存在对应关系。气体的导热系数愈大,说明导热散热条件愈好。热平衡时热电阻丝的温度愈低,电阻值也愈小。这就实现了把气体的导热系数的变化转换成热丝电阻值的变化。

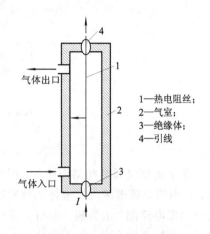

1—热电阻丝;
2—气室;
3—绝缘体;
4—引线

图 15-62 热导池的结构示意图

根据分析气体流过检测器的方式不同,热导检测器的结构可以分为直通式、扩散式和对流扩散式。图 15-63 为热导检测器的结构图。图 15-63(a)为扩散式结构,其特点是反应缓慢,滞后较大,但受气体流量波动影响较小;图 15-63(b)为目前常用的对流扩散式结构,气体由主气路扩散到气室中,然后由支气路排出,这种结构可以使气流具有一定速度,并且气体不产生倒流。

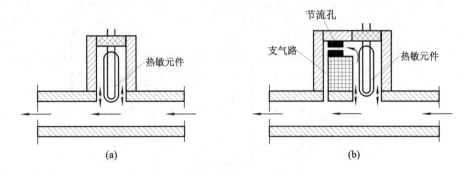

(a)　　　　　　　　　　　(b)

图 15-63 热导检测器的结构
(a) 扩散式;(b) 对流扩散式

3. 测量电路

热导式气体传感器采用不平衡电桥电路测量电阻的变化。电桥电路有单电桥电路和双电桥电路之分。

图 15-64 为热导气体传感器中常用的单电桥电路。电桥由四个热导池组成,每个热导池的电阻丝作为电桥的一个桥臂电阻。R_1、R_3 的热导池称为测量热导池,通以被测气体;R_2、R_4 的热导池称为参比热导池,气室内充以测量的下限气体。当通过测量热导池的被测组分含量为下限时,由于四个热导池的散热条件相同,四个桥臂电阻相等,因此电桥输出

为零。当通过测量热导池的被测组分含量发生变化时，R_1、R_3 电阻值将发生变化，电桥失去平衡，其输出信号的大小反映了被测组分的含量。

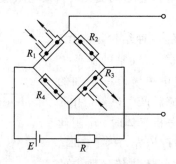

图 15-64　单电桥测量电路

不平衡单电桥电路结构简单，但单电桥的输出对电源电压以及环境温度的波动比较敏感，采用双电桥电路可以较好地解决这些问题。图 15-65 是热导式气体传感器中使用的双电桥原理电路图。Ⅰ 为测量电桥，它与单电桥电路相同，其输出的不平衡电压 u_{cd} 的大小反映了被测组分的含量。Ⅱ 为参比电桥，R_5、R_7 的热导池中密封着测量上限的气体，R_6、R_8 的热导池中密封着测量下限的气体，其输出的电压 u_{hg} 是一固定值。电桥采用交流供电电源，变压器副边提供的两个电桥的电压是相等的。u_{cd} 与滑线电阻 A、C 间的电压 u_{AC} 之差 Δu 加在放大器输入端，信号经放大后驱动可逆电机，带动滑线电阻滑触点 C 向平衡点方向移动。当 $u_{cd}=u_{AC}$ 时，系统达到平衡，平衡点 C 的位置反映了混合气体中被测组分的含量。

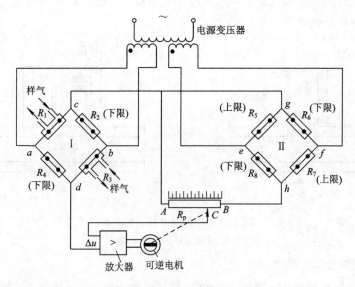

图 15-65　双电桥测量电路

15.5.2　接触燃烧式气体传感器

1. 概述

接触燃烧式气体传感器是煤矿瓦斯检测的主要传感器，这种传感器的应用对减少和避免矿井瓦斯爆炸事故,保障煤矿安全生产发挥了重要的作用。

接触燃烧式气体传感器的特点如下:

① 对于可燃性气体爆炸下限以下浓度的气体含量,其输出信号接近线性;
② 每个气体成分的相对灵敏度与相对分子质量或分子燃烧热成正比;
③ 对不可燃气体没有反应,只对可燃性气体有反应;
④ 不受水蒸气的影响;
⑤ 仪器工作温度较高,表面温度一般在 300～400℃ 之间,而在内部可达到 700～800℃;
⑥ 对氢气有引爆性;
⑦ 元件易受硫化物、卤化物及砷、氯、铅、硒等化合物的中毒影响;
⑧ 易受高浓度可燃性气体的破坏。

其中,⑤～⑧条特点为其缺点。

2. 基本工作原理

当易燃气体(低于 LEL——下限爆炸浓度)接触这种被催化物覆盖的传感器表面时会发生氧化反应而燃烧,故得名接触燃烧式传感器,也可称为催化燃烧式传感器。传感器工作温度在高温区,目的是使氧化作用加强。气体燃烧时释放出热量,导致铂丝温度升高,使铂丝的电阻阻值发生变化。将铂丝电阻放在一个电桥电路中,测量电桥的输出电压即可反应出气体的浓度。

接触燃烧式传感器由加热器、催化剂和热量感受器三要素组成。它有两种形式:一种是用裸铂金丝作气体成分传感器件,催化剂涂在铂丝表面,铂丝线圈本身既是加热器,又是催化剂,同时又是热量感受器;另一种是载体作为气体成分传感器,催化剂涂于载体上,铂丝线圈不起催化作用,而仅起加热和热量感受器的作用。

目前广泛应用的接触燃烧式气体传感器是第二种结构形式,气敏元件主要由铂丝、载体和催化剂组成,结构如图 15-66 所示。

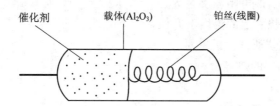

图 15-66 接触燃烧式传感器气敏元件结构示意图

铂丝螺旋线圈是用纯度 99.999% 的铂丝绕成的,线圈直径为 0.007～0.25 mm,20℃ 时的阻值约为 5～8 Ω。铂丝螺旋线圈的作用是通以工作电流后,将传感器的工作温度加热到瓦斯氧化的起始温度(450℃左右)。对温度敏感的铂丝,当瓦斯氧化反应放热使温度升高时,其阻值增大,以此检测瓦斯的浓度。载体是用氧化铝烧结而成的多孔晶状体,用来掩盖铂丝线圈,承载催化剂。载体本身没有活性,对检测输出信号没有影响,其作用是保护铂丝线圈,消除铂丝的升华,保证铂丝的热稳定性和机械稳定性;承载催化剂,使催化剂形成高度分散的表面,提高催化剂的效用。催化剂多采用铂、钯或其他过渡金属氧化物,其作用是促使接触元件表面的瓦斯气体发生氧化反应。在催化剂的作用下,瓦斯中的主要成分沼气与氧气在较低的温度下发生强烈的氧化反应(无焰燃烧),反应化学式为

$$CH_4 + 2O_2 = CO_2 + 2H_2O + Q \qquad (15-69)$$

在实际应用中,往往将气体敏感元件和物理结构完全相同的补偿元件放入隔爆罩内,如图 15-67 所示。隔爆罩由铜粉烧结而成,其作用是隔爆,限制扩散气流,以削弱气体对流的热效应。传感器工作时,在隔爆罩内的燃烧室气体与外界大气中的 CH_4、CO_2、O_2、H_2O(水蒸气)等四种气体存在浓度差,因而产生扩散运动。外界大气中的沼气分子(CH_4)和氧气分子(O_2)一起经隔爆冶金罩扩散进入燃烧室,氧化反应生成的高温气体 CO_2 和水蒸气通过铜粉末冶金隔爆罩传递出较多的热量,使得扩散到大气中的气体温度低于引燃瓦丝的最低温度,确保传感器的安全检测。

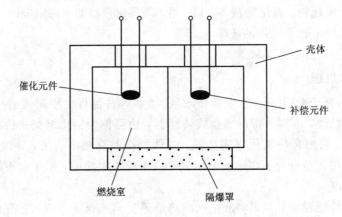

图 15-67 接触燃烧式传感器的结构图

如果气体温度低,而且是完全燃烧时,有这样一个关系式:

$$\Delta R = \alpha \cdot \Delta T = \frac{\alpha \cdot \Delta H}{C} = \frac{a \cdot \alpha \cdot m \cdot Q}{C} \qquad (15-70)$$

式中:ΔR——气体传感器的阻值变化;

α——气体传感器的电阻温度系数;

ΔT——气体燃烧引起的温度上升值;

ΔH——气体燃烧所产生的热量;

C——气体传感器的热容量;

m——气体浓度;

Q——气体的分子燃烧热;

a——常数。

气体传感器的材料、形状和结构被决定以后,若被测气体的种类固定,则传感器的电阻变化与被测气体浓度成正比,即 $\Delta R = \alpha \cdot k \cdot m$。

3. 测量电路

接触燃烧式气体传感器基本测量电路如图 15-68 所示,测量电路是个电桥电路。气体敏感元件被置于可通入被测气体的气室中,温度补偿元件的参数与催化敏感元件相同,并与催化敏感

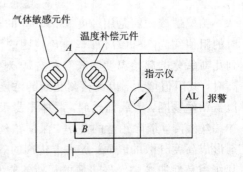

图 15-68 接触燃烧式传感器测量电路

元件保持在同一温度上，但不接触被测气体，放置在与催化敏感元件相邻的桥臂上，以消除周围环境温度、电源电压等变化带来的影响。

接触燃烧式传感器可产生正比于易燃气体浓度的线性输出，测量范围高达100%LEL。在测量时，周围的氧浓度要大于10%，以支持易燃气体的敏感反应。这种传感器可以检测空气中的许多种气体或汽化物，包括甲烷、乙炔及氢气等，但是它只能测量一种易燃气体总体或混合气体的存在与否，而不能分辨其中单独的化学成分。实际中应用接触燃烧式气体传感器时，人们感兴趣的是易燃危险气体是否存在，检测是否可靠，而不管其气体内部成分如何。

接触燃烧式传感器具有响应时间快、重复性好和精度高，并且不受周围温度和湿度变化的影响等优点。接触燃烧式传感器不适宜高浓度（>LEL）易燃气体的检测，因为这类传感器在高浓度下会造成过热现象，使氧化作用效果变坏。另外，传感器元件容易被硅化物、硫化物和氯化物所腐蚀，在氧化铝表面造成不易消除的破坏。

15.5.3 氧化锆氧气传感器

1. 检测原理

氧化锆（ZrO_2）是一种具有氧离子导电性的固体电解质。纯净的氧化锆一般是不导电的，但当它掺入一定量（通常为15%）的氧化钙 CaO（或氧化钇 Y_2O_3）作为氧化剂，并经高温焙烧后，就变为稳定的氧化锆材料，这时被二价的钙或三价的钇置换，同时产生氧离子空穴，空穴的多少与掺杂量有关，并在较高的温度下，就变成了良好的氧离子导体。

氧化锆氧气传感器测量氧含量是基于固体电解质产生的浓差电势来测量的，其基本结构如图15-69所示。在一块掺杂 ZrO_2 电解质的两侧分别涂敷一层多孔性铂电极，当两侧气体的氧分压不同时，由于氧离子进入固态电解质，氧离子从氧分压高的一侧向氧分压低的一侧迁移，结果使得氧分压高的一侧铂电极带正电，而氧分压低的一侧铂电极带负电，因而在两个铂电极之间构成了一个氧浓差电池，此浓差电池的氧浓差电势在温度一定时只与两侧气体中的氧含量有关。

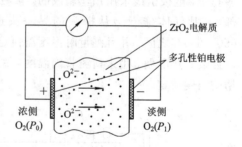

图15-69 氧化锆氧气传感器原理示意图

在电极上发生的电化学反应如下：

$$电池正极 \quad O_2(P_0) + 4e \rightarrow 2O^{2-} \tag{15-71}$$

$$电池负极 \quad 2O^{2-} \rightarrow O_2(P_1) + 4e \tag{15-72}$$

浓差电势的大小可由能斯特方程表示，即

$$E = \frac{RT}{nF} \ln \frac{P_0}{P_1} \tag{15-73}$$

式中：E——浓差电池的电势；

R——理想气体常数；

T——氧化锆固态电解质温度；

n——参加反应的电子数（$n=4$）；

F——法拉第常数;

P_0——参比气体的氧分压;

P_1——待测气体的氧分压。

根据道尔顿分压定律,有

$$\frac{P_0}{P_1} = \frac{C_0}{C_1} \quad (15-74)$$

式中:C_0——参比气体中的氧含量;

C_1——待测气体中的氧含量。

因此式(15-73)可写为

$$E = \frac{RT}{nF} \ln \frac{C_0}{C_1} \quad (15-75)$$

由上式可知,若温度 T 保持某一定值,并选定一种已知氧浓度的气体作参比气体,一般都选用空气,因为空气中的氧含量为常数,则被测气体(如锅炉烟气或汽车排气)的氧含量就可以用氧浓差电势表示,测出浓差电势,便可知道被测气体中的氧含量。如温度改变,即使气体中氧含量不变,输出的氧浓差电势也要改变,所以氧化锆氧气传感器均有恒温装置,以保证测量的准确度。

2. 氧化锆氧气传感器的探头

图15-70为检测烟气的氧化锆氧气传感器探头的结构示意图。氧化锆探头的主要部件是氧化锆管,它是用氧化锆固体电解质材料做成一端封闭的管状结构,内、外电极采用多孔铂,电极引线采用铂丝制成的。被测气体(如烟气)经陶瓷过滤器后流经氧化锆管的外部,参比气体(空气)从探头的另一头进入氧化锆管的内部。氧化锆管的工作温度在650~850℃之间,并且测量时温度需恒定,所以在氧化锆管的外围装有加热电阻丝,管内部还装有热电偶,用来检测管内温度,并通过温度控制器调整加热丝电流的大小,使氧化锆的温度恒定。

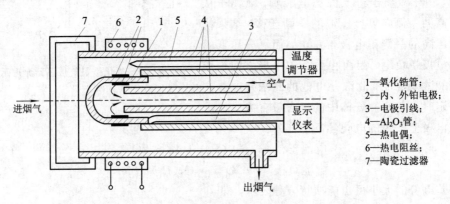

图15-70 氧化锆氧气传感器探头的结构示意图

1—氧化锆管; 2—内、外铂电极; 3—电极引线; 4—Al_2O_3管; 5—热电偶; 6—热电阻丝; 7—陶瓷过滤器

氧化锆氧气传感器输出的氧浓差电势与被测气体氧浓度之间为对数关系,而且氧化锆电解质浓差电池的内阻很大,所以对后续的测量电路有特别的要求,不仅要进行放大,而且要求输入阻抗要高,还要具有非线性补偿的功能。

15.5.4 恒电位电解式气体传感器

恒电位电解式气体传感器是一种湿式气体传感器,它通过测定气体在某个确定电位电解时所产生的电流来测量气体浓度。

恒电位电解式气体传感器的原理是:使电极与电解质溶液的界面保持一定电位进行电解,由于电解质内的工作电极与气体进行选择性的氧化或还原反应时,在对比电极上发生还原或氧化反应,使电极的设定电位发生变化,从而能检测气体浓度,传感器的输出是一个正比于气体浓度的线性电位差。对特定气体来说,设定电位由其固有的氧化还原电位决定,同时还随电解时作用电极的材质、电解质的种类不同而变化。电解电流和气体浓度之间的关系如下式表示:

$$I = \frac{nFADC}{\delta} \quad (15-76)$$

式中:I——电解电流;
n——1 mol 气体产生的电子数;
F——法拉第常数;
A——气体扩散面积;
D——扩散系数;
C——电解质溶液中电解的气体浓度;
δ——扩散层的厚度。

因同一传感器的 n、F、A、D 及 δ 是固定的数值,所以电解电流与气体浓度成正比。

下面以 CO 气体检测为例来说明这种传感器的结构和工作原理,其基本结构如图 15-71 所示。

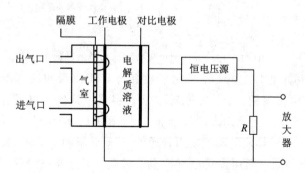

图 15-71 恒电位电解式气体传感器的基本构造

在容器内的相对两壁安置作用电极和对比电极,其内充满电解质溶液,容器构成一密封结构。再在作用电极和对比电极之间加以恒定电位差而构成恒压电路。透过隔膜(多孔聚四氟乙烯膜)的 CO 气体,在作用电极上被氧化,而在对比电极上 O_2 被还原,于是 CO 被氧化而形成 CO_2。式(15-77)~式(15-79)为气体与电极之间的氧化还原反应方程式。

氧化反应 $\quad CO + H_2O \rightarrow CO_2 + 2H^+ + 2e \quad (15-77)$

还原反应 $\quad \frac{1}{2}O_2 + 2H^+ + 2e \rightarrow H_2O \quad (15-78)$

总反应方程 $\quad CO + \frac{1}{2}O_2 \rightarrow CO_2 \quad (15-79)$

在这种情况下,CO 分子被电解,通过测量作用电极与对比电极之间流过的电流,即可得到 CO 的浓度。

利用这种原理制造的传感器体积小、重量轻且具有极高的灵敏度,在低浓度下线性度较好。恒电位电解式气体传感器可用于检测各种可燃性气体和有毒气体,如 H_2S、NO、NO_2、SO_2、HCl、Cl_2、PH_3 等。

15.5.5 伽伐尼电池式气体传感器

伽伐尼电池式气体传感器与上述恒电位电解式传感器一样,通过测量电解电流来检测气体浓度,但由于传感器本身就是电池,因此不需要由外界施加电压。这种传感器主要用于 O_2 的检测,检测缺氧的仪器几乎都使用这种传感器,它还可以测定可燃性气体和毒性气体。伽伐尼电池式气体传感器的电解电流与气体浓度的关系,与恒电位电解式气体传感器的计算公式(15-76)相同。

下面以 O_2 检测为例来说明这种传感器的构造和原理,其基本结构如图 15-72 所示。

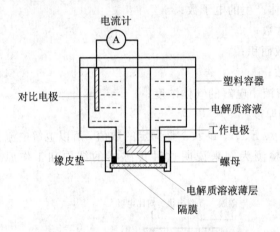

图 15-72 迦伐尼电池式气体传感器的构造

在塑料容器内安置厚 10~30 μm 的透氧性好的 PTFE(聚四氟乙烯)隔膜,靠近该膜的内面设置工作电极(电极用铂、金、银等金属),在容器中其他内壁或容器内空间设置对比电极(电极用铅、镉等离子化倾向大的贱金属),用 KOH、$KHCO_3$ 作为电解质溶液。检测较高浓度(1%~100%)气体时,隔膜使用普通的 PTFE(聚四氟乙烯)膜;而检测低浓度(数 ppm 至数百 ppm)气体时,则用多孔质聚四氟乙烯膜。氧气通过隔膜溶解于隔膜与工作电极之间的电解质溶液的薄层中,当此传感器的输出端接上具有一定电阻的负载电路时,在工作电极上发生氧气的还原反应,在对比电极上进行氧化反应,传感器的反应方程式如式(15-80)~式(15-83)所示。

$$还原反应 \quad O_2 + H_2O + 4e \rightarrow 4OH^- \quad (15-80)$$

$$氧化反应 \quad 2Pb \rightarrow 2Pb^{2+} + 4e \quad (15-81)$$

$$2Pb^{2+} + 4OH^- \rightarrow 2Pb(OH)_2 \quad (15-82)$$

$$总反应方程 \quad O_2 + 2Pb + 2H_2O \rightarrow 2Pb(OH)_2 \quad (15-83)$$

对比电极的铅被氧化成氢氧化铅(一部分进而被氧化成氧化铅)而消耗,因此,负载电路中有电流流动,该电解电流与氧气浓度成比例关系。此电流在负载电路的两端产生电压变化，将此电压变化放大则可表示浓度，可以使 0～100％ 范围内氧气浓度与端电压成线性关系。

15.6 振动测量

15.6.1 振动概述

机械振动是自然界、工程技术和日常生活中普遍存在的物理现象，任何一台运行着的机器、仪器和设备都存在着振动现象。

通常情况下，振动是有害的，它不仅影响机器、设备的正常工作，而且会降低设备的使用寿命，甚至导致机器破坏。强烈的振动噪声会对人的生理健康产生影响，甚至会危及人的生命。在一些情况下，振动也被作为有用的物理现象用在某些工程领域中，如钟表、振动筛、振动搅拌器、输送物料的振动输矿槽、振动夯实机、超声波清洗设备等。因此，除了有目的地利用振动原理工作的机器和设备外，对其它种类的机器设备均应将它们的振动量控制在允许的范围之内。

振动测试的目的如下：

① 检查机器运转时的振动特性，检验产品质量，为设计提供依据；

② 考核机器设备承受振动和冲击的能力，并对系统的动态响应特性（动刚度、机械阻抗等）进行测试；

③ 分析查明振动产生的原因，寻找振源，为减振和隔振措施提供资料；

④ 对工作机器进行故障监控，避免重大事故发生。

振动的测量一般分为两类：一类是测量机器和设备运行过程中存在的振动，另一类则是对设备施加某种激励，使其产生受迫振动，然后对它的振动状况做检测。振动测量的方法按振动信号转换方式的不同，可分为机械法、光学法和电测法，其简单原理和优缺点如表 15-8 所示。

表 15-8 振动测量方法的比较

名称	原 理	优缺点及用途
机械法	利用杠杆传动或惯性原理	使用简单，抗干扰能力强，频率范围和动态线性范围窄，测试时会给工件加上一定的负荷，影响测试结果。主要用于低频大振幅振动及扭振的测量
光学法	利用光杠杆原理、读数显微镜、光波干涉原理、激光多普勒效应	不受电磁声干扰，测量精确度高。适于对质量小及不易安装传感器的试件做非接触测量，在精密测量和传感、测振仪表中用得较多
电测法	将被测试件的振动量转换成电量，然后用电量测试仪器	灵敏度高，频率范围及线性范围宽，便于分析和遥测，但易受电磁声干扰。这是目前广泛采用的方法

目前广泛使用的是电测法测振。图 15-73 是以电测法为基础所画的振动测量系统的结构框图，该振动系统由被测对象、激励装置、传感与测量装置、振动分析装置和显示及记录装置所组成。

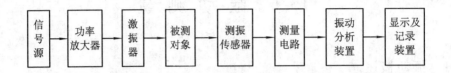

图 15-73 振动测量系统结构框图

（1）被测对象   亦称试验模型，它是承受动载荷和动力的结构或机器。

（2）激励装置   由信号源、功放和激振器组成，用于对被测结构或机器施加某种形式的激励，以获取被测结构对激励的响应。对于运行中的机器设备的振动测量来说，这一环节是没有的，此时，机器设备直接从外部得到振动的激励。

（3）传感与测量装置   由测振传感器及其关联的测量和中间变换电路组成，用于将被测振动信号转换为电信号。

（4）振动分析装置   它的作用是对振动信号作进一步的分析与处理，以获取所需的测量结果。

（5）显示及记录装置   用于将最终的振动测试结果以数据或图表的形式进行记录或显示。这方面的仪器包括幅值相位检测仪器、电子示波器、x-y 函数记录仪、数字绘图仪、打印机以及计算机磁盘驱动器等。

本节着重讨论振动测试系统中的测振传感器及激振器的结构和工作原理。

15.6.2 测振传感器

测振传感器的种类很多，这里主要介绍电测法测振传感器。电测法测振传感器按参数变换原理的不同分为压电式、电动式、电磁式、电容式、电感式、电阻式、磁致伸缩式及激光式等，其中压电式、电磁式、电容式、电感式等测振传感器在前叙传感器章节中已作过介绍，下面重点讲述一些新型的电测法测振传感器。

1. 磁致伸缩式振动传感器

当一个铁磁材料被磁化时，元磁体（分子磁体）极化方向的改变将会引起其外部尺寸的改变，这一现象称磁致伸缩（Magnetostriction）。这种长度的相对变化 dl/l 在饱和磁化时其值约为 $10^{-6} \sim 10^{-5}$。如果施加的是一种交变的磁场，那么这种现象便会导致一种周期性的形状改变和机械振动。在变压器中这一效应会产生交流噪声，而这一效应也可被用来制作磁致伸缩转换器，用以产生超声波。

磁致伸缩现象的逆效应称为磁弹性效应，即铁磁材料在受拉或压应力作用时会改变其磁化强度，利用此效应可制造磁弹性振动传感器。图 15-74 所示为一种磁致伸缩式声传感器。其中探测器的芯是由一块铁氧体或由一叠铁磁性铁片组成，芯子中间绕制有一线圈，当芯子上作用一交变压力时，它的磁通密度改变，从而在其周围的线圈中感应出交变电压来。

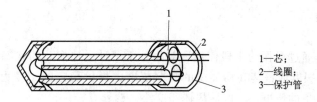

1—芯；
2—线圈；
3—保护管

图 15-74 磁致伸缩式声传感器

用这种传感器可测量液体中的声压或超声波声压。传感器的灵敏度取决于声音的频率，振动频率为 1 kHz 时约为 1 μV/Pa。这种传感器经设计可在高温条件下工作，比如在 1000℃ 的高温介质中仍能可靠工作。

2. 激光振动传感器

激光干涉法可用于振动测量。图 15-75 为一种麦克尔逊干涉仪的装置原理图。

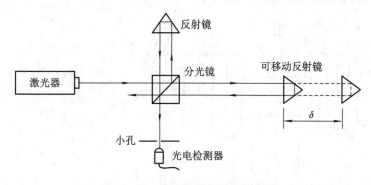

图 15-75 麦克尔逊干涉仪原理图

由图可见，激光光束经一分光镜后被分成两束各为 50% 光能的光束，分别导到两反射镜上。两束光被反射后返回到分光镜，每束光的一部分穿过光阑到达光电检测器。由于光程差的关系，两束光在检测器中发生干涉，从而产生明暗交替的干涉条纹。当图中的可移动反光镜移动一距离 δ 时，光束的光程则增加 2δ，那么在光电检测器中所产生的暗条纹数则等于在该路程改变中的波长数 N，于是有

$$2\delta = N\lambda \tag{15-84}$$

从上式即可确定移动的距离 δ。这种方法的分辨率可达一个条纹的 1/100，因此干涉法一般用于测量量级很小（约为 10^{-5} mm）的位移。如果将该移动反射镜连接到一个振动表面，则反射回来的光束与起始的分光光束结合，在光电检测器中便可看到明暗交替的干涉条纹，每单位时间里的条纹数便代表了振动表面的振动速度。这种装置的工作距离一般为 1 m。由于这是一种非接触式的速度传感器，因此它不影响被测体的结构。这种传感器的典型应用有：

① 内燃机进气管道热表面的速度监测；
② 振动膜片的速度监测；
③ 旋转机械转轴的轨道分析；
④ 不能连接地震式传感器的机器零件的速度检测。

15.6.3 激振器

激振的目的是通过激振的手段使被测对象处于一种受迫振动的状态中,从而来达到试验的目的。因此激振器应该能在所要求的频率范围内提供稳定的交变力。另外,为减小激振器质量对被测对象的影响,激振器的体积应小,重量应轻。

激振器的种类很多,按工作原理可分为机械式、电磁式、压电式以及液压式等。本章仅介绍其中常用的几种激振器。

1. 脉冲锤

脉冲锤又称冲击锤或力锤,用来在振动试验中给被测对象施加一局部的冲击激励。图15-76为一种常用的脉冲锤的结构示意图。它是由锤头、锤头垫、力传感器、锤体、配重块和锤柄等组成的。锤头和锤头垫用来冲击被测试件。

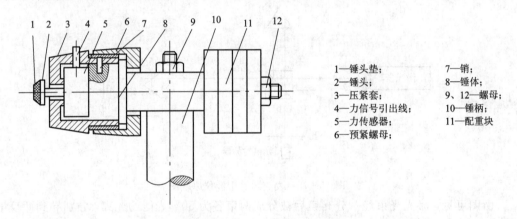

1—锤头垫;　　7—销;
2—锤头;　　　8—锤体;
3—压紧套;　　9、12—螺母;
4—力信号引出线; 10—锤柄;
5—力传感器;　11—配重块;
6—预紧螺母;

图 15-76 脉冲锤结构

脉冲锤实际上是一种手持式冲击激励装置。力锤的锤头垫可采用不同的材料,以获得具有不同冲击时间的冲击脉冲信号。这种敲击力并非是理想的脉冲 $\delta(t)$ 函数,而是如图15-77所示的近似半正弦波,其有效频率范围取决于脉冲持续时间 τ。持续时间 τ 与锤头垫材料有关,锤头垫越硬,τ 越小,频率范围越宽。选用适当的锤头垫材料可以得到所要求的频带宽度。改变锤头配重块的质量和敲击加速度,可调节激振力的大小。在使用脉冲锤时应根据不同的结构和分析的频带来选择不同的锤头垫材料。

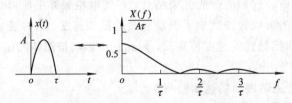

图 15-77 半正弦波及其频谱

常用脉冲锤质量小至数克,大至数十千克,因此可用于不同的激励对象,现场使用时比较方便。

2. 电动力式激振器

电动力式激振器又称磁电式激振器,其工作原理与电动力式扬声器相同,主要是利用带电导体在磁场中受电磁力作用这一物理现象工作的。电动力式激振器按其磁场形成的方式分为永磁式和励磁式两种,前者一般用于小型的激振器,后者多用于较大型的激振台。

电动力式激振器结构如图 15-78 所示。电动力式激振器是由永磁铁、激励线圈(动圈)、芯杆与顶杆组合体以及簧片组组成的。动圈产生的激振力经芯杆和顶杆组件传给被试验物体。采用做成拱形的弹簧片组来支撑传感器中的运动部分。弹簧片组具有很低的弹簧刚度,并能在试件与顶杆之间保持一定的预压力,防止它们在振动时发生脱离。激振力的幅值与频率由输入电流的强度和频率所控制。

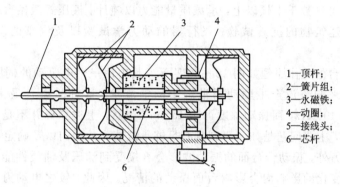

1—顶杆;
2—簧片组;
3—永磁铁;
4—动圈;
5—接线头;
6—芯杆

图 15-78 电动力式激振器

顶杆与试件的连接一般可用螺钉、螺母来直接连接,也可采用预压力使顶杆与试件相顶紧。直接连接法要求在试件上打孔和制作螺钉孔,从而破坏试件。而预压力法不损伤试件,安装较为方便,但安装前需要首先估计预压力对试件振动的影响。在保证顶杆与试件在振动中不发生脱离的前提下,预压力应该越小越好。最小的预压力可由下式来估计:

$$F_{\min} = ma \qquad (15-85)$$

式中:m——激振器可动部分质量,单位为 kg;

a——激振器加速度峰值,单位为 m/s²。

激振器安装的原则是尽可能使激振器的能量全部施加到被试验物体上。图 15-79 示出了几种激振器的安装方式。图 15-79(a)中的激振器刚性地安装在地面上或刚性很好的架子上,这种情况下,安装体的固有频率要高于激振频率 3 倍以上。图 15-79(b)采用激振器弹性悬挂的方式,通常使用软弹簧来实现,有时加上必要的配重,以降低悬挂系统的固有频率,从而获得较高的激振频率。图 15-79(c)为悬挂式水平激振的情形,这种情况下,为能对试件产生一定的预压力,悬挂时常要倾斜一定的角度。激振器对试件的激振点处会产生附加的质量、刚度和阻尼,这些点将对试件的振动特性产生影响,尤其对质量小、刚度低的试件影响尤为显著。另外,做振型试验时,如将激振点选在节点附近固然可以减少上述影响,但同时也减少了能量的输入,反而不容易激起该阶振型。因此,只能在两者之间选择折中的方案,必要时甚至可以采用非接触激振器。

电动力式激振器的优点是频率范围宽(最高可达 10 000 Hz),其可动部分质量较小,故对试件的附加质量和刚度的影响较小,但一般仅用于激振力要求不很大的场合。

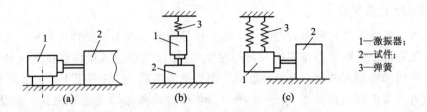

图 15-79 激振器的安装方式

3. 液压式激振台

机械式和电动力式激振器的一个共同缺点是承载能力和频率较小。与此相反，液压式激振台的振动力可达数千牛顿以上，承载质量能力以吨计。液压式激振台的工作介质主要是油，主要用在建筑物的抗震试验、飞行器的动力学试验以及汽车的动态模拟试验等方面。

液压式激振台的工作原理如图 15-80 所示，其中用一个电驱动的伺服阀来操纵一个主控制阀，从而来调节流至主驱动器油缸中的油流量。这种激振台最大承载能力可达 250 t，频率可达 400 Hz，而振动幅度可达 45 cm。当然，上述指标并不是同时达到的。在振动台的设计中，主要问题是如何研制具有足够承载能力的阀门以及确定系统对所要求速度的相应特性。另外，振动台台面的振动波形会直接受到油压及油质性能的影响，压力的脉动、油液温度变化的影响均会影响台面振动的情况。因此，较之电动力式激振台，液压式激振台的波形失真度相对较大，这是其主要的缺点之一。

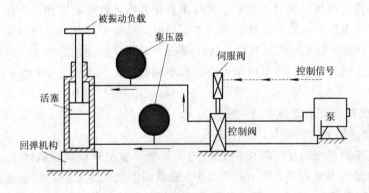

图 15-80 液压式激振台的工作原理

思考题和习题

15-1 简述热电偶与热电阻的测温原理。
15-2 试证明热电偶的中间导体定律，说明该定律在热电偶实际测温中的意义。
15-3 什么是热电偶的中间温度定律？说明该定律在热电偶实际测温中的意义。
15-4 用热电偶测温时，为什么要进行冷端温度补偿？常用的冷端温度补偿的方法有哪几种？说明其补偿的原理。
15-5 什么是补偿导线？为什么要采用补偿导线？目前的补偿导线有哪几种类型？

在使用中应注意哪些问题？

15-6 IEC 推荐的标准化热电偶有哪几种？它们各有什么特点？

15-7 用 K 型热电偶测量温度如图 15-15(a) 所示。显示仪表测得热电势为 30.18 mV，其参考端温度为 30℃，求测量端的温度。

15-8 用两只 K 型热电偶测量两点温差，其连接线路如题 15-8 图所示。已知 $t_1=420$℃，$t_0=30$℃，测得两点的温差电势为 15.24 mV，试问两点的温差为多少。后来发现，t_1 温度下的那只热电偶错用 E 型热电偶，其它都正确，试求两点实际温差。

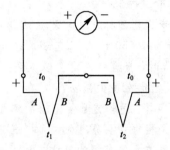

题 15-8 图

15-9 非接触测温方法的理论基础是什么？辐射测温仪表有几种？

15-10 试分析被测温度和波长的变化对光学高温计、全辐射高温计、比色高温计的相对灵敏度的影响。

15-11 试述压力的定义。什么是大气压力、绝对压力、表压力、负压力和真空度？说明它们之间的关系。

15-12 测量某管道蒸气压力，压力表低于取压口 8 m，如题 15-12 图所示，已知压力表示值 $p=6$ MPa，当温度为 60℃ 时冷凝水的密度为 985.4 kg/m^3，求蒸气管道内的实际压力及压力表低于取压口所引起的相对误差。

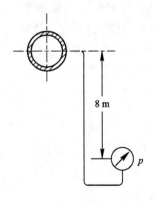

题 15-12 图

15-13 某容器的正常工作压力为 1.2～1.6 MPa，工艺要求能就地指示压力，并要求测量误差不大于被测压力的 5%。试选择一只合适的压力传感器（类型、测量范围、精度等级），并说明理由。

15-14 试述流量的定义。何谓体积流量和质量流量？

15-15　已知管径 $D=120$ mm，管道内水流动的平均速度 $\bar{v}=1.8$ m/s，水的密度 $\rho=988$ kg/m^3，确定该状态下水的质量流量和体积流量。

15-16　利用差压式流量传感器测量流量时，其系统应由哪几部分组成？画出系统构成图，说明各个部分的作用。

15-17　试述差压式流量传感器测量流量的基本原理。

15-18　用标准孔板节流装置配DDZ型电动差压变送器（不带开方器），测量某管道的流量，差压变送器最大的差压对应的流量为 32 m^3/h，输出为 4~20 mA。试求当变送器输出电流为 16 mA 时实际流过管道的流量。

15-19　有一台电动差压变送器配标准孔板测量流量，差压变送器的量程为 16 kPa，输出为 4~20 mA，对应的流量为 0~50 t/h，工艺要求在 40 t/h 时报警，试问：
(1) 差压变送器不带开方器时，报警值设定在多少毫安？
(2) 带开方器时，报警值又设定在多少毫安？

15-20　试述电磁流量传感器、涡轮流量传感器的测量原理、特点及使用场合。

15-21　涡轮流量传感器是根据什么原理做成的？传感器产生的频率是如何测量的？

15-22　简述科里奥利质量流量传感器的基本工作原理。

15-23　推导式质量传感器有哪几种组合方式？试分别说明其工作原理并画出原理图。

15-24　测量物位传感器有哪几种类型？简述其工作原理。

15-25　用差压传感器测量物位时，为什么会产生零点迁移的问题？如何进行零点迁移？试举例说明。

15-26　说明恒浮力法液位测量与变浮力法液位测量的原理有何不同。

15-27　试述热导式气体传感器的工作原理，并说明能否用热导式气体传感器分析烟气中 CO_2 的含量。

15-28　氧化锆氧量计是如何将氧含量信号转换成电信号的？

15-29　采用氧化锆氧量计分析炉烟中的氧含量，设氧化锆管的工作温度为 800℃，试确定锅炉烟气氧含量不变情况下，工作温度变化 100℃ 引起的相对测量误差。

15-30　简述测振系统的组成，并说明各部分作用。

15-31　何为激振器？激振器的作用是什么？

第16章 传感器实验

本书的实验基于YL型传感器实验仪,选择了一些典型的传感器实验。随着信息技术的发展,一个传感器系统也包括数据采集、数据的分析处理及结果的显示记录三个部分,虚拟仪器技术被不断用于各种测试系统中。本章的光电传感器实验引入了虚拟仪器技术,实验是基于美国NI公司的PCI-6024E数据采集卡和LabVIEW集成开发环境实现的。

16.1 实验须知

16.1.1 实验的基本态度

进行任何科学实验,实验人员均应具备一种最基本的态度——实事求是的态度。

我们这里所说的"实事求是",就是说要把实验中所得到的现象、数据及其规律性忠实地记录下来,记录下来的是实际观测的情况,而不能以任何理由进行编造、修改或歪曲。

实验中直接观察到的现象和数字,也可能不够准确,或是错误的,此时就需要反复多次测量,并加以核对,或通过数据处理,或改进实验方法来改善其准确性。

只有遵循"实事求是"的态度,才能从实验中获得知识,并提高科学实验的能力。

16.1.2 实验的基本知识

1. 实验准备

(1) 实验前必须认真预习实验内容,明确实验的目的和要求。
(2) 根据实验的要求,拟定实验方案并熟悉实验线路及其原理。
(3) 熟悉实验中所使用的仪器、设备的基本原理及使用方法。
(4) 根据实验的具体任务及理论根据,研究实验的方法,并估计实验数据的变化规律。

2. 实验组织

一般实验可能由几个人合作进行,因此实验时必须做好组织工作,实验方案的拟订应在组内讨论,实验时应明确分工,并且做到既分工又合作,这样既能保证实验质量,又能使实验人员受到全面训练。

3. 实验数据的记录

(1) 事先拟好实验数据记录表格,在表格中应记下有关物理量的名称、符号和单位,并要保证数据完整。实验数据位数的取值是以实验仪器所能达到的精度为依据的,同一条件下至少读取两次数据(研究不稳定过程或动态过程的实验除外),而且只有当两次读数比较接近时,才能改变操作条件,在另一条件下进行观测。

(2) 记录实验中使用的仪器、设备等的型号、规格及使用的条件等。

(3) 凡影响实验效果或数据整理过程中必需的数据都需测取并记录。如天气条件、环境温度、湿度等。

(4) 实验中的记录数据应以实际读数为准，但因客观条件的原因，如由于测量条件的意外改变(如电源电压及环境温度的突然变化、机械冲击、外界振动等)，数据出现不正常的情况或有粗大误差时，应在备注栏中加以说明。

4. 实验过程的注意事项

(1) 在进行实验线路的接线、改接线或拆线之前，必须断开电源，严禁带电操作，避免在接线或拆线过程中，造成电源设备或部分实验线路短路，进而损坏设备或实验线路中的元器件。

(2) 密切注意整个实验系统的变化，应使整个操作过程均在规定条件下进行。

(3) 实验过程中应观察现象，特别是发现不正常现象时更应抓紧时机进行处理，并分析、研究产生不正常现象的原因。

5. 整理实验数据

(1) 同一条件下测得一组数据时，应舍去含有粗大误差的数据，然后进行数据处理。

(2) 整理数据时应根据有效数字的运算法则，确定测量结果的数据位数。

(3) 数据整理时可采用列表法、图解法，这视其具体情况而定，以尽可能准确描述实验结果或实验结论为最终目的。

6. 实验报告的内容及要求

一份好的实验报告，必须写得简单、明了，数据完整、清楚，结论明确，有讨论，有分析，得出的公式或图线有明确的使用条件。实验报告的格式虽不必强求一致，但一般应包括下列各项：

(1) 实验题目，实验者及共同实验人员、班级、日期；

(2) 实验目的及要求；

(3) 实验设备及环境条件；

(4) 实验的基本原理、实验线路、接线图或流程图；

(5) 实验内容及主要操作简述；

(6) 整理原始实验数据，作出便于处理和分析的表格、曲线或波形；

(7) 根据实验数据，对传感器的原理、性能特性、技术指标、实验现象等进行分析，对实验中发现的问题进行讨论，提出新的设想及研究的方法。

16.2 实 验 仪 器

16.2.1 YL型传感器实验仪简介

图 16-1 为 YL 型传感器实验仪面板示意图。整个仪器由四部分组成：传感器试验台、

显示及激励源、处理电路单元、传感器引线单元。各个传感器实验可用专用连接线或迭插式导线将所需单元在面板上进行连接,在实验仪上可进行不同传感器的静态实验、动态实验和传感器系统应用实验。通过实验即可对各种不同传感器及其测量线路原理有一个从理性到感性的认识,对如何组成传感器测量系统有一个直观而具体的实践过程。

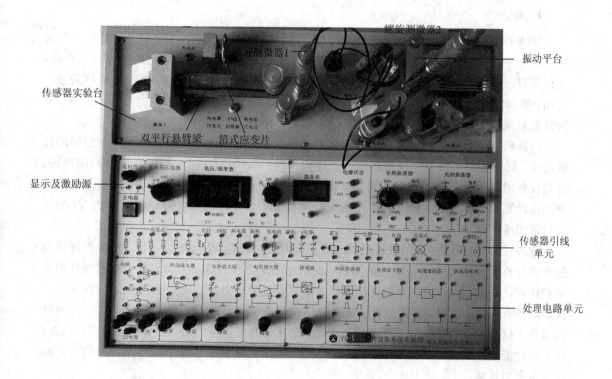

图 16-1 YL型传感器实验仪

传感器试验台如图16-1上半部分所示。双平行悬臂梁靠近固定端一侧装有应变片、热电偶、PN结和热敏电阻,双平行悬臂梁自由端装有压电加速度传感器。振动平台上装有电涡流、霍尔、差动变压器、电容等传感器。振动平台中心下面装有激振线圈,振动控制信号通过激振线圈可以驱动双平行悬臂梁和振动平台,使之产生1~30 Hz的低频振动。在双平行悬臂梁自由端和振动平台中心装有螺旋测微器,通过调整螺旋测微器可以改变立式振动平台的上下位置,也可以改变双平行悬臂梁的应力。

传感器的处理电路有电桥单元、差动放大器、电容放大器、电压放大器、移相器、相敏检波器、电荷放大器、低通滤波器、涡流变换器等。处理电路集中设置在一块印刷板上,差动放大器、相敏检波器、移相器、低通滤波器等是公用的单元,用于各个传感器的信号处理。各单元测量电路各自独立,可以根据需要通过面板进行设置,组成不同的传感器系统。

显示及激励源有电机控制单元、主电源、直流稳压电源(±2~±10 V分五挡调节)、F/V数字显示表(可作为电压表和频率表)、液晶温度显示表、音频振荡器、低频振荡器、±15 V不可调电源。

所有传感器(包括激励线圈)的引线都从内部引到传感器引线单元的相应符号中,实验时传感器的输出信号(包括激励线圈引入的低频激振器信号)按符号从该单元相应端子引线。

16.2.2 虚拟仪器简介

1. 概述

传统的测量仪器主要由三个功能块组成：信号的采集与控制单元、信号的分析与处理单元、结果的表达与输出单元。由于这些功能块基本上是以硬件或固化的软件形式存在，而仪器只能由生产厂家来定义、制造，因此，传统仪器设计复杂、灵活性差，没有摆脱独立使用、手动操作的模式，整个测试过程几乎仅限于简单地模仿人工测试的步骤，在一些较为复杂和测试参数较多的场合下，使用起来很不方便。

计算机科学和微电子技术的迅速发展和普及，有力地促进了多年来发展相对缓慢的仪器技术，促使了一个新型的仪器概念——虚拟仪器(Virtual Instrument，简称 VI)的出现。虚拟仪器的实质是充分利用最新的计算机技术来实现和扩展传统仪器的功能。虚拟仪器系统是由计算机、仪器硬件和应用软件三大要素构成的，计算机与仪器硬件又称为 VI 的通用仪器硬件平台。

虚拟仪器通过软件将计算机硬件资源与仪器硬件资源有机地融为一体，从而把计算机强大的计算处理能力和仪器硬件的测量、控制能力结合在一起，大大缩减了仪器硬件的成本和体积，并通过软件实现对数据的显示、存储以及分析处理。虚拟仪器应用软件集成了仪器的所有采集、控制、数据分析、结果输出和用户界面等功能，使传统仪器的某些硬件乃至整个仪器都被计算机软件所替代。因此，从某种意义上可以说：软件就是仪器。现在，计算机性能以摩尔定律(每半年提高一倍)飞速发展，这给虚拟仪器生产厂家不断带来较高的技术更新速率。

虚拟仪器技术的优势在于可由用户自己设计专用仪器系统，且功能灵活，很容易构建，所以，应用面极为广泛，尤其在科研、测量、检测、计量、测控等领域更是不可多得的好工具。虚拟仪器技术先进，十分符合国际上流行的"硬件软件化"的发展趋势，因而常被称作"软件仪器"。它功能强大，可实现示波器、逻辑分析仪、频谱仪、信号发生器等多种普通仪器的全部功能，配以专门探头和软件还可以检测特定系统的参数，如汽车发动机参数、汽油标号、炉窑温度、血液脉搏波、心电参数等多种数据；它操作灵活，界面完全图形化，风格简约，符合传统设备的使用习惯；它集成方便，不但可以和高速数据采集设备构成自动测量系统，而且还可以和控制设备构成自动控制系统。

虚拟测试仪器可以由用户自己设计、自己定义，以满足特定的功能需求。组建一套虚拟仪器系统，其设计方案有很多种，除了利用常见的 DAQ 插卡组成虚拟仪器测试系统外，还可以利用用户现有的仪器设备的特殊功能作为硬件功能模块，与计算机和控制软件一起组成虚拟仪器测试系统。

图 16-2 所示为一个通用的虚拟仪器的基本组成方法。

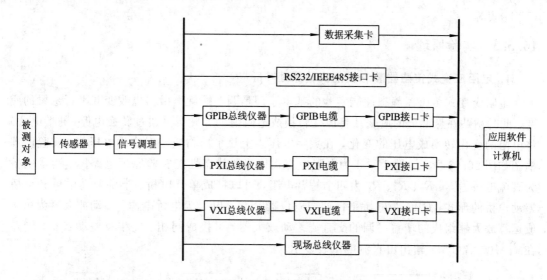

图 16-2 通用虚拟测试仪器系统构成

2. 关于 LabVIEW

虚拟仪器是当前测控领域的技术热点，它代表了未来仪器技术的发展方向。而美国 NI 公司的虚拟仪器开发平台——LabVIEW 是世界上最优秀的虚拟仪器软件开发平台，近几年在我国测试技术及教育领域得到了迅速推广。

LabVIEW 是一种易学易用、功能强大的图形化开发软件，非常适合从事科研、开发的科学工作者和工程技术人员。用 LabVIEW 编写程序的过程就是一个程序流程图的绘制过程。LabVIEW 具有三个用来创建和运行程序的模板：工具（Tools）模板、控制（Controls）模板和函数（Functions）模板，开发环境包括三个部分：前面板、框图程序和图标/连接口。

LabVIEW 的强大功能归因于它的层次化结构，用户创建的 VI 程序，通过图标/连接口，可以在其它程序中把它当作子程序来调用，以创建更复杂的程序，而这个调用的次数是无限的。LabVIEW 程序的创建结构模块化，易于调试、理解和维护。

16.3 电阻应变式传感器实验

16.3.1 实验目的

熟悉并掌握应变片的结构、工作状态及应用；掌握直流和交流应变电桥的组成和性能，比较单臂电桥、半桥差动电桥、全桥差动电桥的灵敏度和线性度；了解温度对电阻应变片测试系统的影响；了解电阻应变式传感器的基本应用，掌握电子秤的标定方法。

16.3.2 实验设备

实验设备为 YL 型传感器实验仪、10 MHz 超低频双踪示波器和万用表。在实验仪上用到的单元和部件有：金属箔式应变片、直流稳压电源、音频信号发生器、低频信号发生器、差动放大器、电桥、移相器、相敏检波器、低通滤波器、螺旋测微器和电压/频率

(V/F)表等。

16.3.3 实验原理

1. 电阻应变式传感器静态性能实验原理

电阻应变式传感器静态性能实验的基本原理是调整螺旋测微器以改变双平行悬梁的应变,此时粘贴在悬梁上的应变片将应变转换成电阻值的变化,再通过转换电路(测量电桥)将电阻的变化转换成电压的变化,在数字电压表上显示出与应变对应的电压值,实验原理框图如图16-3所示。图16-4为电阻应变式传感器静态性能实验原理电路图。测量电桥为直流电桥,R_1、R_2、R_3、R_4为四个桥臂电阻,可以接成单臂电桥、半桥差动电桥和全桥差动电桥的形式,RW_1为电桥平衡调节电位器,U_{CC}和U_{SS}为电桥电源。差动放大器为由集成运算放大器组成的增益可调的交直流差动放大器,可接成同相、反相及差动状态,增益在1~100倍可调。输出由直流电压表显示。

图16-3 电阻应变式传感器静态性能实验原理框图

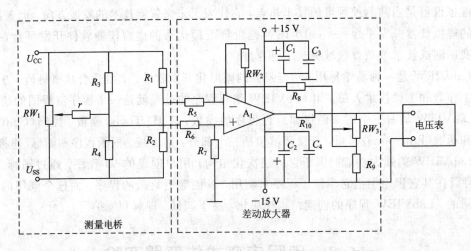

图16-4 电阻应变式传感器静态性能实验原理电路图

2. 电阻应变式传感器动态性能实验原理

电阻应变式传感器动态性能实验主要是通过改变悬梁的振动频率,测量应变式传感器输出的幅频特性来实现的。图16-5为电阻应变式传感器动态性能实验原理框图。电阻应变式传感器动态性能实验原理电路图如图16-6所示。

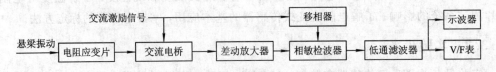

图16-5 电阻应变式传感器动态性能实验原理框图

测量电桥为交流全桥差动电桥的形式,交流电桥与直流电桥基本相似,只是激励信号

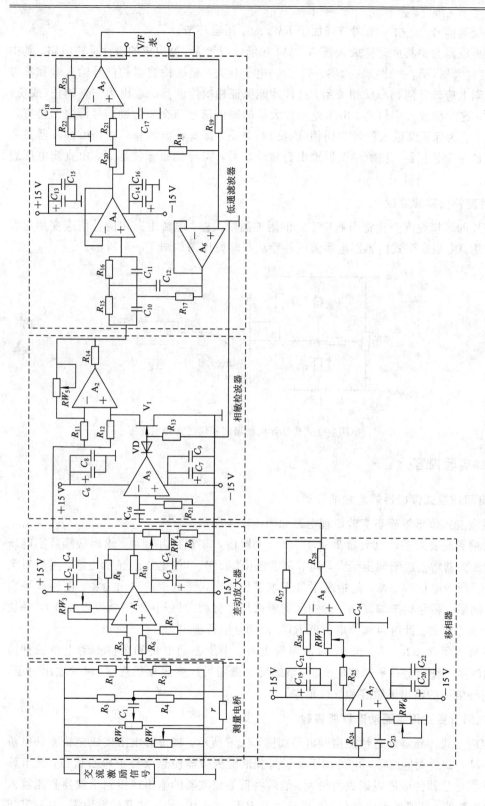

图 16-6 电阻应变式传感器动态性能实验原理电路图

采用音频交流信号，电桥平衡调节增加了 RW_2、C_1 阻容环节。

相敏检波器为由集成运算放大器 A_2、A_3 和场效应管 V_1 等构成的极性反转电路，其中 A_2 为线性放大器，A_3 为比较放大器，V_1 为一电子开关。相敏检波器的信号输入端和参考输入端原则上应该是同相和反相关系，这样才能保证相敏检波器的输出为完整的正（或负）脉动波形，这时检波效率最高。由于差动放大器的输出信号与交流激励信号源之间会有一定的相位差，为保证两输入信号为同相（或反相）关系，提高检波效率，在相敏检波器参考输入端前加一个移相器。相敏检波器输出为脉动信号，需经低通滤波器后，由直流电压表进行显示。

3. 温度补偿实验原理

应变片的环境温度变化将引起应变片的附加温度误差，电桥电路中的补偿应变片起温度补偿作用。电阻应变式传感器电桥温度补偿法实验原理图如图 16-7 所示。

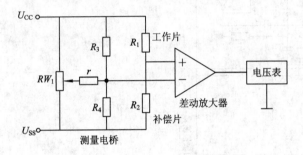

图 16-7　电阻应变式传感器电桥温度补偿法实验原理图

16.3.4　实验内容

1. 电阻应变式传感器静态性能实验

电阻应变式传感器静态实验原理电路如图 16-4 所示。

测量前首先要对差动放大器调零，即将放大器输入端短接并接地，输出端接数字电压表，差动放大器增益逐渐调至最大，调节调零电位器 RW_2，使电压表显示为零，然后对电桥调平衡。所谓电桥调平衡，是指悬梁处于水平位置时，使电桥的输出为零。电桥调平衡时，转动测微器将悬梁末端振动平台中间的磁铁与螺旋测微器相吸（完全可靠吸合），并使悬梁处于水平位置。此时再调节电位器 RW_1 使测量电桥输出为零。

将桥臂电阻 R_1、R_2、R_3 和 R_4 接成单臂电桥、半桥差动电桥和全桥差动电桥三种情况，分别测量三种电桥在不同的应变（调整螺旋测微器可改变悬梁的应变）时的输出电压，并比较三种电桥的输出灵敏度和线性范围。

2. 电阻应变式传感器动态性能实验

电阻应变式传感器动态性能实验电路如图 16-6 所示。将桥臂电阻接成全桥差动电桥的形式，对差动放大器调零，电桥调平衡。调节螺旋测微器使悬梁处于弯曲状态，调节移相器的移相电位器使电压表读数为最大。然后将低通滤波器的输出连接到示波器直流输入端，卸掉测微器，悬梁处于水平位置，通过调节 RW_1 和 RW_2 使示波器读数为零。通过 V/F 功能开关切换到数字频率表位置，测量振动平台的振动控制信号的输出频率，然后改变悬梁的振动频率,记录对应频率下低通滤波器输出电压的峰峰值,绘制电阻应变式传感器实验系统的幅频特性曲线。

3. 电阻应变式传感器电桥温度补偿法实验

电阻应变式传感器电桥温度补偿法实验原理图如图 16-7 所示。将桥臂电阻接成单臂电桥的形式,即 R_1 为工作应变片,R_2、R_3 和 R_4 为固定电阻。先对差动放大器调零,然后对电桥调平衡。给悬梁一定的应变,将工作应变片加热,观察电压表读数的变化。将 R_2 用补偿应变片代替,重复以上实验,并与不加补偿片的结果比较,分析其结果。

4. 电阻应变式传感器的应用——电子秤

电子秤实验电路如图 16-4 所示,桥臂电阻接成全桥差动电桥形式。卸掉螺旋测微器,对差动放大器调零,电桥调平衡。在振动台中心加上电子秤最大量程砝码,调节放大器增益,使电压表显示最大值;卸下全部砝码,再进行系统调零。反复进行调试直到系统零点、量程准确为止。对电子秤标定,根据在零点和满量程之间加的砝码和相应的输出电压关系作出 $U-W$ 曲线。卸下全部砝码,放上一未知重物,读出电压表的值,根据 $U-W$ 曲线推算出未知重物的重量。

16.3.5 思考题

① 单臂电桥、半桥差动电桥、全桥差动电桥的灵敏度与理论上求得的灵敏度是否相符?分析其产生误差的可能原因。

② 为什么可以用 $U-x$ 曲线的斜率代表各自测量电桥的灵敏度?应变片的灵敏度与电桥灵敏度之间是什么关系?

③ 电子秤为何要首先对其标定,求出灵敏度,然后再测未知重物的重量?

④ 交流全桥系统是否也可作为电子秤使用?若能,试画出其原理图,并说明其实验方法。

16.3.6 实验报告要求

实验报告应包含下列几项内容:

① 实验目的、实验内容、实验原理图及主要方法步骤。

② 结果分析。分别求出直流激励和交流激励下的三种测量电桥的灵敏度,并进行比较,得出结论,分析产生误差的原因;求出平行悬梁的自振(共振)频率;在直流电桥的应用中,计算电子秤的灵敏度及未知重物的重量。

③ 实验中遇到的问题及解决办法。

16.4 差动变压器式传感器实验

16.4.1 实验目的

掌握差动变压器式传感器的结构、工作原理及其特性;掌握差动变压器式传感器的静态和动态性能及测试方法;了解差动变压器式传感器零点残余电压的测试及其补偿法;了解差动变压器式传感器的基本应用。

16.4.2 实验设备

实验设备为 YL 型传感器实验仪、10 MHz 超低频双踪示波器和万用表。在实验仪上用到的单元和部件有:差动变压器、音频信号发生器、低频信号发生器、差动放大器、电桥、移相器、相敏检波器、低通滤波器、螺旋测微器和 V/F 表等。

16.4.3 实验原理

差动变压器式传感器的结构形式是螺线管式,它由外部罩有有机玻璃的三个线圈(即一个初级线圈和两个反向串联的次级线圈)和插入线圈中央的软磁铁氧体磁棒(即铁芯)组成,线圈固定在仪器基座上,铁芯与振动平台上固定支架的末端相连。初级线圈的电源由 0.9~10 kHz 音频信号发生器提供,次级线圈差动输出给差动放大器。当振动平台上下移动时,带动铁芯上下移动,改变初级线圈与两个次级线圈的互感系数,从而使次级线圈的差动输出电压发生变化。

1. 差动变压器式传感器的静态性能实验原理

差动变压器式传感器的静态实验原理框图如图 16-8 所示,图 16-9 为静态实验原理电路图。调整螺旋测微器带动振动平台移动,从而改变差动变压器铁芯在线圈中的上下位置,由示波器观察铁芯在不同位置时差动变压器次级线圈差动输出电压波形的形状和相位。

图 16-8 差动变压器式传感器静态实验原理框图

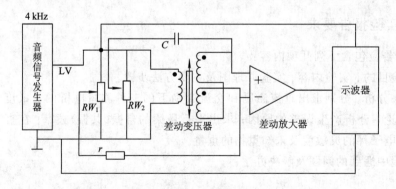

图 16-9 差动变压器式传感器静态实验原理电路图

铁芯在线圈的中间位置时,测得的两次级线圈反相串接后不为零的输出电压为差动变压器式传感器的零点残余电压,通过补偿电路可以对零点残余电压进行补偿。图 16-9 中通过调节电位器 RW_1 和 RW_2 来补偿零点残余电压。

2. 差动变压器式传感器的动态性能实验原理

差动变压器式传感器的动态性能实验原理框图如图 16-10 所示,图 16-11 为差动变压器式传感器动态实验的原理电路图。差动变压器式传感器存在一个激励信号频率 f_0，它可使差动变压器式传感器的灵敏度最大，此时差动变压器式传感器输出电压相位与激励电压相位基本一致；当差动变压器式传感器的激励信号频率太低或太高时，差动变压器的灵敏度都显著降低。

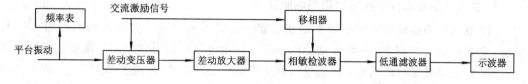

图 16-10　差动变压器式传感器动态性能实验原理框图

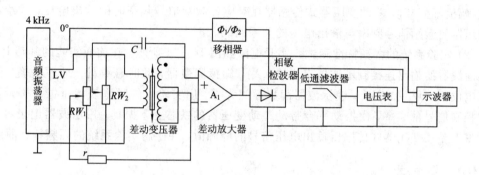

图 16-11　差动变压器式传感器动态性能实验原理电路图

通过改变振动平台的振动频率（即改变振动平台激振线圈控制信号的频率），分别测量振动平台在不同振动频率时差动变压器式传感器实验系统的输出电压峰峰值，从而研究该差动变压器式传感器实验系统的幅频特性。

采用相敏检波电路不仅可以鉴别铁芯位移方向，还可以消除零点残余电压中的高次谐波成分，从而降低零点残余电压。图 16-11 中电位器 RW_1 和 RW_2 也是用来补偿零点残余电压的。

16.4.4　实验内容

1. 差动变压器式传感器零点残余电压的补偿

差动变压器式传感器零点残余电压的补偿实验原理电路如图 16-9 所示。对差动放大器调零。分别断开电阻 r 与差动放大器反向端以及电容 C 与差动放大器同向端的连接，调节螺旋测微器，使差动放大器输出为最小，此时输出的最小电压为差动变压器式传感器的零点残余电压，用示波器测量差动变压器式传感器的零点残余电压（适当提高示波器输入通道的电压灵敏度）。将电阻 r 与差动放大器的反向端连接，电容 C 与差动放大器同向端连接，将输入通道的灵敏度进一步提高，调节电位器 RW_1 和 RW_2，使差动放大器输出为最小，从而对差动变压器式传感器的零点残余电压进行了补偿。比较经补偿后的零点残余电压与激励电压的波形、相位关系。

2. 差动变压器式传感器静态性能测试

差动变压器式传感器静态实验原理电路如图 16-9 所示。先对差动放大器调零，再进行零点残余电压补偿。调节螺旋测微器使差动变压器的铁芯位置由上至下变化，同时用示波器观察差动放大器输出波形的峰峰值(U_{p-p})的大小和相位的变化，记录铁芯位置(x)和对应差动放大器输出波形的峰峰值(U_{p-p})，绘制 $x - U_{p-p}$ 关系曲线，由此计算出差动变压器式传感器的灵敏度和线性范围。

3. 差动变压器式传感器的动态性能研究

（1）原边线圈激励信号频率对差动变压器式传感器的影响　实验电路图如图 16-11 所示。对差动放大器调零，并对差动变压器零点残余电压进行补偿。调节螺旋测微器到某一位置，使悬梁处于弯曲状态，差动变压器式传感器的铁芯离开（向上或向下）线圈中心位置，使差动放大器有一定量的输出；调节移相器的移相电位器使相敏检波器的检波效率最高，将低通滤波器的输出连接到示波器直流输入端，记录激励频率在 50 Hz～10 kHz 范围变化（幅值不变）时，差动变压器式传感器在对应各激励信号频率时的输出电压，并绘制差动变压器的激励信号频率与输出电压的关系曲线。

（2）实验系统的幅频特性测试　实验电路如图 16-11 所示。在前面实验的基础上，将低通滤波器的输出连接到示波器直流输入端，卸掉测微器，此时悬梁处于水平位置，通过调节电位器 RW_1 和 RW_2，使示波器读数近似为零。用实验仪的频率表测量振动平台激振线圈控制信号的频率，由振动平台带动差动变压器的铁芯上下振动，用示波器记录对应振动频率下差动变压器式传感器输出电压信号的峰峰值，并绘制实验系统的幅频特性曲线。

16.4.5　思考题

① 在实验中，当铁芯从上至下移动时，次级输出的相位是如何变化的？为什么？
② 零点残余电压产生的主要原因是什么？消除零点残余电压一般可采用哪些方法？
③ 差动变压器作为电子秤应用前，是否需要进行标定？比较应变式及差动变压器式传感器电子秤应用的原理和实现方法。

16.4.6　实验报告要求

实验报告应包含下列几项内容：
① 实验目的、实验原理及实验线路图。
② 实验内容及主要步骤，实验中发现的问题。
③ 实验数据及处理方法。
④ 实验结果及分析。

16.5　电涡流式传感器实验

16.5.1　实验目的

掌握电涡流式传感器的工作原理、性能及基本组成；掌握电涡流式传感器的静态性能及测试方法；掌握不同材料的被测物体对电涡流式传感器性能的影响；掌握电涡流式传感器的基本应用；了解电涡流式传感器测量电路的组成及原理。

16.5.2 实验设备

实验设备为YL型传感器实验仪、10 MHz超低频示波器和万用表。在实验仪上用到的单元和部件有:电涡流式传感器、音频信号发生器、低频信号发生器、稳压电源、差动放大器、电涡流式传感器测量电路(涡流变换器)、电桥、铁测片、铝测片、螺旋测微器和V/F表等。

16.5.3 实验原理

电涡流式传感器是由传感器线圈和被测导体组成的线圈—导体系统。电涡流式传感器实验的基本原理是通过调节螺旋测微器改变固定在平台上的被测导体与传感器线圈之间的距离,从而改变电涡流式传感器的电感量,通过调幅式测量电路(变换器)转换成交变电压输出,该交变信号的幅值反映出导体与线圈之间的距离。当被测导体材料不同时,电涡流变换器的输出信号幅值不同。电涡流式传感器的静态实验原理框图如图 16-12 所示。图 16-13 为电涡流式传感器实验系统的电路图。

被测导体位移x → 电涡流式传感器 → 测量电路 → 差动放大器 → 电压表 → 示波器

图 16-12 电涡流式传感器的静态实验原理框图

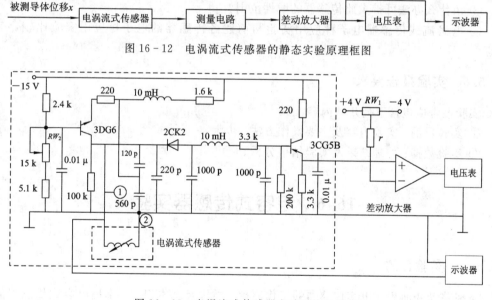

图 16-13 电涡流式传感器实验系统电路图

16.5.4 实验内容

1. 电涡流式传感器的静态性能测试

实验系统电路图如图 16-13 所示。被测物体为铁片,调节螺旋测微器,使悬梁处于水平位置。用示波器观察电涡流式传感器中线圈两端的波形,如电涡流传感器的输出没有振荡波出现,则调整传感器线圈与被测物体之间的初始距离,直到振荡波出现;调节螺旋测微器,从传感器线圈与被测铁片接触开始,以此向下转动测微头,分别记下螺旋测微器的读数(x)和示波器显示电压波形的峰峰值(U_{p-p}),在坐标纸上画出$U_{p-p}-x$曲线,计算出电涡流式传感器的灵敏度和线性范围。

2. 被测物体材料对电涡流式传感器特性的影响

实验线路如图 16-13 所示。被测物体换上铝片，重复实验内容 1 的过程，作出 $U_{p-p}-x$ 曲线，分别求出不同金属材料时的灵敏度和线性范围，并分析被测物体材料对电涡流传感器特性的影响。

3. 自拟实验

① 自拟电涡流式传感器应用实验，进行悬梁振动幅频特性的测试。
② 自拟电涡流式传感器电子秤应用实验，进行未知重物的测量。

16.5.5 思考题

① 电涡流式传感器在被测物体不同时，测量系统输出不同，这是为什么？
② 如果电涡流式传感器的线性范围是 0~1 mm，则进行振动测量时的最佳工作点应在线圈距被测物体几毫米处？如果已知被测物体振动峰峰值为 0.2 mm，传感器（被测物体）是否一定要装在最佳工作点处？如果电涡流式传感器仅用来测量振动系统固有频率，工作点问题是否仍十分重要？
③ 用什么办法可扩大此传感器的线性范围？
④ 电涡流式传感器电子秤应用实验与前述各传感器的电子秤应用实验比较，有何特点？

16.5.6 实验报告要求

实验报告应包含下列几项内容：
① 实验目的、实验内容及主要操作方法、步骤。
② 实验数据、处理结果及实验结果分析。

16.6 电容式传感器实验

16.6.1 实验目的

掌握差动变面积式电容传感器的工作原理、结构及基本组成；掌握电容式传感器的静态和动态性能及测试的基本方法；掌握电容式传感器的基本应用；了解电容式传感器测量电路的工作原理及组成。

16.6.2 实验设备

实验设备为 YL 型传感器实验仪、10 MHz 超低频示波器和万用表。在实验仪上用到的单元和部件有：差动电容式传感器、低频信号发生器、稳压电源、测量电路（电容变换器）、差动放大器、电桥、低通滤波器、砝码、螺旋测微器和 V/F 表等。

16.6.3 实验原理

固定在基座上的两组静片和固定在振动平台上的一组动片构成平板差动变面积式电容

传感器。通过螺旋测微器移动振动平台的上下位置,从而可改变差动电容的大小。实验中由差动电容测量电路将差动电容的变化转换成电压输出。实验原理框图如图 16-14 所示。图 16-15 为差动电容式传感器实验原理电路图。

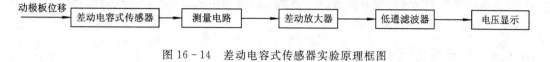

图 16-14　差动电容式传感器实验原理框图

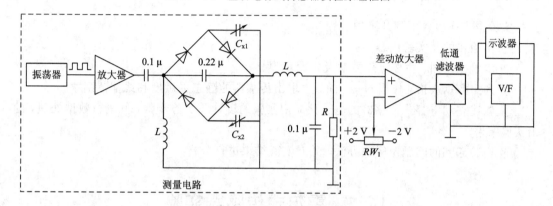

图 16-15　差动电容式传感器实验原理电路图

16.6.4　实验内容

1. 电容式传感器的静态性能测试和非线性特性的研究

电容式传感器静态灵敏度和非线性特性研究的实验线路如图 16-15 所示。调节螺旋测微器,使悬梁处于水平位置,动极板位于上、下两定极板的中间位置。将差动放大器的增益旋钮调至中间位置,对差动放大器调零;然后调节电位器 RW_1,使差动放大器输出为零。调节螺旋测微器,使动极板向上移动到某一位置,然后调节螺旋测微器,由此向下移动动极板,分别记录动极板位移 x 和对应输出电压的大小,作出 U-x 曲线,求出差动电容式传感器的灵敏度和线性范围。由于电容式传感器电容变化量小,且输出阻抗高,因此为了抑制外界干扰,电容传感器与测量电路连线采用屏蔽线连接。

2. 电容式传感器的幅频特性研究

电容式传感器幅频特性实验线路如图 16-15 所示。卸下螺旋测微器,此时差动变面积式电容器的动极板一般处于两定极板的中间位置。差动放大器增益旋钮处于中间位置,对差动放大器调零,调节电位器 RW_1,使差动放大器输出为零。调节振动平台激振线圈的控制信号的幅度于一适当值,在 3～30 Hz 范围不断改变其频率,并用频率表测量各频率值,记录激振线圈控制信号为不同频率时示波器显示电压波形(低通滤波器输出)的峰峰值,根据实验结果作出差动变面积式电容传感器的幅频特性曲线。

3. 自拟实验

自拟电容式传感器的电子秤应用实验,并对未知物进行测重。

16.6.5 思考题

① 常见电容式传感器的测量电路有哪几种？说说各自特点及应用场合。

② 试分析本实验中的电容式传感器测量电路的工作原理，并写出测量电路输出电压 U 与差动电容 $(C_{x2}-C_{x1})$ 的关系式。

16.6.6 实验报告要求

实验报告应包含下列几项内容：

① 实验目的及实验内容。

② 实验原理图、主要操作方法及实验步骤。

③ 列出数据表格，作出 $U-x$ 曲线，求出传感器的静态灵敏度和线性范围。

④ 叙述差动电容式传感器的电子秤应用实验的设计及实验步骤，并进行数据处理，给出实验结果。

⑤ 实验遇到的问题及解决办法，并对实验结果进行分析。

16.7 霍尔式传感器实验

16.7.1 实验目的

掌握霍尔式传感器的工作原理、结构及基本组成；掌握霍尔式传感器的静态和动态性能及测试的基本方法；掌握霍尔式传感器的基本应用；了解霍尔式传感器不等位电势和寄生直流电势补偿的原理及方法。

16.7.2 实验设备

实验设备为 YL 型传感器实验仪、10 MHz 超低频示波器和万用表。在实验仪上用到的单元和部件有：霍尔式传感器、低频信号发生器、音频振荡器、稳压电源、差动放大器、电桥、相敏检波器、移相器、低通滤波器、螺旋测微器和 V/F 表等。

16.7.3 实验原理

固定在基座上的磁路系统和固定在振动平台上的霍尔片构成霍尔式传感器。通过调节螺旋测微器改变霍尔片在磁场中的位置，即改变霍尔片所处的磁感应强度，使霍尔元件输出的霍尔电势发生变化，霍尔电势的大小反映了霍尔片在磁场中位移的大小。霍尔式传感器实验分为直流激励和交流激励两部分。

霍尔式传感器直流激励实验原理框图如图 16-16 所示，图 16-17 为直流激励下霍尔式传感器的实验线路图。霍尔式传感器在直流控制电流作用下，霍尔片在磁场中间位置时，感受的磁感应强度为零，此时测得的霍尔电势为霍尔式传感器的不等位电势 U_0，通过补偿电路可以对不等位电势进行补偿。图 16-17 中的 RW_1 为不等位电势补偿调节电位器。

霍尔式传感器交流激励实验原理框图如图 16-18 所示，图 16-19 为交流激励下霍尔

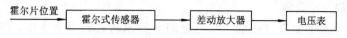

图 16-16　霍尔式传感器直流激励实验原理框图

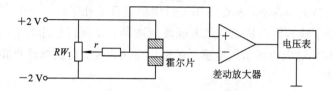

图 16-17　霍尔式传感器直流激励实验线路图

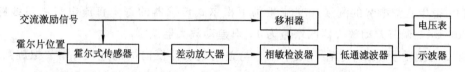

图 16-18　霍尔式传感器交流激励实验原理框图

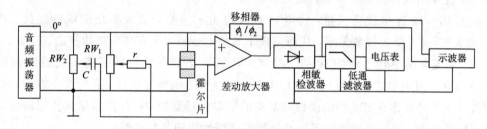

图 16-19　霍尔式传感器交流激励实验线路图

传感器的实验线路图。在交流控制电流作用下，经交流处理电路后，霍尔式传感器的输出大小反映了霍尔片的上下位移量。霍尔式传感器在交流控制电流作用下，除了存在不等位电势外，还有寄生直流电势。霍尔片在不加外磁场时，可测量霍尔式传感器的寄生直流电势。图 16-20 为寄生直流电势的测量线路图，RW_1 为不等位电势调节电位器，RW_2 为寄生直流电势补偿调节电位器。

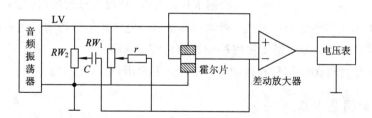

图 16-20　寄生直流电势的测量线路

16.7.4　实验内容

1. 霍尔式传感器直流激励特性的研究

霍尔式传感器直流激励特性研究实验线路图如图 16-17 所示。调节差动放大器的增益为 1，对差动放大器调零。

(1) 不等位电势的测量与补偿　断开电阻 r 与差动放大器的连接，调节螺旋测微器，使霍尔片处于磁场中间位置（目测），此时输出的最小电压为霍尔式传感器的不等位电势，由电压表读出霍尔式传感器的不等位电势。将电阻 r 与差动放大器连接，调节电位器 RW_1，使差动放大器输出为零，从而对不等位电势进行了补偿。

(2) 直流激励下输入输出特性　调节螺旋测微器，改变霍尔片的上下位置，分别记录螺旋测微器的读数和对应的霍尔式传感器的输出电压，由实验数据计算霍尔式传感器的灵敏度及其线性范围。

2. 霍尔式传感器交流激励特性的研究

(1) 寄生直流电势的测量　交流激励下霍尔式传感器的寄生直流电势测量线路如图 16-20 所示。调节差动放大器的增益为 1，对差动放大器调零。

在交流激励下，断开电容 C 及电阻 r 与差动放大器反向端的连接，调节螺旋测微器，使霍尔片处于磁场中间位置（目测），理论上此时霍尔片感受的磁感应强度为零，由电压表读出的即为霍尔式传感器的寄生直流电势。

按图 16-19 连接试验线路，将电容 C 及电阻 r 与差动放大器反向端的连接，调节 RW_1 和 RW_2 使电压表读数为零，从而完成不等位电势和寄生直流电势的补偿。

(2) 交流激励下输入输出特性　霍尔式传感器交流激励特性研究实验线路图如图 16-19 所示。对霍尔式传感器的不等位电势和寄生直流电势补偿后，通过改变螺旋测微器的位置，分别记录螺旋测微器的读数和对应的霍尔传感器输出，计算霍尔式传感器的灵敏度及其线性范围，并与直流激励下的灵敏度及其线性范围进行比较。

3. 自拟实验

自拟霍尔式传感器的振动测量和电子秤应用实验。

16.7.5　思考题

① 霍尔式传感器实验中差动放大器的作用是什么？
② 图 16-19 和图 16-20 中，电位器 RW_1、RW_2 分别起什么作用？
③ 比较霍尔式传感器与应变式、差动变压器式、电容式传感器的应用情况。
④ 在交流激励下，为何都要使用移相器和相敏整流器？
⑤ 利用霍尔元件测量位移和振动时，使用上有何限制？

16.7.6　实验报告要求

实验报告应包含下列几项内容：
① 实验目的、实验内容、主要步骤及系统原理接线图。
② 实验数据及处理结果。
③ 实验结果的比较及分析。

16.8 光纤位移传感器实验

16.8.1 实验目的

掌握光纤传感器的原理及基本应用；了解光纤传感器的结构及响应特性。

16.8.2 实验设备

实验设备为 YL 型传感器实验仪、10 MHz 超低频双踪示波器和万用表。在实验仪上用到的单元和部件有：直流稳压电源、光纤式位移传感器、光纤测量电路(光电转换装置)、螺旋测微器、振动平台及 V/F 表等。

16.8.3 实验原理

光纤式位移传感器的实验原理图如图 16-21 所示。光源为发光管 V_{D1}，其发出的光经输入光纤束 a 传送，被照射到被测物体上，经被测物体表面反射，经输出光纤束 b，由光探测器(接收管 V_{D2})检测到光强度的大小。距离 d 变化时，接收管 V_{D2} 检测到的光强度不同，从而可进行位移测量。图 16-22 为光纤位移传感器实验原理框图。

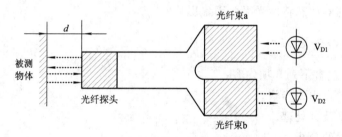

图 16-21 光纤位移传感器原理图

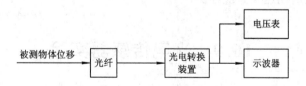

图 16-22 光纤位移传感器实验原理框图

光纤传感器光源的发光强度应稳定，实验装置中采用了一个稳定光强度的负反馈系统。在发光管 V_{D1} 旁边放置一个监视光强度的接收管，该接收管接收的信号反映发光管 V_{D1} 光强度的变化，由该接收管来控制发光管 V_{D1} 的发光强度，使发光管 V_{D1} 发出的光强度稳定。

16.8.4 实验内容

1. 光纤位移传感器的静态响应

光纤位移传感器的静态响应实验原理图如图 16-21 所示。将实验仪上的电涡流传感器线圈从固定支架上拆下，装上光纤传感器的光纤部分；在与光纤探头相对的振动平台上安装被测物体,将光纤 a、b 小心地装入光电转换装置,直到不能再进入为止;然后用光电转换装置上的两颗小螺钉分别将它们固定住。光电转换装置包括光源的控制电路及探测器的信号处理电路等。

将光电转换装置通电,预热 5 分钟左右。调节螺旋测微器,使被测物体与光纤之间的距离为 0,这时电压表读数为零。调节螺旋测微器,改变被测物体与光纤探头的距离,对光纤位移传感器进行静态标定,并计算光纤传感器的灵敏度和线性范围。

2. 光纤位移传感器的幅频特性

实验原理图如图 16-21 所示。拆下螺旋测微器,根据"光纤传感器的静态响应"中得到的线性范围,调整光纤位移传感器与被测物体表面之间的距离为线性范围的一半。调节振动平台激振线圈控制信号的幅度于一适当值,在 3~30 Hz 范围内不断改变其频率,并用频率表测量频率值。用示波器读出光电转换装置的电压输出信号峰峰值,记录激振线圈控制信号为不同频率时示波器显示波形(低通滤波器输出的低频信号)的峰峰值,根据实验结果作出光纤位移传感器的幅频特性曲线。

16.8.5 思考题

① 说明光纤传感器的工作原理及其特点。
② 如何改变光纤传感器的灵敏度及线性范围?
③ 光纤传感器动态特性受哪些因素影响?

16.8.6 实验报告要求

实验报告应包含下列几项内容:
① 实验目的及主要步骤。
② 实验数据及其处理。
③ 实验结果的分析。
④ 实验中出现的问题及解决办法。

16.9 光电传感器实验

16.9.1 实验目的

掌握光电传感器的工作原理;掌握光电传感器测量转速的基本原理和实现方法;初步了解虚拟仪器测试系统的工作原理及其设计方法。

16.9.2 实验设备

ZT-1 转子振动模拟试验台、光电传感器、精密测速器、信号调理器、PCI-6024E 数据采集卡及相应软件、PC 机等。

16.9.3 实验原理

光电测速系统原理框图如图16-23所示。该系统为一虚拟仪器系统,光电传感器采用反射式工作方式,发光管发出的光源在转轴上反射后由接收光电管转换成电信号,由于转轴上有调制盘(或黑白相间的间隔),转轴转动时接收光电管将获得与转速成正比的脉冲。光电传感器输出的脉冲信号经信号调理器放大、整形送给数据采集卡,由数据采集卡相应数字I/O通道输入脉冲,借助于LabVIEW虚拟仪器软件开发平台编制程序,在计算机上设计出虚拟测速仪器的前面板和框图程序,实现对该脉冲信号进行测量并显示被测电机的转速。

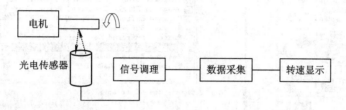

图16-23 光电测速系统实验原理框图

光电信号频率 f 与电机转速之间的关系可由下式给出:

$$f = \frac{n}{60} \cdot Z$$

式中:n——电机转速,单位为转/分。
Z——调制盘齿数或转动轴上黑白相间条数。

16.9.4 实验内容

① 将光电传感器、信号调理器、数据采集卡等进行正确连接,构成光电测速实验系统。

② 将信号调理器面板上的速度调节旋钮逆时针旋转到底,再依次接通PC机、信号调理器的电源。

③ 缓慢调节信号调理器面板上的速度调节旋钮,使电机开始转动。为保证测试实验有足够的灵敏度,应适当调节光电传感器与电机转轴之间的距离,使光电传感器随电机的旋转输出连续的方波信号。

④ 对数据采集卡进行通道配置。

⑤ 运行LabVIEW软件,编制电机测速系统的前面板及相应的框图程序,然后进行系统调试,并进行光电测速系统的校验。具体步骤如下:

• 在LabVIEW开发环境下创建一个新的VI,在框图程序窗口打开如图16-24所示的Function函数窗口。

• 选择"Select a VI…",依次在"…National Instruments\LabVIEW 6.1\examples\daq\counter"文件夹下选择"daq-stc.llb",打开如图16-25所示的对话框,并选择"Measure Frequency (DAQ-STC).vi"这样一个通过数据采集卡的计数器进行数字信号频率测量的子程序。

图 16-24 Function 函数窗口

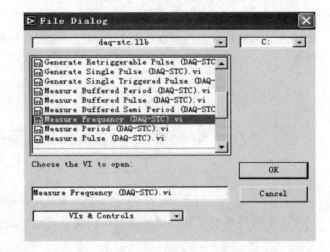

图 16-25 打开 VI 文件对话框

- 将"Measure Frequency (DAQ-STC).vi"模块拖放在框图程序中,并在框图程序窗口放置一个除法函数模块和一个乘法函数模块,在前面板窗口依次创建相应的控制器和指示器控件,在框图程序窗口将各控件图标与各模块对应端口连接,或者在该模块各个信号端口依次创建对应的控制器和指示器,这样便得到了一个利用 PCI-6024E 测量电机转速的如图 16-26 所示的虚拟仪器前面板及图 16-27 所示的框图程序。

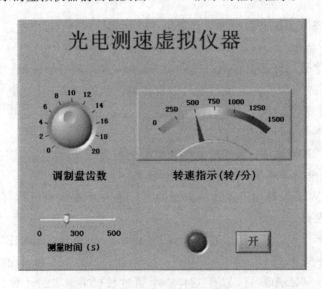

图 16-26 转速测量虚拟仪器前面板

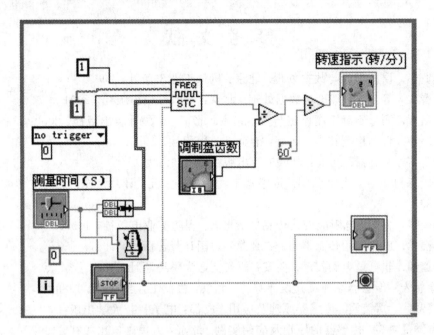

图 16 - 27 转速测量虚拟仪器框图程序

· 运行该程序,进行转速测量。

⑥ 调节信号调理器面板上的速度调节旋钮,使电机分别处于不同的转速,分别记录在每种转速下精密测速器和虚拟测速器的测量结果,计算不同转速下光电虚拟测速器的误差,最后确定其最大误差。

16.9.5 思考题

① 电机转轴上所安装的调制盘齿数或色条数对测量精度有何影响?
② 转速测量还可以采用其它哪些种类传感器进行?试举例说明。
③ 哪三大要素构成虚拟仪器系统?

16.9.6 实验报告要求

实验报告应包含下列几项内容:
① 实验目的和原理。
② 虚拟仪器光电测速系统的设计方法和步骤。
③ 实验中转速测试系统的校验方法和步骤。
④ 根据实验数据分析误差产生的原因。

参 考 文 献

[1] 费业泰. 误差理论与数据处理. 北京：机械工业出版社，2000.
[2] 梁晋文，等. 误差理论与数据处理. 北京：中国计量出版社，2001.
[3] 施昌彦. 测量不确定度评定与表示指南. 北京：中国计量出版社，2000.
[4] 王绍纯. 自动检测技术. 北京：冶金工业出版社，1995.
[5] 强锡富. 传感器. 北京：机械工业出版社，1989.
[6] [日]森村正直，山崎弘郎. 传感器工程学. 孙宝元，译. 大连：大连工学院出版社，1988.
[7] 陶宝祺，王妮. 电阻应变式传感器. 北京：国防工业出版社，1993.
[8] 张福学. 现代实用传感器电路. 北京：中国计量出版社，1997.
[9] 吴道悌. 非电量电测技术. 西安：西安交通大学出版社，2001.
[10] 徐恕宏. 传感器原理及其设计基础. 北京：机械工业出版社，1989.
[11] 黄贤武，郑筱霞. 传感器原理及应用. 成都：电子科技大学出版社，1999.
[12] 黄继昌，等. 传感器的原理及应用实例. 北京：人民邮电出版社，1998.
[13] 严钟豪，谭祖根. 非电量检测技术. 北京：机械工业出版社，1983.
[14] 贾伯年，俞朴. 传感器技术. 南京：东南大学出版社，1990.
[15] 康昌鹤，等. 气温敏感器件及其应用. 北京：科学出版社，1987.
[16] 郭振芹. 非电量电测量. 北京：中国计量出版社，1990.
[17] 牛德芳. 半导体传感器原理及其应用. 大连：大连理工大学出版社，1994.
[18] 实用电子电路手册编写组. 实用电子电路手册. 北京：高等教育出版社，1991.
[19] 吴东鑫. 新型实用传感器应用指南. 北京：电子工业出版社，1998.
[20] 刘迎春，叶湘滨. 现代新型传感器原理与应用. 北京：国防工业出版社，1998.
[21] 余瑞芬. 传感器原理. 北京：航空工业出版社，1995.
[22] 魏文广，等. 现代传感技术. 沈阳：东北大学出版社，2001.
[23] 王家桢，王俊杰. 传感器与变送器. 北京：清华大学出版社，1996.
[24] 单成祥. 传感器的理论与设计基础及其应用. 北京：国防工业出版社，1999.
[25] 施文康，等. 检测技术. 北京：机械工业出版社，2000.
[26] 侯国章. 测试与传感器技术. 哈尔滨：哈尔滨工业大学出版社，1998.
[27] 金篆芷，王明时. 现代传感器技术. 北京：电子工业出版社，1995.
[28] 杜维，等. 过程检测技术及仪表. 北京：化学工业出版社，1999.
[29] 盛克仁. 过程测量仪表. 北京：化学工业出版社，1992.
[30] 何适生. 热工参数测量及仪表. 北京：水利电力出版社，1990.
[31] 范玉久. 化工测量及仪表. 北京：化学工业出版社，2001.
[32] 周继明，等. 传感技术与应用. 长沙：中南大学出版社，2005.
[33] 王俊杰. 检测技术与仪表. 武汉：武汉理工大学出版社，2003.
[34] 王伯雄. 测试技术基础. 北京：清华大学出版社，2003.
[35] 张建民. 传感器与检测技术. 北京：机械工业出版社，1999.

[36]　唐文彦. 传感器. 北京：机械工业出版社，2006.

[37]　吴建平. 传感器原理及应用. 北京：机械工业出版社，2015.

[38]　郭天太. 传感器技术. 北京：机械工业出版社，2019.